高校入試

超効率問題集

理科

文英堂

目次

〔生物分野〕

〔地学分野〕

模擬テスト

特長と使い方

本書は，入試分析をもとに，各分野の単元を出題率順に並べた問題集です。
よく出る問題から解いていくことができるので，“超効率”的に入試対策ができます。

step 1 『出るとこチェック』

各分野のはじめにある一問一答で，自分の実力を確認できるようになっています。
答えられない問題があったら優先的にその単元を学習して，自分の弱点を無くしていきましょう。

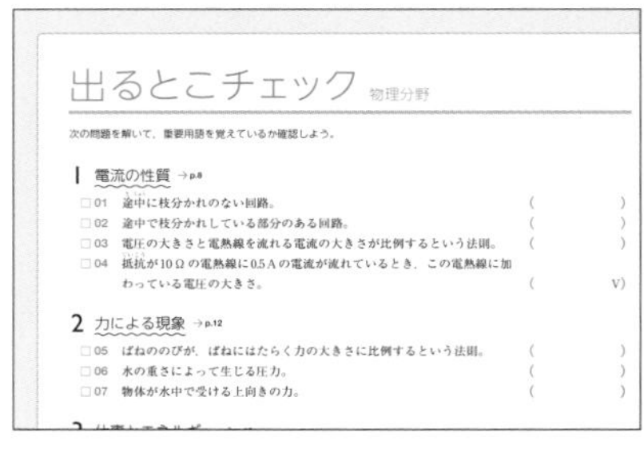
出るとこチェック 物理分野

次の問題を解いて，重要用語を覚えているか確認しよう。

1 電流の性質 →p.8
- □01 途中に枝分かれのない回路。（ ）
- □02 途中で枝分かれしている部分のある回路。（ ）
- □03 電圧の大きさと電熱線を流れる電流の大きさが比例するという法則。（ ）
- □04 抵抗が10Ωの電熱線に0.5Aの電流が流れているとき，この電熱線に加わっている電圧の大きさ。（ V）

2 力による現象 →p.12
- □05 ばねののびが，ばねにはたらく力の大きさに比例するという法則。（ ）
- □06 水の重さによって生じる圧力。（ ）
- □07 物体が水中で受ける上向きの力。（ ）

step 2 『まとめ』

入試によく出る大事な内容をまとめています。
さらに，出題率が一目でわかるように示しました。

出題率 75.3% 細かい項目ごとの出題率も載せているので，出やすいものを選んで学習できます。

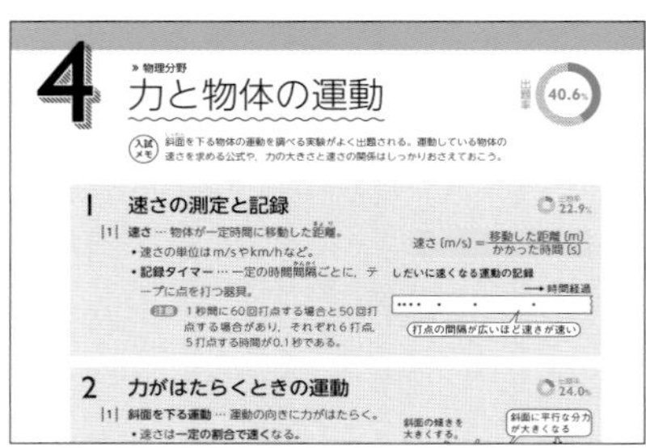
4 物理分野 力と物体の運動 出題率 40.6%

入試メモ 斜面を下る物体の運動を調べる実験がよく出題される。運動している物体の速さを求める公式や，力の大きさと速さの関係はしっかりおさえておこう。

1 速さの測定と記録 22.9%

[1] 速さ…物体が一定時間に移動した距離。
- 速さの単位はm/sやkm/hなど。
- 速さ(m/s)＝移動した距離(m)／かかった時間(s)
- 記録タイマー…一定の時間間隔ごとに，テープに点を打つ装置。

1秒間に60回打点する場合と50回打点する場合があり，それぞれ6打点，5打点する時間が0.1秒である。

しだいに速くなる運動の記録 →時間経過 打点の間隔が広いほど速さが速い

2 力がはたらくときの運動 24.0%

[1] 斜面を下る運動…運動の向きに力がはたらく。
- 速さは一定の割合で速くなる。 斜面の傾きを大きくする。 斜面に平行な分力が大きくなる

『実力アップ問題』

入試によく出るタイプの過去問を載せています。
わからなかったら，『まとめ』に戻って復習しましょう。
さらに，出題率・正答率の分析をもとにマークをつけました。目的に応じた問題を選び解くこともできます。

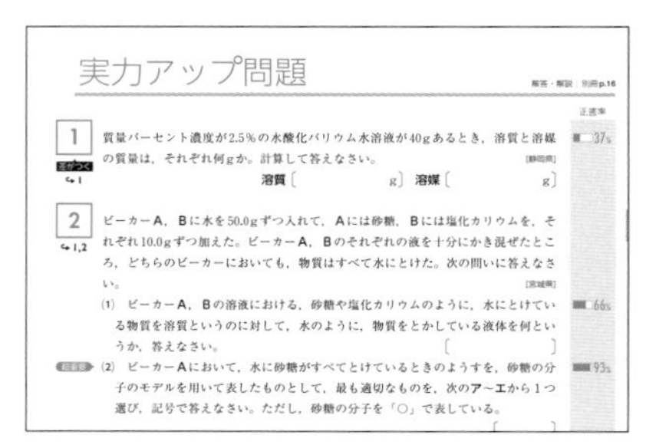
実力アップ問題 解答・解説 別冊p.16 正答率

1 質量パーセント濃度が2.5%の水酸化バリウム水溶液が40gあるとき，溶質と溶媒の質量は，それぞれ何gか。計算して答えなさい。〔静岡県〕 差がつく 37%

溶質〔 g〕 溶媒〔 g〕

2 ビーカーA，Bに水を50.0gずつ入れて，Aには砂糖，Bには塩化カリウムを，それぞれ10.0gずつ加えた。ビーカーA，Bのそれぞれの液を十分にかき混ぜたところ，どちらのビーカーにおいても，物質はすべて水にとけた。次の問いに答えなさい。〔宮城県〕

(1) ビーカーA，Bの溶液における，砂糖や塩化カリウムのように，水にとけている物質を溶質というのに対して，水のように，物質をとかしている液体を何というか。答えなさい。〔 〕 66%

超重要 (2) ビーカーAにおいて，水に砂糖がすべてとけているときのようすを，砂糖の分子のモデルを用いて表したものとして，最も適切なものを，次のア〜エから1つ選び，記号で答えなさい。ただし，砂糖の分子を「○」で表している。 93%

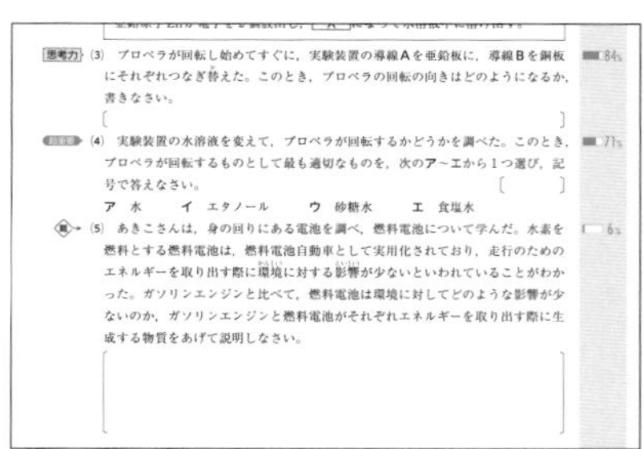
思考力 (3) プロペラが回転し始めてすぐに，実験装置の導線Aを亜鉛板に，導線Bを銅板にそれぞれつなぎ替えた。このとき，プロペラの回転の向きはどのようになるか，書きなさい。〔 〕 84%

超重要 (4) 実験装置の水溶液を変えて，プロペラが回転するかどうかを調べた。このとき，プロペラが回転するものとして最も適切なものを，次のア〜エから1つ選び，記号で答えなさい。〔 〕 71%

ア 水 イ エタノール ウ 砂糖水 エ 食塩水

難 (5) あきこさんは，身の回りにある電池を調べ，燃料電池について学んだ。水素を燃料とする燃料電池は，燃料電池自動車として実用化されており，走行のためのエネルギーを取り出す際に環境に対する影響が少ないといわれていることがわかった。ガソリンエンジンと比べて，燃料電池は環境に対してどのような影響が少ないのか，ガソリンエンジンと燃料電池がそれぞれエネルギーを取り出す際に生成する物質をあげて説明しなさい。 6%

超重要 正答率がとても高い，よく出る問題です。確実に解けるようになりましょう。

差がつく 正答率が少し低めの，よく出る問題です。身につけてライバルに差をつけましょう。

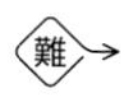

正答率がとても低い問題です。ここまで解ければ，入試対策は万全です。

思考力 いろんな情報を組み合わせて解く問題や自由記述式の問題です。慣れておきましょう。

『模擬テスト』で本番にそなえましょう！

入試直前の仕上げとして，巻末の模擬テストに取り組みましょう。時間内に解答して，めざせ70点以上！

〔物理分野〕

出るとこチェック　物理分野

次の問題を解いて，重要用語を覚えているか確認しよう。

1 電流の性質 →p.8

- □01 途中に枝分かれのない回路。（　　　）
- □02 途中で枝分かれしている部分のある回路。（　　　）
- □03 電圧の大きさと電熱線を流れる電流の大きさが比例するという法則。（　　　）
- □04 抵抗が10Ωの電熱線に0.5Aの電流が流れているとき，この電熱線に加わっている電圧の大きさ。（　　　V）

2 力による現象 →p.12

- □05 ばねののびが，ばねにはたらく力の大きさに比例するという法則。（　　　）
- □06 水の重さによって生じる圧力。（　　　）
- □07 物体が水中で受ける上向きの力。（　　　）

3 仕事とエネルギー →p.16

- □08 4Nの力で物体を2m引き上げたときの仕事の大きさ。（　　　J）
- □09 道具を使っても使わなくても，仕事の大きさは変わらないという原理。（　　　）
- □10 高い位置にある物体がもっているエネルギー。（　　　）
- □11 運動している物体がもっているエネルギー。（　　　）
- □12 位置エネルギーと運動エネルギーの和。（　　　）

4 力と物体の運動 →p.20

- □13 物体が一定の速さで一直線上を移動する運動。（　　　）
- □14 力がはたらかないか，はたらく力がつり合っているとき，静止している物体は静止し続け，運動している物体は等速直線運動を続けるという性質。（　　　）

5 光による現象 →p.24

- □15 光が水やガラスから空気中に進むとき，入射角が一定以上大きくなると，光が屈折せずにすべて反射すること。（　　　）
- □16 凸レンズの光軸に並行な光が，凸レンズを通ったあとに集まる点。（　　　）
- □17 物体が凸レンズの焦点より外側にあるとき，凸レンズを通った光が集まってできる像。（　　　）
- □18 物体が凸レンズの焦点より内側にあるとき，物体の反対側から凸レンズをのぞくと見える像。（　　　）

6 電流と磁界 →p.28

□ 19 コイル内部の磁界が変化すると，コイルに電流を流そうとする電圧が生じる現象。 (　　　　)

□ 20 電磁誘導(でんじゆうどう)によって流れる電流。 (　　　　)

□ 21 流れる向きや大きさが一定で変わらない電流。 (　　　　)

□ 22 流れる向きや大きさが周期的に変化する電流。 (　　　　)

7 力のつり合いと合成・分解 →p.31

□ 23 もとの２つの力と同じはたらきをする１つの力。 (　　　　)

□ 24 もとの１つの力と同じはたらきをする２つの力。 (　　　　)

8 エネルギーの移り変わり →p.34

□ 25 エネルギーの総量は，エネルギーが移り変わる前後で変化しないという法則。 (　　　　)

□ 26 温度の高い部分から低い部分へ，熱が直接伝わること。 (　　　　)

□ 27 温度が異なる液体や気体が循環(じゅんかん)して熱が伝わること。 (　　　　)

□ 28 高温の物体から出る赤外線などの光によって，離(はな)れた物体に熱が伝わること。 (　　　　)

9 音による現象 →p.37

□ 29 音源の振動(しんどう)のふれはば。 (　　　　)

□ 30 音源が１秒間に振動する回数。 (　　　　)

10 静電気と電流 →p.40

□ 31 摩擦(まさつ)によってたまった電気。 (　　　　)

□ 32 電気が空間を移動したり，たまっていた静電気が流れたりする現象。 (　　　　)

□ 33 真空放電管に蛍光板(けいこうばん)を入れて高い電圧を加えると現れる光のすじ。 (　　　　)

出るとこチェックの答え

1 01 直列回路 02 並列回路 03 オームの法則 04 5V
2 05 フックの法則 06 水圧 07 浮力
3 08 8J 09 仕事の原理 10 位置エネルギー 11 運動エネルギー 12 力学的エネルギー
4 13 等速直線運動 14 慣性
5 15 全反射 16 焦点 17 実像 18 虚像
6 19 電磁誘導 20 誘導電流 21 直流 22 交流
7 23 合力 24 分力
8 25 エネルギー保存の法則（エネルギーの保存） 26 伝導（熱伝導） 27 対流 28 放射（熱放射）
9 29 振幅 30 振動数
10 31 静電気 32 放電 33 陰極線（電子線）

» 物理分野

電流の性質

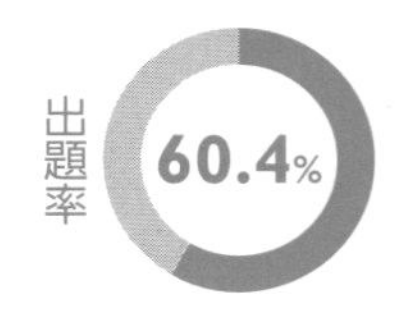

入試メモ　オームの法則を使う問題や電力量を求める問題など，計算が多い。複雑な問題では，計算して求めた値を問題中の図に書き込んでいくとよい。

1 回路，電流計・電圧計

出題率 26.0%

|1| **電流** … 電気の流れ。**電源の＋極から出て－極にもどる。**

|2| **回路** … 電流が切れ目なく流れる道すじ。

①**直列回路** … 途中(とちゅう)に枝分かれのない回路。

電流➡各部分を流れる電流の大きさは同じ。

電圧➡各部分にかかる電圧の和が，電源の電圧と同じ。

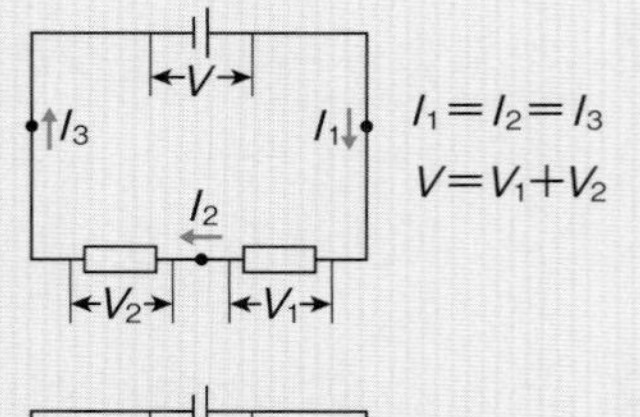

②**並列回路** … 途中で枝分かれしている部分のある回路。

電流➡各部分を流れる電流の和が，枝分かれする前後の電流と同じ。

電圧➡枝分かれした各部分にかかる電圧が，電源の電圧と同じ。

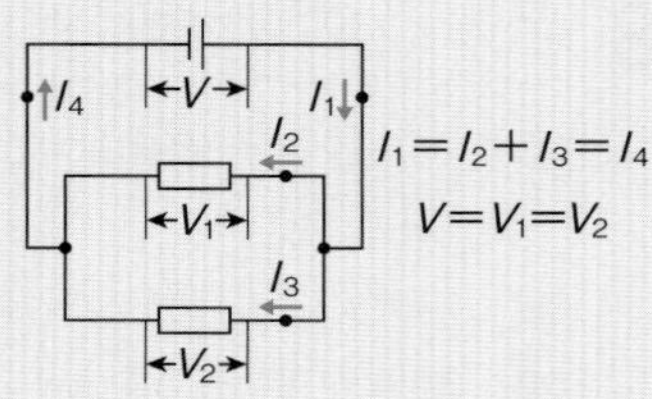

|3| **電流計と電圧計**

①**電流計**は**はかる部分に**直列につなぐ。**電圧計**は**はかる部分をはさむよう**並列につなぐ。

②**導線をつないだ－端子**(たんし)に書いてある電流や電圧の値が，**目盛りの最大値**になる。

2 オームの法則

出題率 41.7%

|1| **抵抗**(ていこう) … 電流の**流れにくさ**を表す。単位は**オーム**（Ω）。

• **オームの法則** … 電圧の大きさと電熱線を流れる電流の大きさが比例すること。

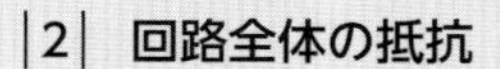
電圧〔V〕＝抵抗〔Ω〕×電流〔A〕

|2| **回路全体の抵抗**

①直列回路➡それぞれの抵抗の大きさの和になる。

②並列回路➡それぞれの抵抗の大きさより小さくなる。

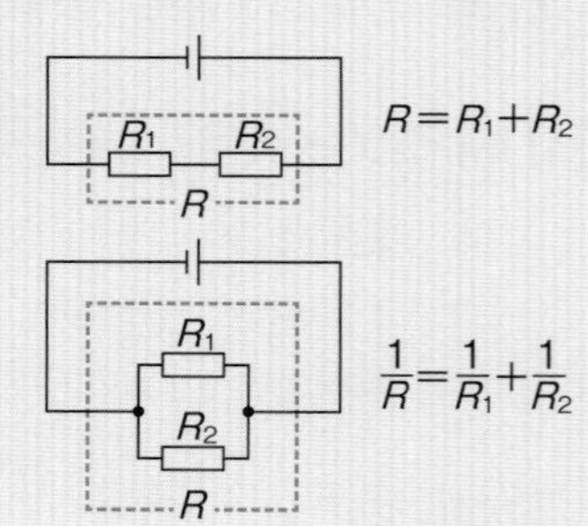

3 電力・電力量と熱

出題率 44.8%

|1| **電力** … 一定時間に使われる電気エネルギーの量。単位は**ワット**（W）。

|2| **電力量** … 一定時間に消費した電気エネルギーの総量。単位は**ジュール**（J）。ワット時（Wh）やキロワット時（kWh）の単位も使われる。

電力〔W〕＝電圧〔V〕×電流〔A〕
電力量〔J〕＝電力〔W〕×時間〔s〕
熱量〔J〕＝電力〔W〕×時間〔s〕

|3| **熱量** … 物体に出入りする熱の量。

• 電力が一定のとき，電熱線で発生する熱量は，電流を流した時間に比例する。

• 電流を流す時間が一定のとき，電熱線で発生する熱量は，電力の大きさに比例する。

実力アップ問題

解答・解説 | 別冊 p.2

正答率

1

↪ I

回路に流れる電流を調べた実験について，次の問いに答えなさい。 〔宮城県〕

(1) 抵抗器に加える電圧をある値にしたとき，電流計は図1のようになった。このときの電流は何mAか，求めなさい。 〔　　　　mA〕　72%

図1

思考力 (2) 図2の，豆電球aに加わる電圧と回路に流れる電流の大きさを測定するためには，どのように導線をつなげばよいか，図2にかき入れて，回路を完成させなさい。ただし，●は導線をつなぐ部分を示していて，1つの●につなぐ導線は1本のみとする。また，かき入れたそれぞれの導線は重なることがないようにしなさい。　61%

図2

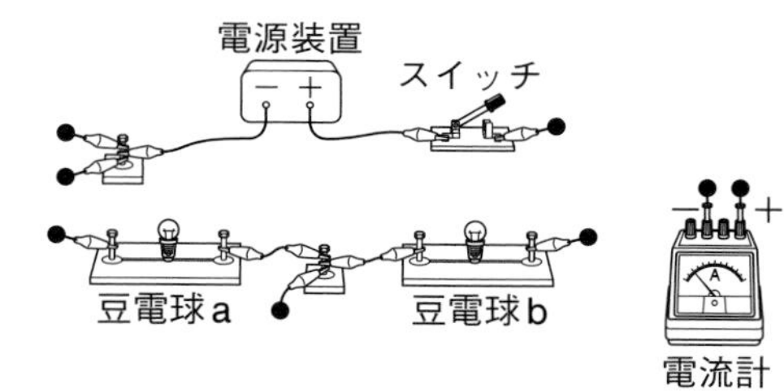

2

↪ I,2

図1の回路をつくり，電熱線にかかる電圧を変えて，電流の変化を調べる実験を行った。表は，その実験の結果である。ただし，電熱線以外の抵抗は考えないものとする。 〔福岡県〕

図1

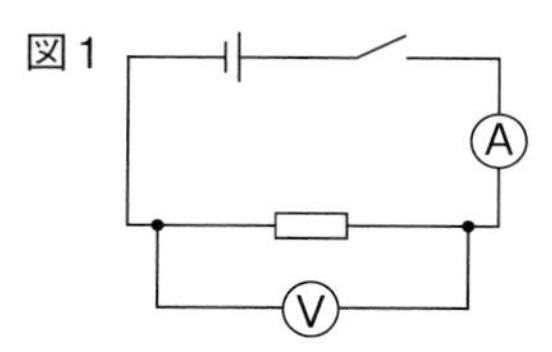

電圧〔V〕	1.0	2.0	3.0	4.0	5.0
電流〔mA〕	40	80	120	160	200

超重要 (1) 表をもとに，電流と電圧の関係を，図2にグラフで表しなさい。　72%

図2

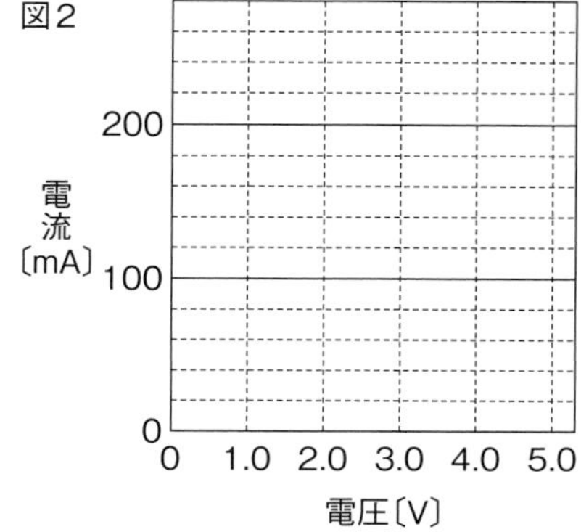

(2) 抵抗の大きさがこの実験で使った電熱線と同じ電熱線を，2つ用いて図3や図4の回路をつくり，それぞれの電源装置の電圧を同じにして電流を流し，X，Y，Zの各点を流れる電流の大きさをはかった。

図3

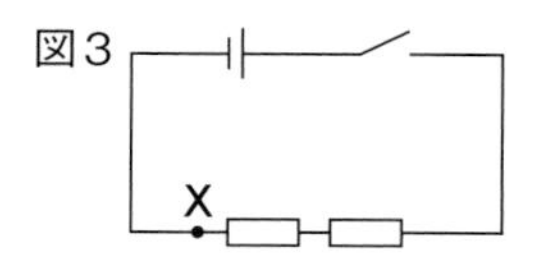

図4

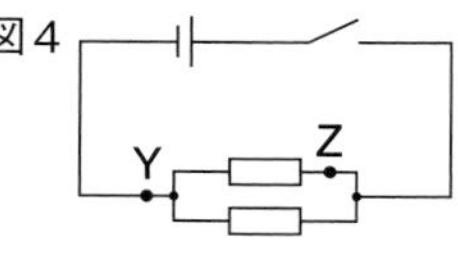

① X点に流れる電流が120mAであったとき，電源装置の電圧は何Vだったか求めなさい。 〔　　　　V〕　①38%

② 各点を流れた電流が大きいほうから順に，X，Y，Zの記号を並べなさい。 〔　　→　　→　　〕　②31%

3 ↪2,3

電熱線の発熱量が何によって決まるのかを調べるために，次の実験を行った。あとの問いに答えなさい。 [鳥取県]

操作１　ポリエチレンのビーカー３個に，それぞれ室温と同じ18.0℃の水を同量ずつ入れた。

操作２　図1のような，屋内配線用ケーブルに３種類の電熱線（電気抵抗（ていこう）2.0Ω，4.0Ω，6.0Ω）をそれぞれ固定した３種類のヒーターA，B，Cをつくった。

操作３　ヒーターAを使って，図2のような装置をつくった。

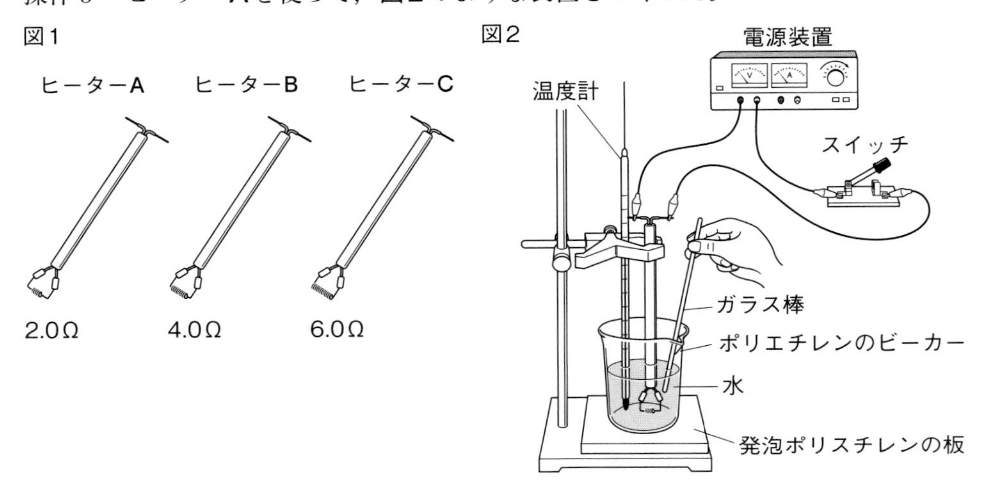

操作４　スイッチを入れ，ヒーターAに6.0Vの電圧を加え，水をゆっくりかき混ぜながら２分ごとに10分間，水温を測定した。

操作５　ビーカーを別のものにかえ，ヒーターBやヒーターCに6.0Vの電圧を加えた場合についても同様に調べた。

次の表は，ヒーターA，Bを用いた実験の結果をまとめたものである。ただし，この実験では，電熱線で発生した熱は水の温度上昇（じょうしょう）のみに使われたものとする。

	0分後	2分後	4分後	6分後	8分後	10分後
ヒーターA	18.0℃	21.0℃	24.0℃	27.0℃	30.0℃	33.0℃
ヒーターB	18.0℃	19.5℃	21.0℃	22.5℃	24.0℃	25.5℃

超重要 (1)　ヒーターAに6.0Vの電圧を加えた実験について，次の問いに答えなさい。

①　ヒーターAに流れた電流は何Aか，答えなさい。 〔　　　　A〕 ① 86%

②　電圧を２分間加えたときの発熱量は何Jか，答えなさい。 ② 47%

〔　　　　J〕

差がつく (2)　ヒーターCに6.0Vの電圧を加えた実験について，10分後の水温は何℃になるか，答えなさい。 〔　　　　℃〕 36%

正答率

4 ↪2,3

電流とそのはたらきを調べるために，電熱線**a**，電気抵抗20Ωの電熱線**b**を用いて，次の実験を行った。あとの問いに答えなさい。　［新潟県］

実験1　図1のように，電源装置，電熱線**a**，スイッチ，電流計，電圧計を用いて回路をつくり，電熱線**a**の両端に加わる電圧と回路を流れる電流を測定した。図2は，その結果をグラフに表したものである。

図1

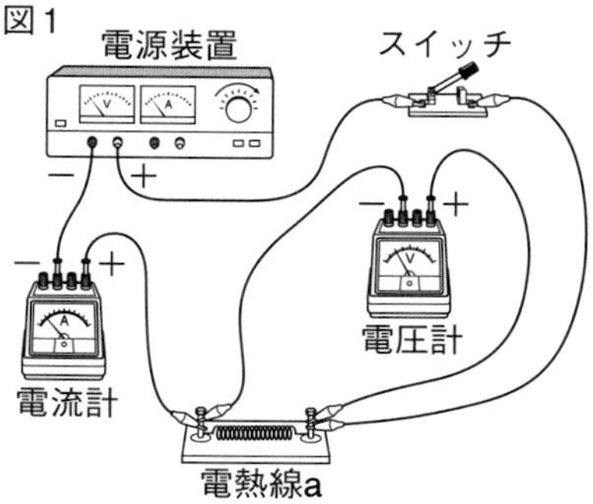

電源装置　スイッチ　電圧計　電流計　電熱線a

図2

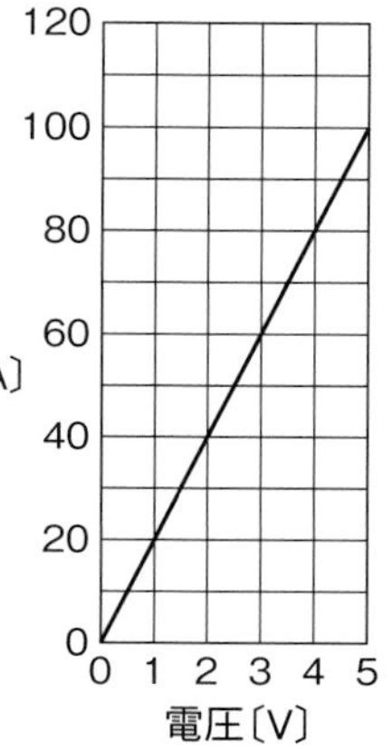

電流〔mA〕　電圧〔V〕

実験2　図3のように，電源装置，電熱線**a**，電熱線**b**，スイッチ，電流計，電圧計を用いて回路をつくり，スイッチを入れたところ，電流計が100mAを示した。

実験3　図4のように，電源装置，電熱線**a**，電熱線**b**，スイッチ，電流計，電圧計を用いて回路をつくり，スイッチを入れたところ，電圧計が3.0Vを示した。

図3

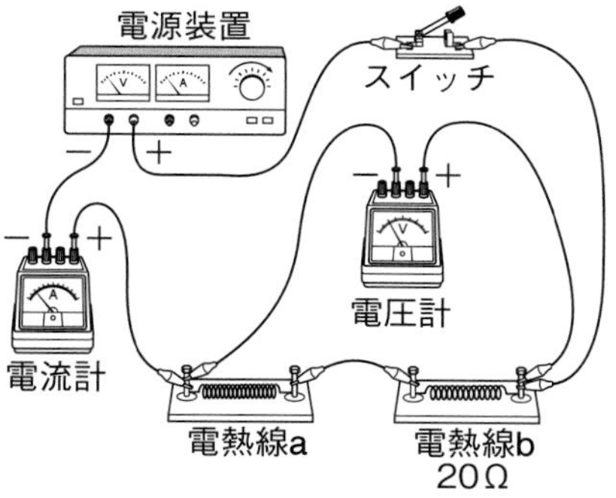

電源装置　スイッチ　電圧計　電流計　電熱線a　電熱線b 20Ω

図4

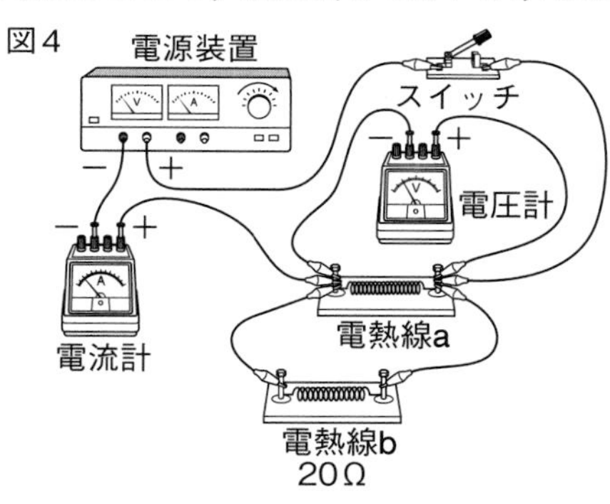

差がつく (1) 実験1について，電熱線**a**の電気抵抗は何Ωか求めなさい。　〔　　Ω〕　59%

(2) 実験2について，次の問いに答えなさい。

① 電圧計は何Vを示すか，求めなさい。　〔　　V〕　①48%

② 電熱線**b**が消費する電力は何Wか，求めなさい。　〔　　W〕　②32%

(3) 実験3について，次の問いに答えなさい。

① 電流計は何mAを示すか，求めなさい。　〔　　mA〕　①30%

難 ② 20秒間に電熱線**b**で発生する熱量は何Jになるか，求めなさい。　〔　　J〕　②25%

物理分野

2 力による現象

» 物理分野

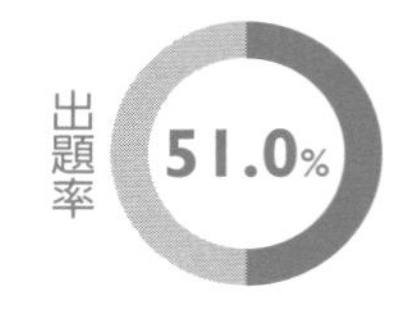

入試メモ　フックの法則を使う問題や圧力や浮力(ふりょく)の大きさを求める問題など，計算が多い。公式をしっかり頭に入れて，確実に得点できるようにしよう。

1 いろいろな力

出題率 7.3%

|1| **力のはたらき** … 物体が力を受けているとき，**「物体が形を変える」**，**「物体の運動の状態が変わる」**，**「物体が支えられている」**といった現象が見られる。

|2| **いろいろな力** … **重力**，**垂直抗力(こうりょく)**，**摩擦力(まさつりょく)**，**弾性力(だんせいりょく)**，磁石の力，電気の力などがある。

2 力の表し方

出題率 33.3%

|1| **力の大きさとばねののび**

- **ニュートン（N）** … 力の大きさを表す単位。1Nは，100gの物体にはたらく重力の大きさにほぼ等しい。
- **フックの法則** … ばねののびは，ばねにはたらく力の大きさに**比例すること**。

ばねののび
20gのおもり
ばねののび〔cm〕
力の大きさ〔N〕
ばねののびは，力の大きさに比例

|2| **力の表し方** … 物体にはたらく力は，**作用点**，**力の大きさ**，**力の向き**を，点と矢印を使って表す。

|3| **重さと質量**

- **重さ** … 物体にはたらく重力の大きさ。単位はN。
- **質量** … 物質そのものの量。単位はgやkg。

注意　重さは場所によって変わるが，質量は場所によって変わらない。

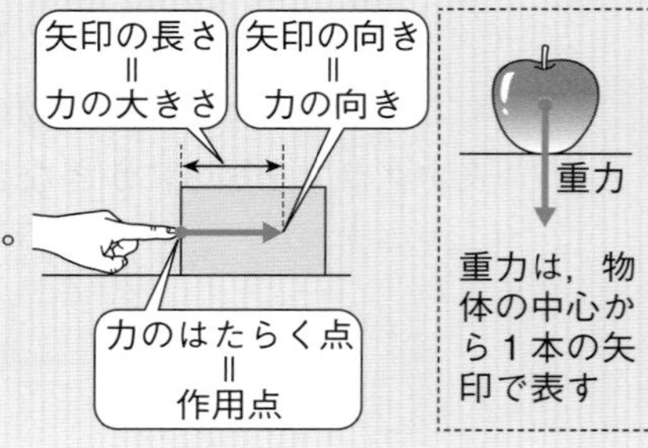

3 圧力と浮力

出題率 31.3%

|1| **圧力** … ある面に力がはたらくとき，その面を垂直に押(お)す**単位面積あたりの力の大きさ**。単位は**パスカル**（Pa）や**ニュートン毎平方メートル**（N/m^2）。

$$圧力〔Pa〕=\frac{面を垂直に押す力〔N〕}{力がはたらく面積〔m^2〕}$$

|2| **水圧** … 水の重さによって生じる圧力。

- **あらゆる向き**にはたらき，**深いところほど大きい**。

|3| **浮力** … 物体が水中で受ける上向きの力。

- **水中にある物体の体積が大きいほど大きい**。
- **物体の上面と下面にはたらく水圧の差**によって生じる。

|4| **大気圧** … 空気の重さによって生じる圧力。

- **あらゆる向き**にはたらく。

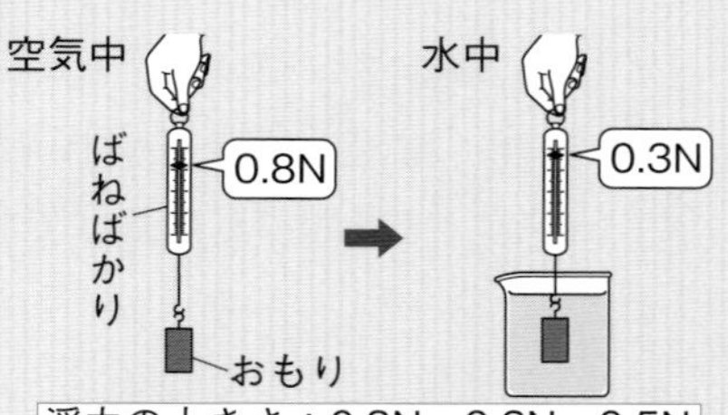

浮力の大きさ：0.8N－0.3N＝0.5N

※圧力と浮力は合わせて出題されることが多いため，ここでまとめて扱った。

実力アップ問題

解答・解説｜別冊p.3

正答率

1

↪1,2

右の図のように，摩擦のある斜面を滑り降りている物体がある。物体に働く重力，物体に働く摩擦力，斜面から物体に働く垂直抗力のそれぞれを矢印で表したものとして適切なのは，次のうちではどれか。ただし，•は作用点を表している。［東京都・改］

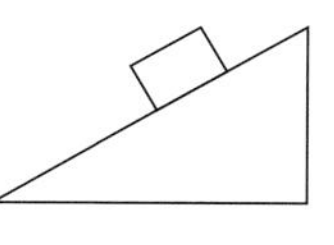

〔　　　〕

ア

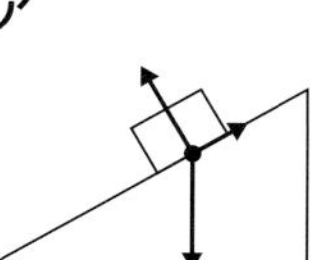

イ

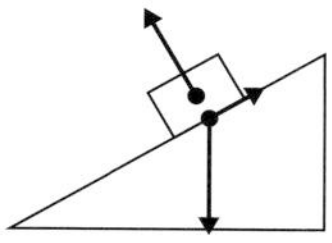

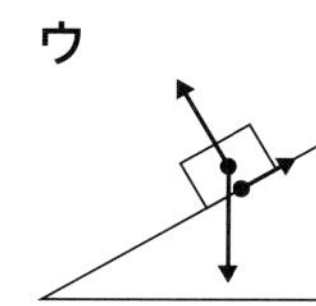

ウ

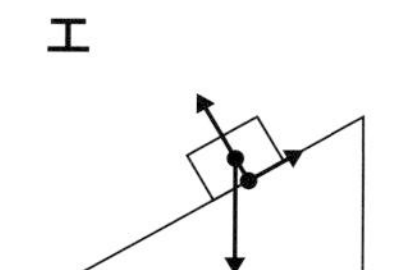

エ

2

↪2

図1のように，スタンドにつるまきばねとものさしをとりつけ，ばねの下端(かたん)をものさしの0cmの位置に合わせた。次に，図2のように，ばねに分銅をつり下げ，ばねを引く力の大きさとばねののびの関係を調べたところ，表のような結果になった。次の問いに答えなさい。［茨城県］

図1　図2

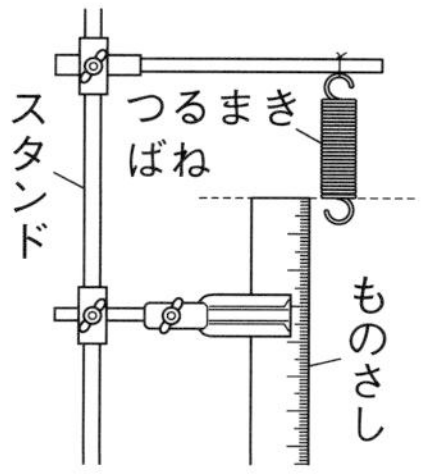

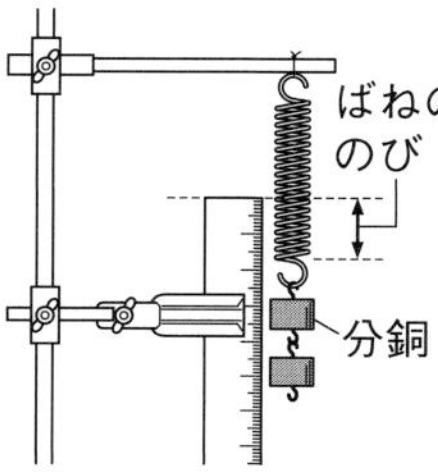

力の大きさ〔N〕	0	0.1	0.2	0.3	0.4
ばねののび〔cm〕	0	0.7	1.5	2.2	3.0

(1) 力の大きさとばねののびの関係を表すグラフを図3にかきなさい。

(2) 次の文中の[あ]，[い]にあてはまる語を書きなさい。　あ〔　　　〕　い〔　　　〕

> ばねにおもりをつるしたとき，そののびは，ばねにはたらく力の大きさに[あ]するという関係がある。これを，[い]の法則という。

図3

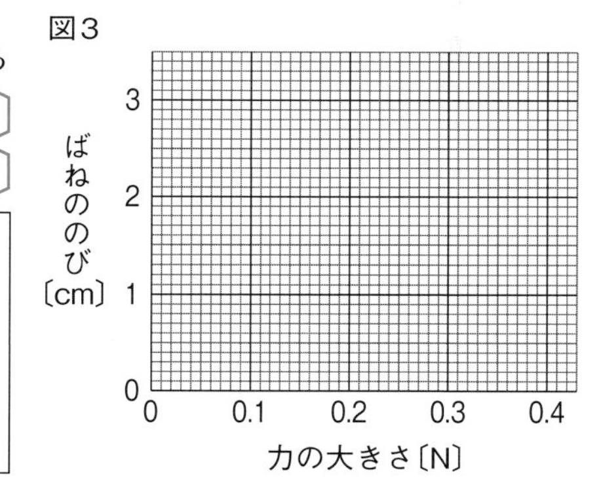

3

差がつく

↪2

重力について，月面上の重力は地球上の約6分の1である。次の文章の[①]，[②]にあてはまる数を答えなさい。［岡山県］

①〔　　　〕②〔　　　〕

①23%　②80%

> 質量300gの物体を地球上でばねばかりにつるすと，目盛りは約3Nを示した。同じ物体を月面上ではかると，上皿天びんでは[①]gのおもりとつり合い，ばねばかりにつるすと，目盛りは約[②]Nを示すと考えられる。

正答率

4

差がつく

↪3

一辺の長さが10cmの立方体で質量2.7kgの物体を水平な机の上に置いた。机がこの物体の面から受ける圧力の大きさは何Paか。ただし，質量100gの物体にはたらく重力の大きさを1Nとする。[鹿児島県]　〔　　　　Pa〕

■□40%

5

↪3

圧力について，次の実験を行った。あとの問いに答えなさい。[沖縄県]

右の図のように1L（1000mL）の水を入れたペットボトルを逆さにして面積の異なる板**A**～**C**にのせ，スポンジの上に置いて，ものさしでへこみぐあいを測定する。ただし，100mLの水にはたらく重力の大きさは1Nとし，ペットボトルの重さは無視できるものとする。

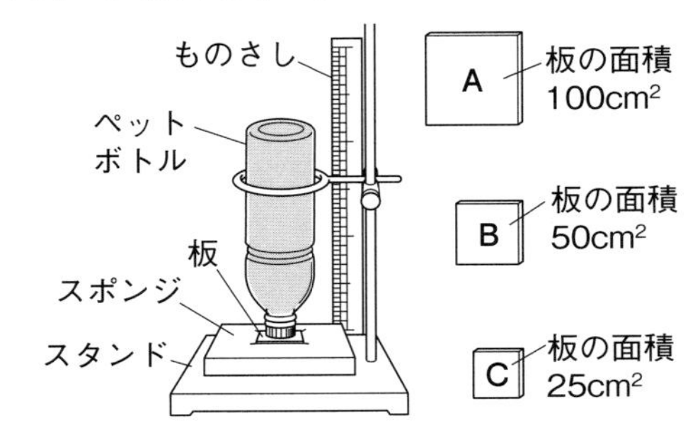

(1) スポンジのへこんだ深さが最も大きいものは，どの板の上にペットボトルをのせたときか。最も適当なものを**A**～**C**から1つ選び，記号で答えなさい。

〔　　　〕

差がつく (2) スポンジにはたらく圧力とへこみの深さが比例関係にあるとき，ペットボトルを板**C**にのせたときのへこんだ深さは，板**B**にのせたときのへこんだ深さの何倍か答えなさい。〔　　　　倍〕

6

↪3

圧力について，次の実験を行った。あとの問いに答えなさい。[徳島県]

右の図のようにゴム膜をはった筒を，空気が出入りするパイプが水面から出るようにして水中に沈(しず)めた。次の問いに答えなさい。

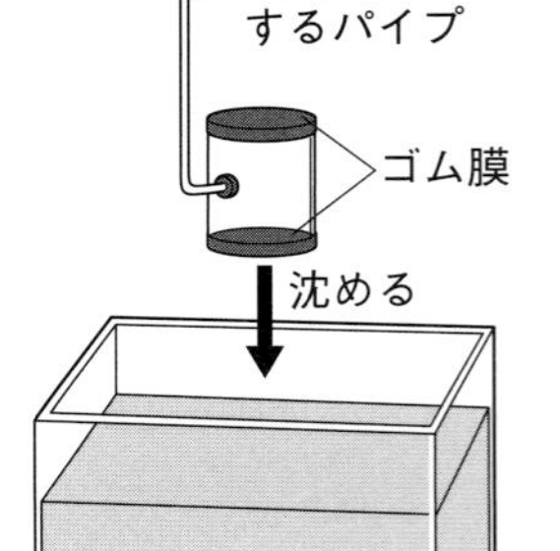

(1) 図の装置を水中に沈めたとき，上向きに力がはたらくのを感じた。この力を何というか，書きなさい。

〔　　　　〕

超重要 (2) 図の装置を水中に沈め，真横から見たときのゴム膜の変化を表したものとして，正しいものはどれか，次の**ア**～**エ**から1つ選び，記号で答えなさい。

〔　　　〕

ア

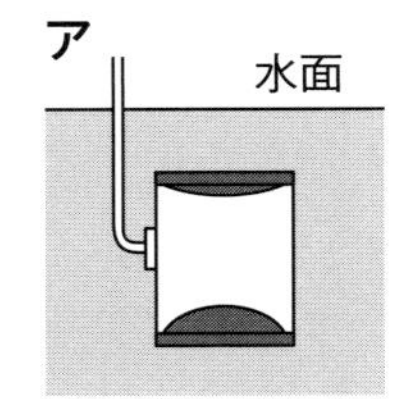

イ

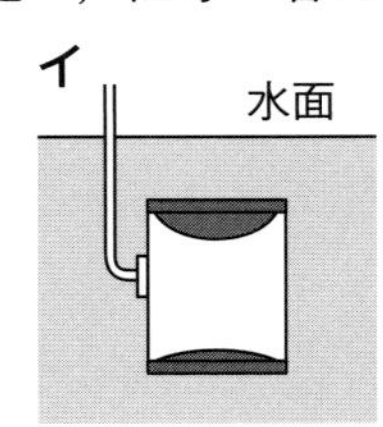

ウ

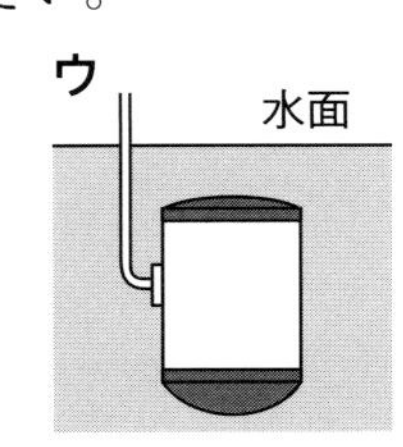

エ

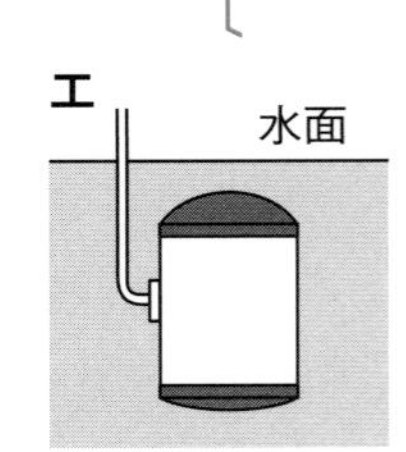

正答率

7

↪3

大気圧を利用している道具に，右の図のような吸盤がある。吸盤は，そのままでは壁にはりつかないのに，一度吸盤を手で押してから離すと壁にはりつくのはなぜか。壁と吸盤の間の気圧についてふれながら，簡単に説明しなさい。

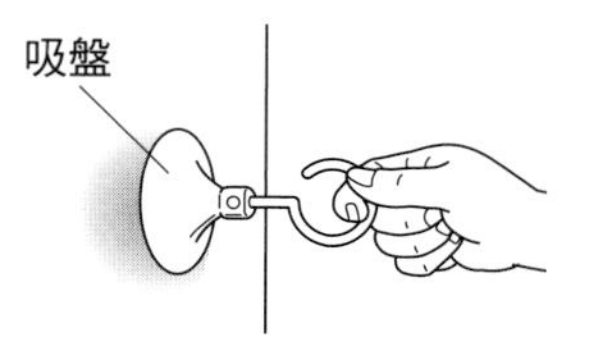

[岩手県]

〔　　　　　　　　　　〕

8

↪1,2,3

水中ではたらく圧力について調べるために，次の実験１，２を行った。この実験に関して，あとの問いに答えなさい。ただし，質量100gの物体にはたらく重力を１Nとし，おもりのフックの質量と体積は無視できるものとする。また，ばねののびは，ばねに加わる力の大きさに比例するものとする。 [新潟県]

実験１　図1のように，フックをつけた質量240gの円筒形のおもりをばねにつるしたところ，ばねは8.0cmのびた。

実験２　図2のように，実験１で使用したばねとおもりを，ビーカーに触れないようにして水中に入れたところ，ばねは5.0cmのびた。

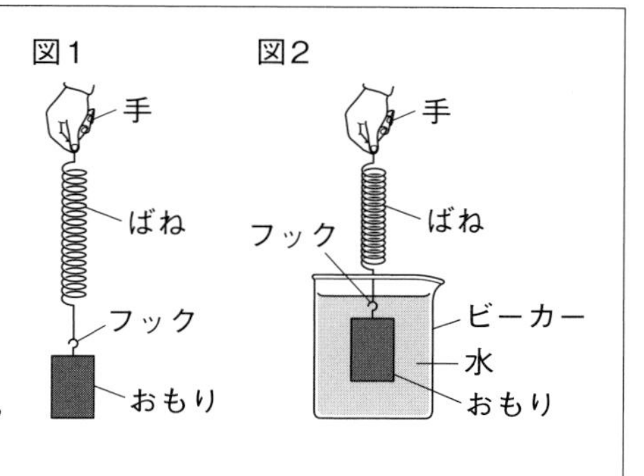

超重要 (1)　実験１について，おもりがばねを引く力の大きさは何Nか，求めなさい。　〔　　　N〕　74%

(2)　実験２について，次の問いに答えなさい。

思考力 ①　水中にあるおもりに，浮力がはたらくのはなぜか。その理由を，「おもりの下面」，「水圧」という語句を用いて，簡潔に書きなさい。　①25%

〔　　　　　　　　　　〕

差がつく ②　おもりにはたらく浮力の大きさは何Nか，求めなさい。〔　　　N〕　②32%

③　おもりは３つのものから力を受けている。その３つのものは何か。最も適当なものを，次の**ア**～**カ**から１つ選び，記号で答えなさい。〔　　　〕　③59%

ア　手，水，地球　　　**イ**　手，ばね，水

ウ　手，ばね，地球　　**エ**　ばね，水，地球

オ　ばね，水，ビーカー　**カ**　水，ビーカー，地球

3

» 物理分野

仕事とエネルギー

出題率 43.8%

入試メモ 斜面上の物体や振り子が運動するときの力学的エネルギーの変化がねらわれやすい。よく出る問題のパターンは，くり返し解いて慣れておこう。

1 仕事と仕事率

出題率 24.0%

|1| **仕事** … 物体に力を加えて，**力の向きに物体が動いたとき**，力は物体に対して仕事をしたという。単位は**ジュール**（J）。

仕事〔J〕＝力の大きさ〔N〕×力の向きに動いた距離〔m〕

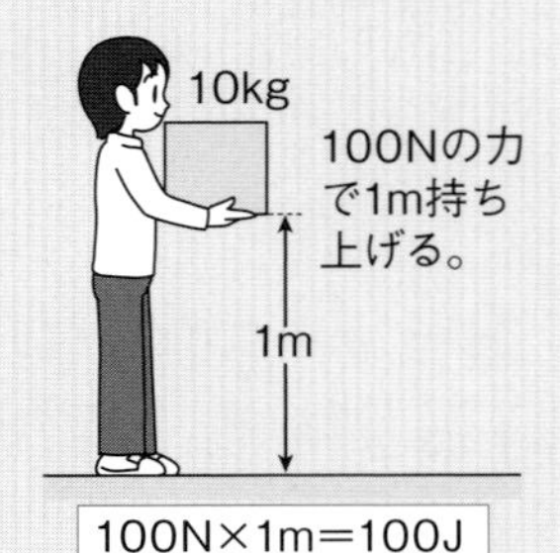

|2| **仕事率** … 1秒間あたりにした仕事。単位は**ワット**（W）。

$$仕事率〔W〕＝\frac{仕事〔J〕}{かかった時間〔s〕}$$

|3| **仕事の原理** … 同じ状態になるまでの**仕事の大きさは，道具を使っても使わなくても変わらないこと。**

注意 動滑車を図のように使うと，必要な力は$\frac{1}{2}$になるが，ひもを引く距離は2倍になる。

5kg
50Nの力で1m持ち上げる。
1m
50N×1m
＝50J

定滑車
5kg
50Nの力でひもを1m引く。
1m
50N×1m
＝50J

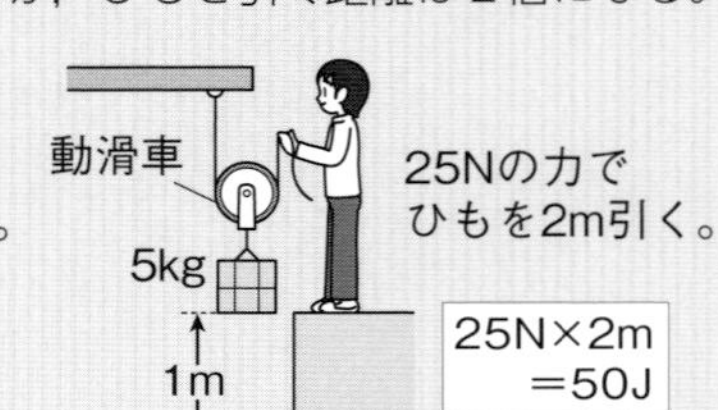

2 力学的エネルギー

出題率 32.3%

|1| **エネルギー** … ほかの物体に対して**仕事をする能力**のこと。単位は**ジュール**（J）。

|2| **位置エネルギー** … **高い位置にある物体**がもっているエネルギー。

- 物体の**位置が高い**ほど，大きい。
- 物体の**質量が大きい**ほど，大きい。

|3| **運動エネルギー** … **運動している物体**がもっているエネルギー。

- 物体の**速さが速い**ほど，大きい。
- 物体の**質量が大きい**ほど，大きい。

|4| **力学的エネルギー** … 位置エネルギーと運動エネルギーの和。

- 摩擦や空気抵抗などを考えないとき，**力学的エネルギーは常に一定に保たれる**。これを**力学的エネルギー保存の法則（力学的エネルギーの保存）**という。

ふりこの運動と力学的エネルギーの移り変わり

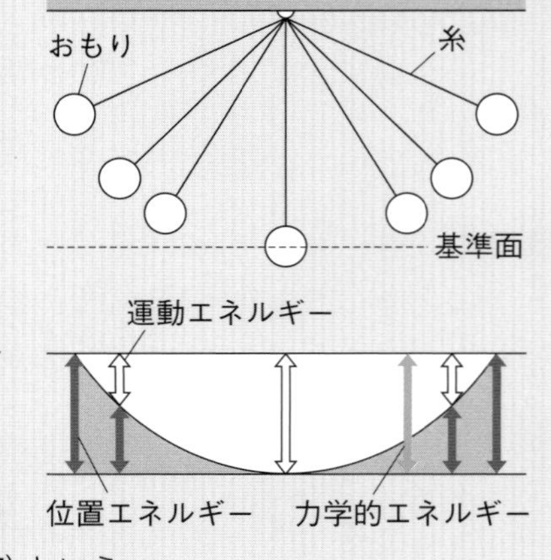

実力アップ問題

解答・解説｜別冊p.4

正答率

1 ↪I

太郎さんが，定滑車や動滑車を用いて質量10kgの荷物を引き上げたときの仕事について，次の問いに答えなさい。ただし，100gの物体にはたらく重力の大きさを1Nとする。　［茨城県］

(1) 図1のように，定滑車とひもを使って，一定の速さで荷物を引き上げた。このとき，次の①，②に答えなさい。
　ただし，滑車やひもの摩擦や重さは考えないものとする。

図1

定滑車
太郎さん
荷物

① 引き上げるのに必要な力の大きさは何Nか，求めなさい。［　　　N］

② この荷物を2.4m引き上げたときの仕事は何Jか，求めなさい。［　　　J］

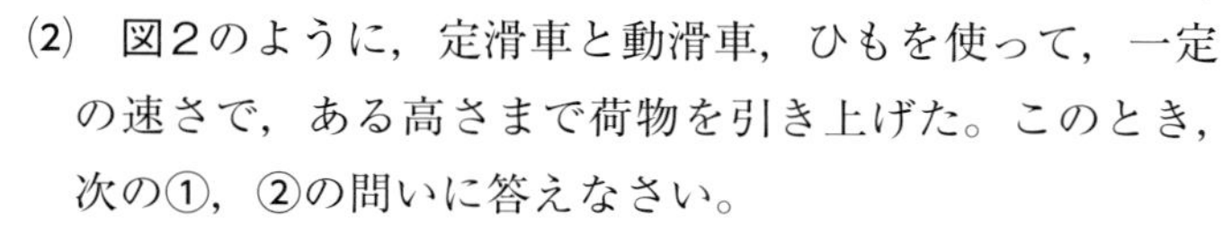

(2) 図2のように，定滑車と動滑車，ひもを使って，一定の速さで，ある高さまで荷物を引き上げた。このとき，次の①，②の問いに答えなさい。
　ただし，滑車やひもの摩擦や重さは考えないものとする。

図2

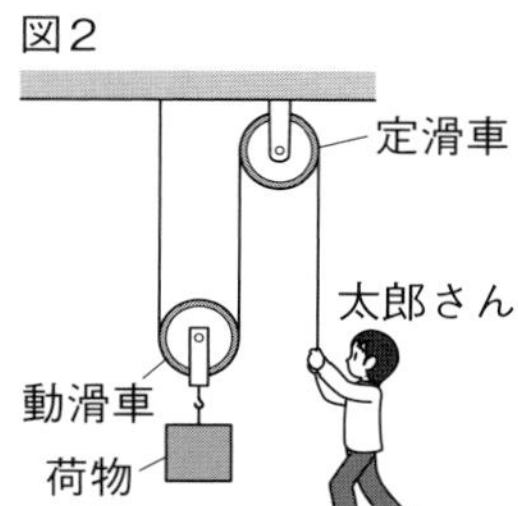

超重要 ① 定滑車とひもを使って同じ高さまで荷物を引き上げたときと比べて，仕事の大きさはどうなるか。「ひもを引く力の大きさ」，「ひもを引く長さ」，「仕事の大きさ」という語を用いて説明しなさい。

［　　　　　　　　］

② 次の文中の［あ］，［い］にあてはまる数値を書きなさい。

あ［　　　］　い［　　　］

> この荷物が，速さ0.2m/sで上昇したとする。これは，荷物が1秒あたり0.2m上昇(じょうしょう)したことを表しており，太郎さんは1秒あたり［あ］mひもを引いたことになる。よって，太郎さんがひもを引いた速さは［あ］m/sとなり，1秒あたりの仕事の大きさから仕事率は［い］Wとなる。このように荷物が上昇する速さから仕事率が求められる。

差がつく (3) 定滑車と動滑車の質量がともに2kgのとき，図1と図2のそれぞれの場合について，荷物を引き上げるのに必要な力の大きさは何Nか，求めなさい。
　ただし，ひもの摩擦や重さは考えないものとする。

図1［　　　N］　図2［　　　N］

正答率

83%

2

↪2

右の図のようなレールで点Pから小球を離(はな)すと，破線で示したように運動し，点Qに達した。このとき，図中の**ア**，**イ**，**ウ**，**エ**のうち，小球のもつ位置エネルギーが最も大きいものはどれか。[栃木県]

〔　　　〕

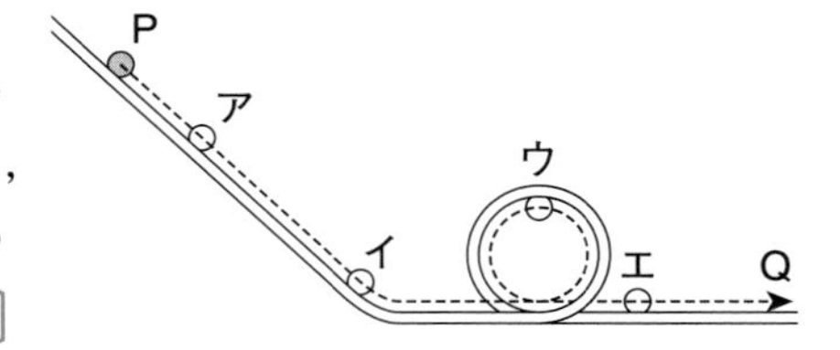

3

↪2

図1のように，小球に伸(の)び縮(ちぢ)みしない糸をつけて天井の点Oからつるし，振(ふ)り子をつくった。振り子の最下点Bから糸がたるまないようにして点Aまで小球を持ち上げ静止させた。静かに手を離したところ小球は最下点Bを通過し，点Aと同じ高さの点Eに達した。摩擦(まさつ)や空気の抵抗(ていこう)は無視できるものとして，次の問いに答えなさい。[沖縄県・改]

図1

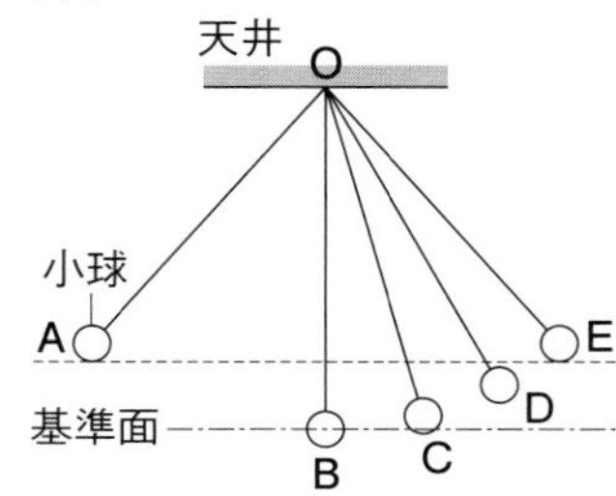

思考力 (1) 点Aから点Eに達するまでの運動エネルギーと位置エネルギーについて，その変化のようすを表しているものとして，最も適当なものを次の**ア**～**エ**から1つ選び，記号で答えなさい。
ただし，点Bを位置エネルギーの基準点とし，図中の実線は運動エネルギーを，点線は位置エネルギーを表すものとする。

〔　　　〕

ア

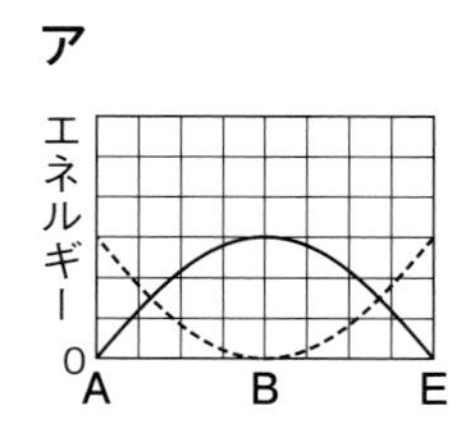

イ

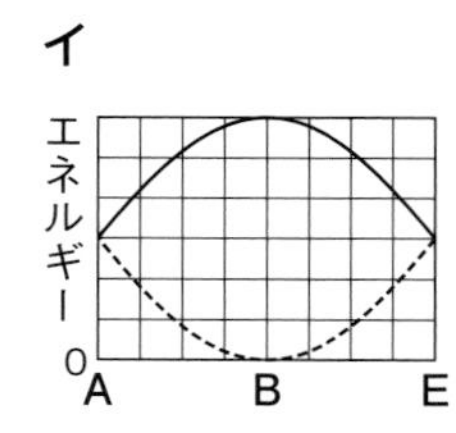

ウ

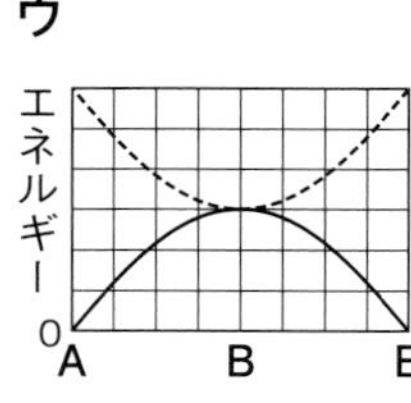

エ

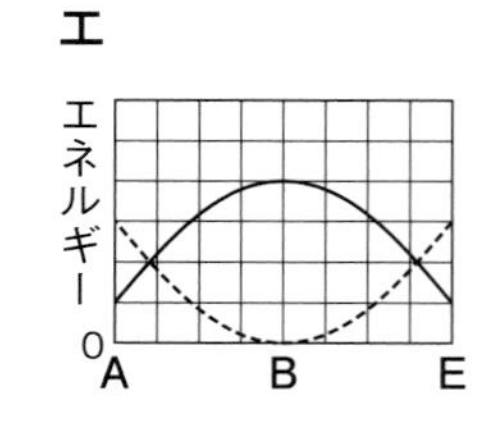

(2) 運動エネルギーと位置エネルギーの和を何というか。

〔　　　〕

差がつく (3) 図2のように，点Oの真下の点Pにくぎを打ち，糸がたるまないようにして小球を点Aまで持ち上げ，静かに手を離した。小球はどの位置まで上がるか。最も適当なものを図2の**ア**～**エ**から1つ選び，記号で答えなさい。

〔　　　〕

図2

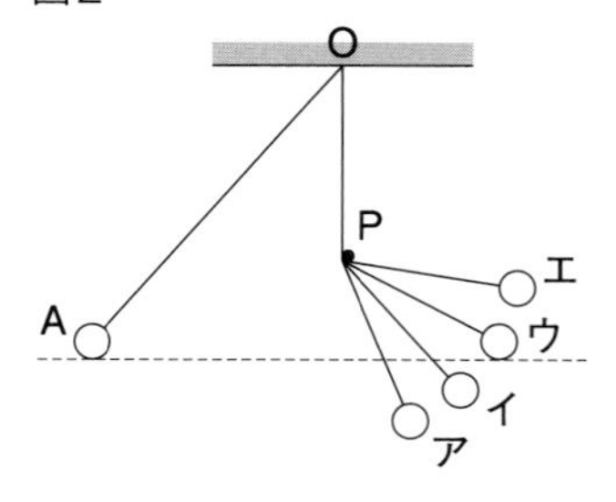

正答率

4

↪1,2

次の実験について，あとの問いに答えなさい。ただし，空気の抵抗，小球とレールの間の摩擦は考えないものとするが，木片には一定の大きさの摩擦力がはたらくものとする。

［福島県・改］

実験．水平な台の上に図のような装置を作成し，質量の異なる小球A，Bを，それぞれ水平な台からの高さが，10cm，20cm，30cmとなるところから静かにはなして水平部分に置いた木片に当て，木片が水平なレールの上を動いた距離(きょり)を調べた。

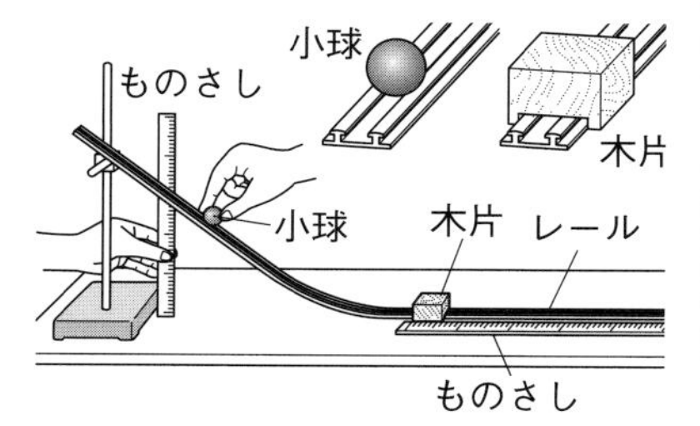

結果．小球が衝突した後，木片は移動しやがて静止した。

	小球A			小球B		
小球の質量〔g〕	67			36		
小球のはじめの高さ〔cm〕	10	20	30	10	20	30
木片が動いた距離〔cm〕	29.0	58.0	87.0	15.6	31.2	46.8

超重要 (1) 次の文は，力学的エネルギーについて述べたものである。①，②にあてはまる言葉は何か。書きなさい。

①［　　　　］ 83%
②［　　　　］ 83%

摩擦や空気抵抗がない斜面(しゃめん)上の小球の運動では，小球のもつ力学的エネルギーは一定に保たれる。力学的エネルギーとは［①］と［②］の和であり，小球が斜面を下るとき，次第に［①］が小さくなり，［②］が大きくなる。

(2) 次の文は，木片が動いた距離と仕事の関係についてまとめたものである。①～④にあてはまる言葉の組み合わせはどのようになるか。あとの**ア**～**カ**から1つ選び，記号で答えなさい。［　　］

小球のはじめの高さが［①］ほど，また，小球の質量が［②］ほど，木片が動いた距離は［③］，木片が摩擦力に逆らってした仕事の大きさが［④］ことがわかる。

	①	②	③	④		①	②	③	④
ア	低い	小さい	小さく	大きい	**エ**	高い	大きい	大きく	大きい
イ	低い	小さい	大きく	小さい	**オ**	高い	大きい	大きく	小さい
ウ	低い	大きい	小さく	小さい	**カ**	高い	小さい	大きく	大きい

» 物理分野

力と物体の運動

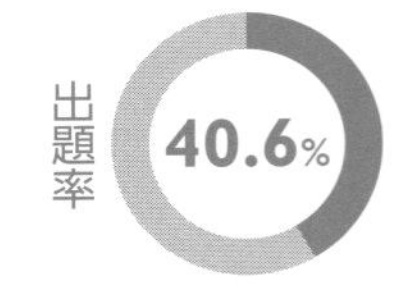

入試メモ 斜面を下る物体の運動を調べる実験がよく出題される。運動している物体の速さを求める公式や，力の大きさと速さの関係はしっかりおさえておこう。

1 速さの測定と記録

出題率 22.9%

|1| **速さ** … 物体が一定時間に移動した距離。

速さ〔m/s〕＝ 移動した距離〔m〕/ かかった時間〔s〕

- 速さの単位はm/sやkm/hなど。
- **記録タイマー** … 一定の時間間隔ごとに，テープに点を打つ器具。

注意 1秒間に60回打点する場合と50回打点する場合があり，それぞれ6打点，5打点する時間が0.1秒である。

しだいに速くなる運動の記録

→時間経過

打点の間隔が広いほど速さが速い

2 力がはたらくときの運動

出題率 24.0%

|1| **斜面を下る運動** … 運動の向きに力がはたらく。

- 速さは**一定の割合で速く**なる。
- 斜面の傾きが大きいほど，速さのふえ方は**大きく**なる。

|2| **斜面を上る運動** … 運動の逆向きに力がはたらく。

- 速さは**一定の割合で遅く**なる。

|3| **自由落下** … 斜面の傾きが90°になって，物体が垂直に落下する運動。

斜面の傾きを大きくする。

斜面に平行な分力が大きくなる

速さのふえ方が大きくなる

重力

3 慣性の法則

出題率 20.8%

|1| **等速直線運動** … 物体が一定の速さで一直線上を移動する運動。

- 等速直線運動をする物体には力がはたらいていないか，力がつり合っている。
- 物体の移動する距離は時間に比例する。

|2| **慣性の法則** … 物体に力がはたらかないか，はたらく力がつり合っているとき，静止している物体は静止し続け，運動している物体は等速直線運動を続ける。

- 物体のもつこの性質を**慣性**という。

|3| **作用・反作用の法則** … 物体に力を加えると，同時に物体から大きさが同じで逆向きの力を受ける。

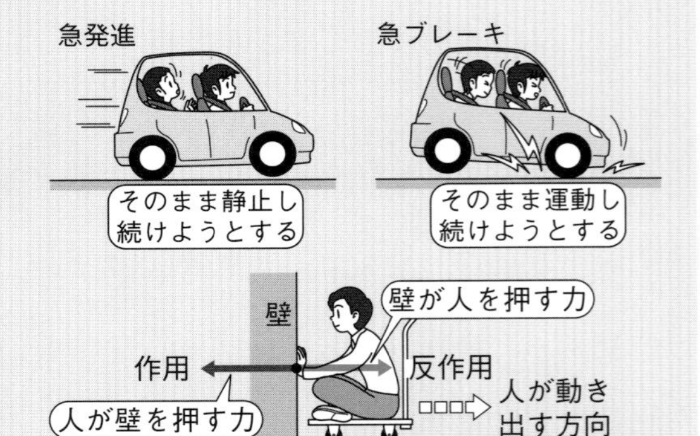

実力アップ問題

解答・解説｜別冊p.5

正答率

1 差がつく ↪1

午前8時30分にA駅を出発した新幹線が，同じ日の午前8時42分にB駅に到着した。この新幹線の平均の速さが150km/hのとき，A駅からB駅までの移動距離は何kmか，書きなさい。［北海道］

〔　　　　km〕

51%

2 ↪1,2

水平面と点Aでなめらかにつながる斜面がある。この斜面の角度は自由に変えることができる。斜面の角度と台車の運動の関係を調べるために，次の実験1，2を順に行った。

実験1　図1のように，斜面を上り坂にし，水平面上に置いた台車を手で押(お)して運動させた。手から離(はな)れた台車の先端(せんたん)が点Oを通過してからの時間と台車の移動距離を，発光間隔0.2秒のストロボ装置を用いて計測した。表1は，その結果をまとめたものである。

図1

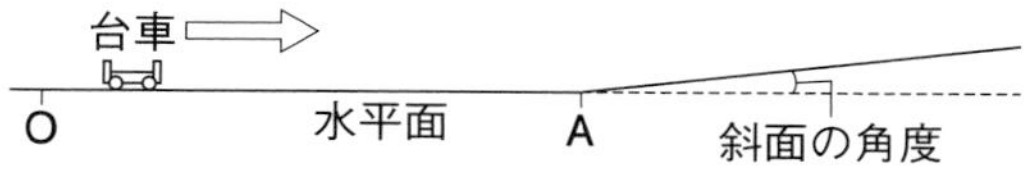

表1

時間〔s〕	0	0.2	0.4	0.6	0.8	1.0	1.2	1.4	1.6	1.8	2.0
移動距離〔cm〕	0	33	66	99	132	165	198	229	256	279	298

実験2　斜面の角度を変えて，水平面上に置いた台車を手で押して運動させ，実験1と同様の計測を行った。表2は，その結果をまとめたものである。

表2

時間〔s〕	0	0.2	0.4	0.6	0.8	1.0	1.2	1.4	1.6	1.8	2.0
移動距離〔cm〕	0	36	72	108	144	180	215	243	263	275	279

このことについて，次の問いに答えなさい。ただし，摩擦(まさつ)や空気の抵抗(ていこう)は考えないものとする。［栃木県］

差がつく (1)　実験1において，0.4秒から0.6秒の間における台車の平均の速さは何cm/sか。

〔　　　　cm/s〕

51%

(2)　実験2で，台車の先端が点Aに達した時間がふくまれるものはどれか。

〔　　　　〕

68%

ア　0.2秒から0.4秒　　**イ**　0.6秒から0.8秒

ウ　1.0秒から1.2秒　　**エ**　1.4秒から1.6秒

思考力 (3)　実験2での斜面を最も適切に示しているのは，図2の**ア**，**イ**，**ウ**，**エ**のうちどれか。

〔　　　　〕

47%

図2

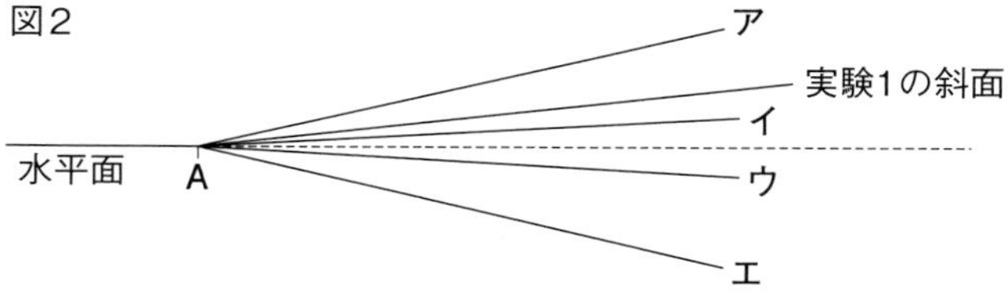

正答率

3

思考力 ↪3

質量50kgのPさんと質量60kgのQさんが，池でそれぞれボートに乗って向き合って座り，Pさんが Qさんを押(お)した。図は，このときのようすを模式的に表したものである。図の矢印（⇨）は，Pさんが Qさんを押した力を表している。このとき，Pさんが Qさんから受けた力を，図に矢印（➡）でかきなさい。 [静岡県]

4

↪ 1,2,3

次の実験について，あとの問いに答えなさい。 [岡山県]

図のように斜面(しゃめん)をつくり，台車の先端(せんたん)を点Aに合わせ静かに手を放し，台車の運動のようすを1秒間に60打点する記録タイマーで記録した。ただし，斜面と水平面はなめらかにつながっており，台車や記録テープの摩擦(まさつ)，空気の抵抗(ていこう)は考えないものとする。

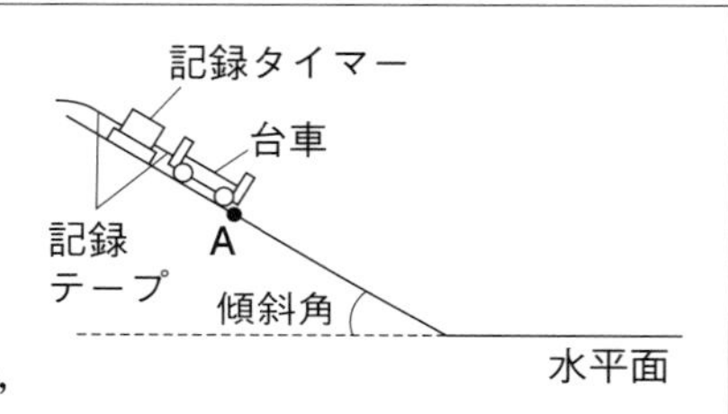

超重要 (1) 0.1秒間に移動した距離(きょり)を示す記録テープとして最も適当なのを，次のア～エから1つ選び，記号で答えなさい。〔　　〕 69%

ア　イ　ウ　エ

(2) ある記録テープの長さを測定すると，0.1秒間に台車が2.8cm進んでいることがわかった。この間の台車の平均の速さは何m/sですか。〔　　m/s〕 45%

(3) 水平面上では，台車は一直線上を一定の速さで進んだ。この運動を何というか。〔　　〕 94%

(4) 斜面の傾斜角(けいしゃ)をさらに大きくしたときの台車の運動について述べたものとして最も適当なのを，次のア～エから1つ選び，記号で答えなさい。〔　　〕 55%

ア 斜面に沿った重力の分力は大きくなるが，速さが変化する割合は変わらない。
イ 斜面に沿った重力の分力は大きくなるので速さが変化する割合も大きくなる。
ウ 斜面に沿った重力の分力は変わらないので速さが変化する割合は変わらない。
エ 斜面に沿った重力の分力は変わらないが，速さが変化する割合は大きくなる。

正答率

5

↪ 1,2,3

台車にはたらく力と台車の運動の関係を調べる実験を行った。あとの問いに答えなさい。ただし，空気の抵抗や摩擦は考えないものとする。 〔青森県〕

実験．図1のように，水平な机の上に置いた台車に糸で300gのおもりをつなぎ，手で止めておいた。手をはなすと台車は動き始め，おもりが床(ゆか)についた後も台車は運動を続け，滑車(かっしゃ)に達して静止した。このときの台車の運動のようすを，1秒間に50打点する記録タイマーでテープに記録した。図2は，その一部を，時間の経過順に5打点ごとに切って紙にはりつけ，それぞれのテープの長さを表したものである。

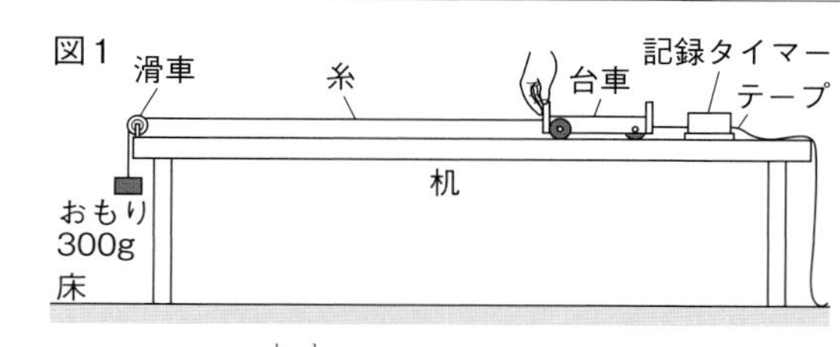

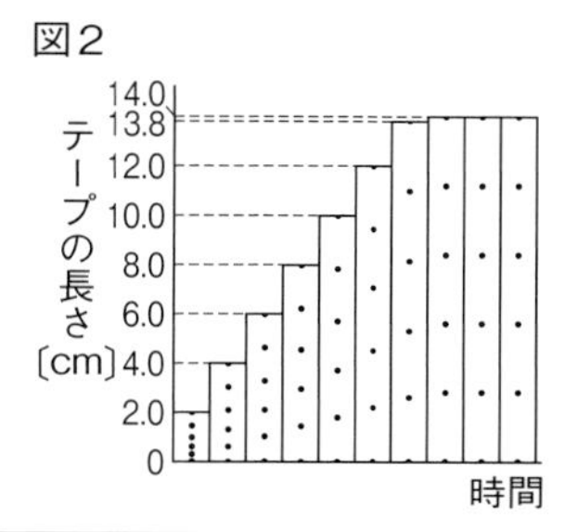

(1) おもりが床につくまでの台車の運動について，次の問いに答えなさい。

① 図2の，左から3本目のテープを記録したときの台車の平均の速さは何cm/sか，求めなさい。 〔　　　cm/s〕

① 43%

② 時間と移動距離の関係を表したグラフはどれか。最も適切なものを，次の**ア**～**エ**から1つ選び，記号で答えなさい。 〔　　〕

② 28%

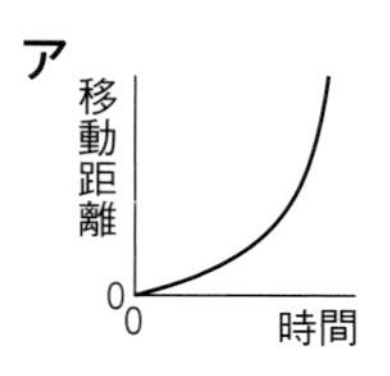

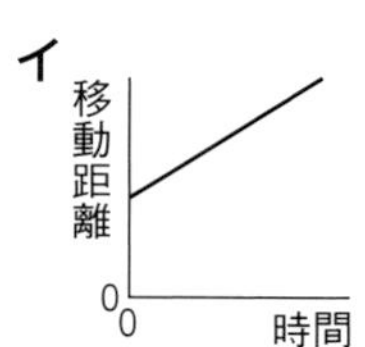

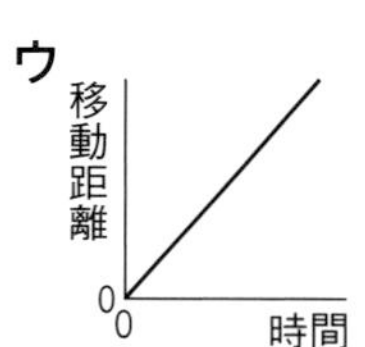

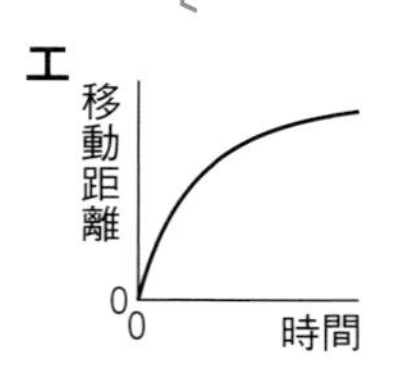

(2) 下線部のとき，台車にはたらいている力について述べたものとして最も適切なものを，次の**ア**～**エ**から1つ選び，記号で答えなさい。 〔　　〕

40%

ア 運動の向きと同じ向きの力だけがはたらいている。

イ 重力だけがはたらいている。

ウ 運動の向きと同じ向きの力と重力がはたらいており，その2力はつり合っている。

エ 重力と垂直抗力(こうりょく)がはたらいており，その2力はつり合っている。

超重要 (3) 図3のように，台車にばねの一方を固定して実験と同じように運動させたところ，台車が動き始めたときにばねの上端(じょうたん)が⇨の向きに大きく傾(かたむ)いた。このような現象が起こるのは，物体がもつ何という性質によるものか，書きなさい。〔　　　　〕

82%

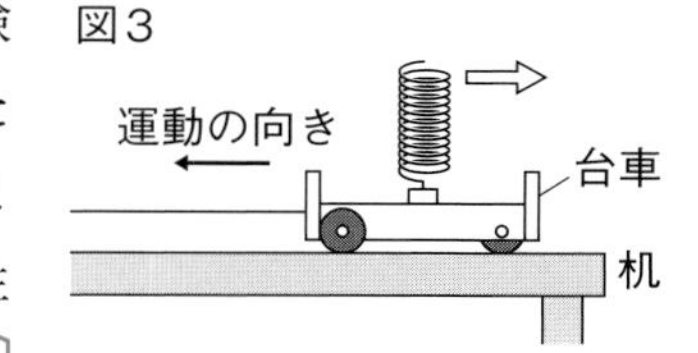

» 物理分野

光による現象

入試メモ　凸（とつ）レンズによる像のでき方を調べる実験，作図問題がよく出る。また，光が反射，屈折（くっせつ）した後，どのように進むかをしっかり理解しておこう。

1　光の直進・光の反射

出題率 12.5%

|1| **光の直進**…光源から出た光が**まっすぐ進む**こと。

|2| **光の反射**…光が物体の表面で**はね返る**こと。

- 入射角と反射角の大きさは常に等しくなる。これを光の**反射の法則**という。

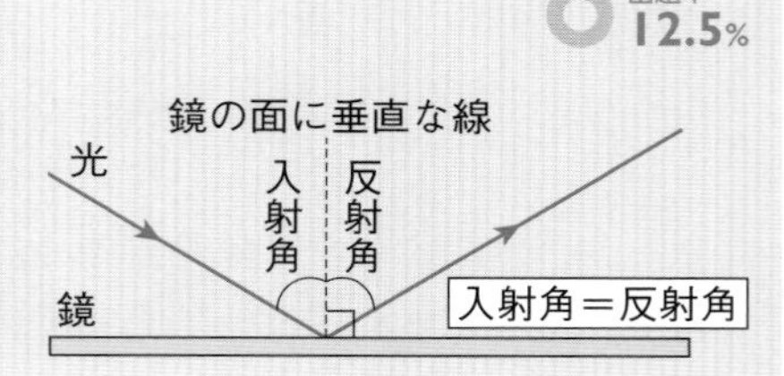

2　光の屈折

出題率 19.8%

|1| **光の屈折**…光が異なる物質の境界面で**折れ曲がる**こと。

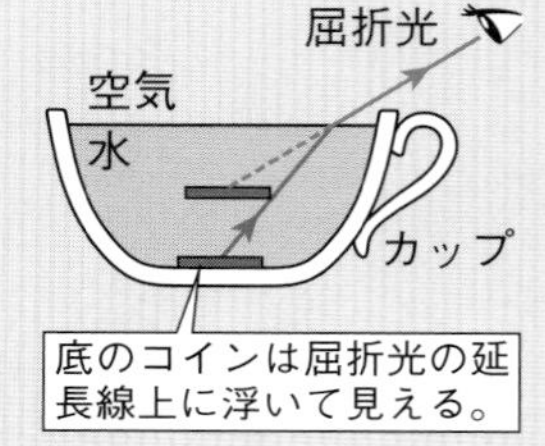

|2| **全反射**…光が水やガラスから空気中に進むとき，入射角が一定以上大きくなると，**光が屈折せずにすべて反射する**こと。

3　凸レンズ

出題率 11.5%

|1| **焦点**（しょうてん）…光軸（こうじく）に**平行な光**が，凸レンズを通ったあとに**集まる**点。

- **焦点距離**（しょうてんきょり）…凸レンズの中心から焦点までの距離。

|2| **実像**…物体が**焦点より外側にあるとき**，凸レンズを通った光が集まり，スクリーン上にできる像。

- 向き➡もとの物体と上下左右が逆。
- 大きさ➡凸レンズと物体の距離によって変わる。

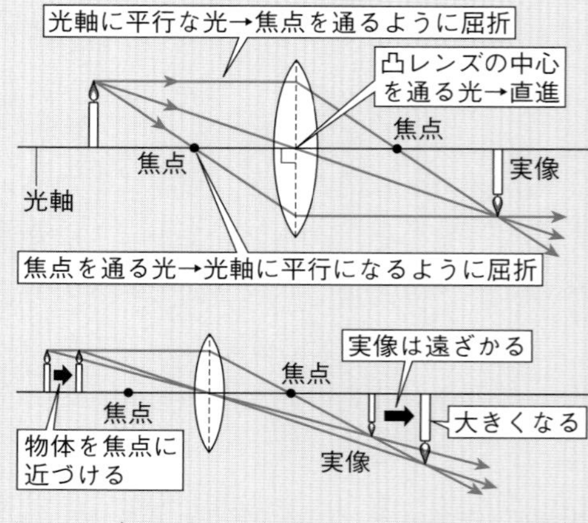

- 物体が焦点距離の2倍の位置にあるとき，大きさが同じで，向きが上下左右逆の実像ができる。

|3| **虚像**（きょぞう）…物体が**焦点より内側にあるとき**，物体の反対側から凸レンズをのぞくと見える像。

- 向き➡もとの物体と同じ。
- 大きさ➡もとの物体より大きくなる。

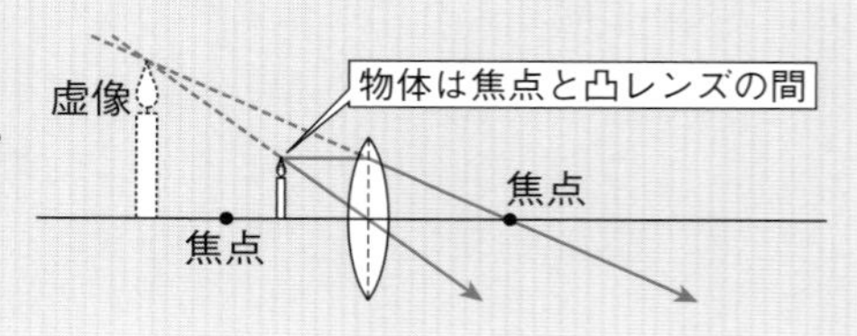

解答・解説｜別冊p.6

正答率

1 ↪1　正答率 56%

図1のような，１点を中心に30°間隔(かんかく)で点線が引かれた円形の記録用紙を，水平な台の上に置き，その上に，鏡を記録用紙の１本の点線に沿って垂直に立てる。光が水平に進み記録用紙の中心上を通過するように光源を固定し，光を鏡に入射させるまでの光の道すじと向きを記録用紙に矢印(―➤―)でかき表した。

図1

円形の記録用紙

30°

鏡の面

光源

入射する光

図１の鏡の面で反射した光の道すじと向きを，図１のような矢印を用いて，図２にかき入れなさい。　［宮城県］

図2

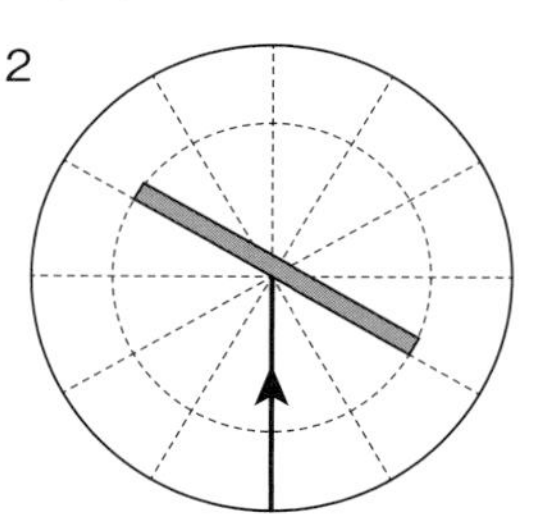

2 思考力 ↪2

右の図は，机の上に厚いガラスとチョークを置いて真上から見たものである。このとき，矢印の方向からガラスを通してチョークを見ると，どのように見えるか。次の**ア**～**エ**から１つ選び，記号で答えなさい。［岩手県］

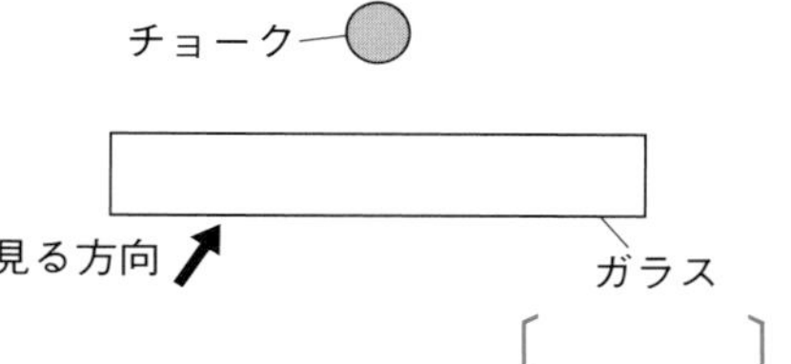

〔　　　〕

ア

イ

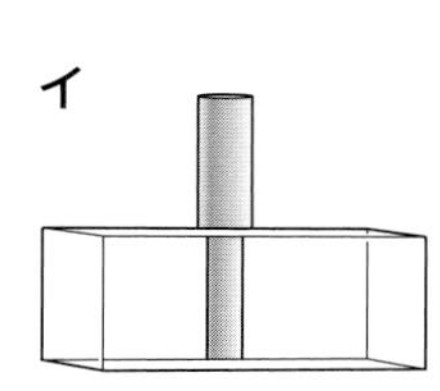

ウ

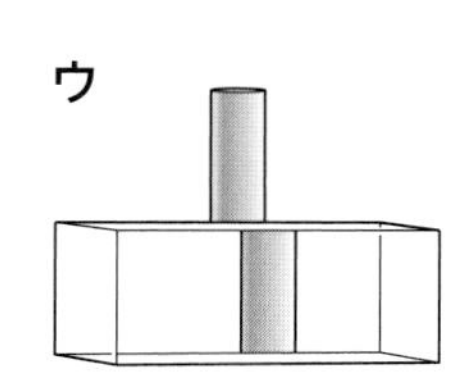

エ

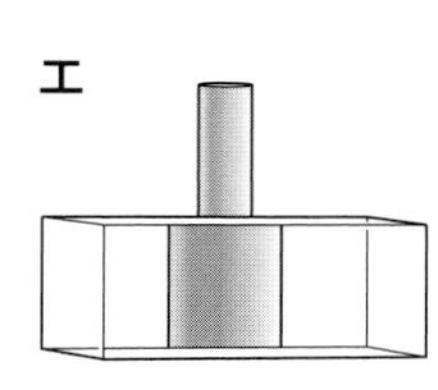

3 差がつく ↪2

右の図は，P点の位置から水中のコインを見たとき，コイン上のA点がB点の位置にうき上がって見えたことを説明するための図である。A点で反射した光がP点に届くまでの光の道すじを右の図にかきなさい。［山口県］

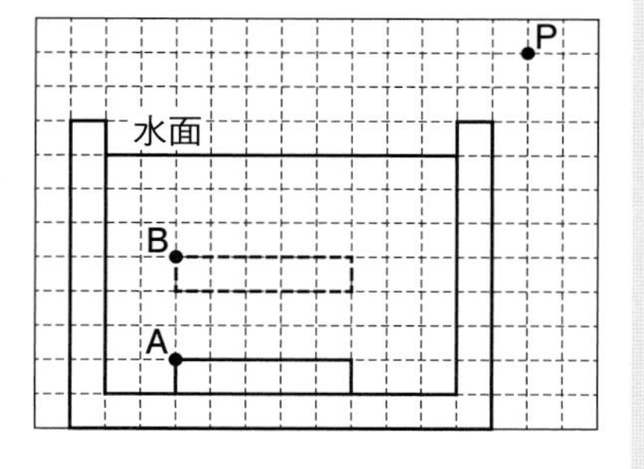

4

↪3

図１のような装置を用いて，凸(とつ)レンズX，物体Y，スクリーンの位置を調節して，スクリーンに像をうつした。物体Yと凸レンズXの距離(きょり)が40 cmのときに，物体Yとスクリーンの距離を80 cmにすると実像ができた。［愛媛県］

図１

物体Y［「え」の字型に切り抜いた正方形の厚紙］
凸レンズXの光軸
凸レンズX
スクリーン
光源
点O
光学台
物体Yと凸レンズXの距離
物体Yとスクリーンの距離
［点Oは，凸レンズXの光軸とスクリーンの交点である。］

56%

(1) 次のア～エのうち，スクリーンにできた実像として，最も適当なものを１つ選び，記号で答えなさい。

〔　　　〕

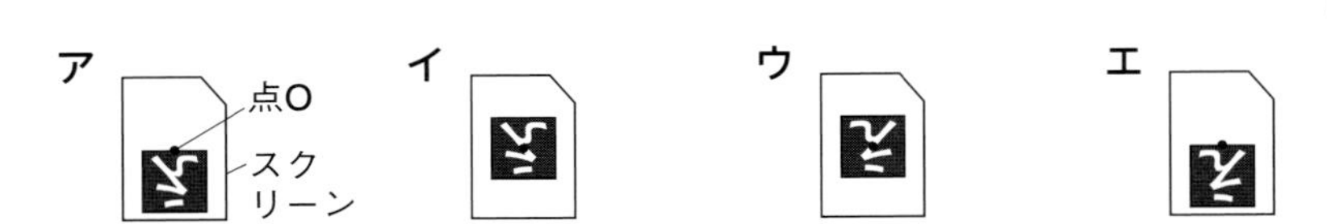

32%

(2) 次の文の①，②の｛　　｝の中から，それぞれ適当なものを１つずつ選び，記号で答えなさい。

①〔　　　〕 ②〔　　　〕

> 図１の装置で，レンズを，凸レンズXよりも焦点距離(しょうてんきょり)が短い凸レンズZにかえ，物体Yと凸レンズZの距離を40 cmにしたときに，スクリーンに実像ができるようにするには，物体Yとスクリーンの距離は80 cmよりも①｛ア　長く　　イ　短く｝しなければならない。このとき，実像の大きさは物体Yよりも②｛ウ　大きく　　エ　小さく｝なる。

30%

思考力 (3) 次の図２は，図１の装置を模式的に表したものである。図２のように，凸レンズXとスクリーンの位置を固定して，物体Yの実像がスクリーンにできるようにするには，物体Yをどの位置に置けばよいか。図２のア～エのうち，物体Yを置く位置として，最も適当なものを１つ選び，記号で答えなさい。

図２

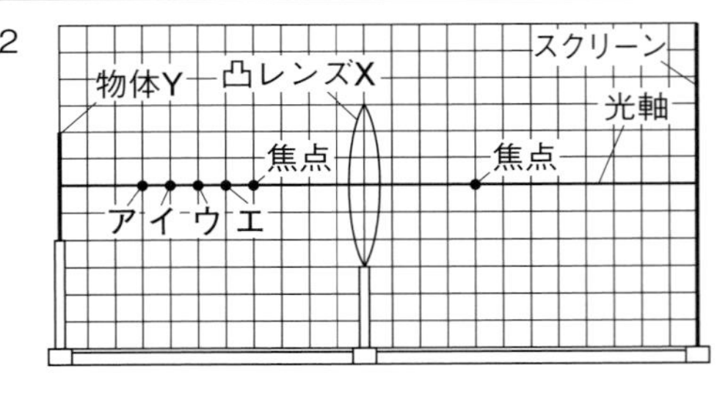

〔　　　〕

5

超重要

↪3

右の図のように，凸レンズと矢印形の物体を配置したところ，虚像(きょぞう)が見えた。虚像を，正しい位置に作図しなさい。ただし，作図の際の補助線は残しておくこと。［富山県］

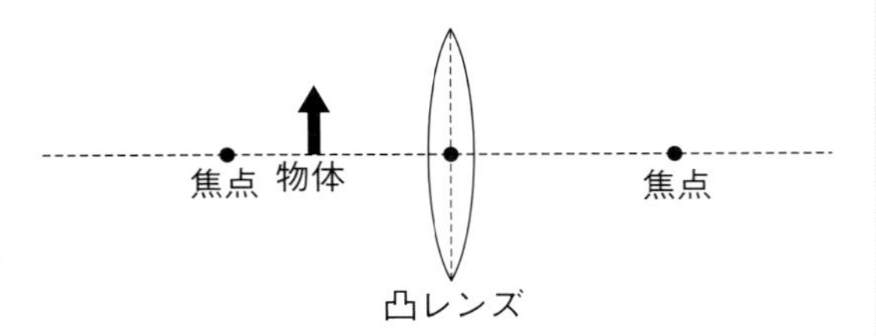

正答率

物理分野

6

↪ 1,2

光の進み方について調べるため，図1に示す光源装置と半円形ガラスを，水平な台の上に図2のように置いて，実験1，2を行った。図3～図5は，それぞれの実験における半円形ガラスと光の道すじを真上から見た図である。ただし，光源装置からの光は，いずれの実験においても図2に示す半円形ガラスの長方形の面の中心であるO点を通るものとする。あとの問いに答えなさい。〔長崎県〕

図1

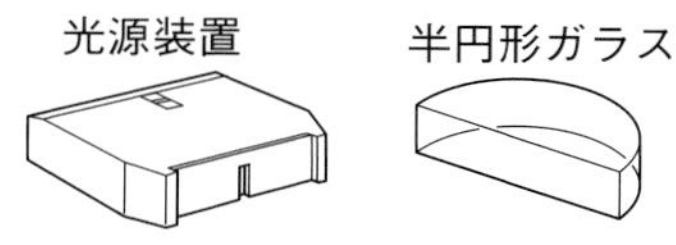

図2

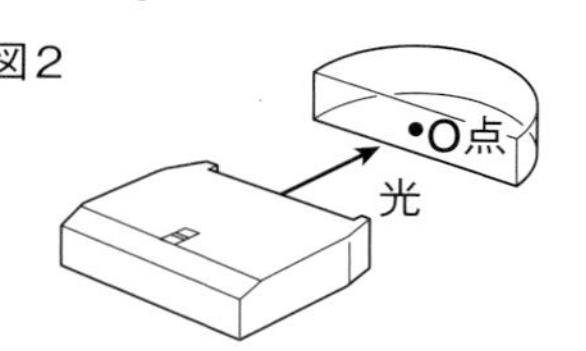

【実験1】 光源装置からの光をO点に向けて図3のように入射させると，O点において，反射する光と屈折（くっせつ）する光の道すじがそれぞれできた。

図3

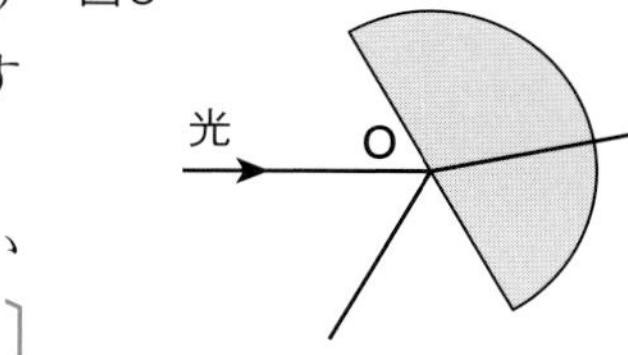

(1) 光の反射や屈折について説明した文として，正しいものは次のどれか。〔　　　〕 55%

ア 光の入射角と反射角が常に等しいことを反射の法則という。

イ 空気中からガラスに光を入射させる時，入射角より屈折角が大きくなる。

ウ 太陽の光が乱反射によっていろいろな光に分けられることで虹（にじ）ができる。

エ コップの水に差したまっすぐなストローが折れ曲がって見えるのは，光の反射のためである。

【実験2】 図4のように，半円形ガラスの長方形の面と垂直に交わるように曲面側から光を入射させると光は直進した。さらに，O点を中心に半円形ガラスを図4の矢印（⇦）の向きに少しずつ回転させると，図5のような光の道すじが見られた。

図4　図5

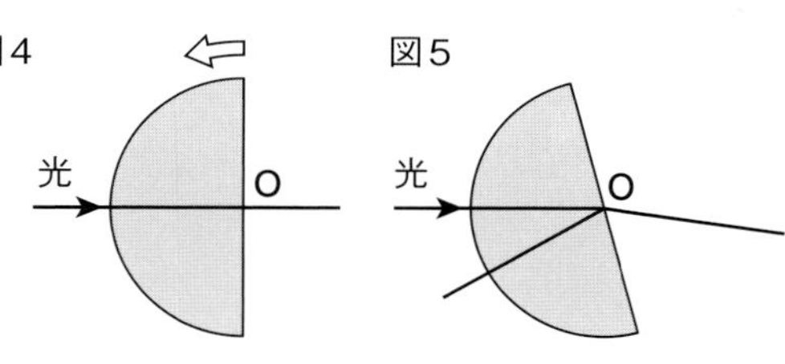

思考力 (2) 図5の状態からさらに少しずつ同じ向きに半円形ガラスを回転させた時に起こる現象について説明した次の文の①，②に適する語句を入れ，文を完成させなさい。ただし，①は下の語群から選ぶこと。 51%

①〔　　　　　　〕
②〔　　　　　　〕

図5から，O点における半円形ガラスから空気中へ出ていく光の屈折角は，入射角より（　①　）ことがわかる。半円形ガラスをさらに回転させていくと，あるところからは光の（　②　）が起こるので，屈折する光はなくなり，反射する光だけになる。

語群.〔　大きい　　小さい　〕

» 物理分野

電流と磁界

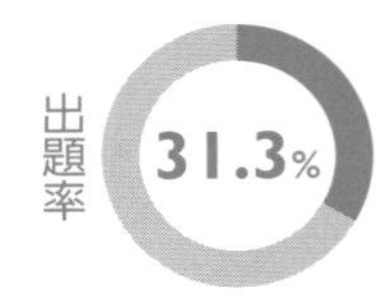

入試メモ　電磁誘導で流れる電流の向きや大きさについて出題されることが多い。コイルや磁石の動かし方と電流の流れ方の関係をしっかり理解しておこう。

1 電流による磁界

出題率 9.4%

|1| **磁界** … 磁力のはたらいている空間。

- **磁界の向き** … 磁針の**N極**が指す向き。
- **磁力線** … 磁界のようすを表した線。

|2| **導線のまわりの磁界**

- 磁界の向き➡電流の向きで決まる。
- 磁界の強さ➡電流が大きいほど強くなる。

|3| **コイルのまわりの磁界**

- 磁界の向き➡電流の向きで決まる。
- 磁界の強さ➡電流が大きいほど，また，コイルの巻数が多いほど強くなる。

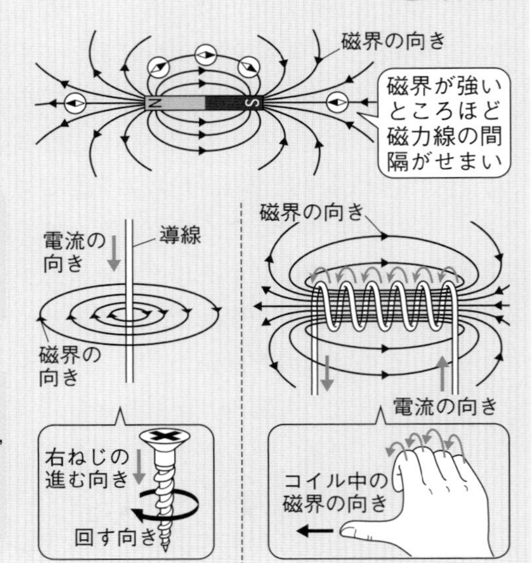

2 電流が磁界から受ける力

出題率 11.5%

|1| **電流が磁界から受ける力** … 磁界の中を流れる電流は，磁界から力を受ける。

- 電流や磁界の向きを逆にする。
  ➡電流が受ける力の向きは逆になる。
- 電流を大きくしたり，磁界を強くしたりする。
  ➡電流が受ける力は大きくなる。

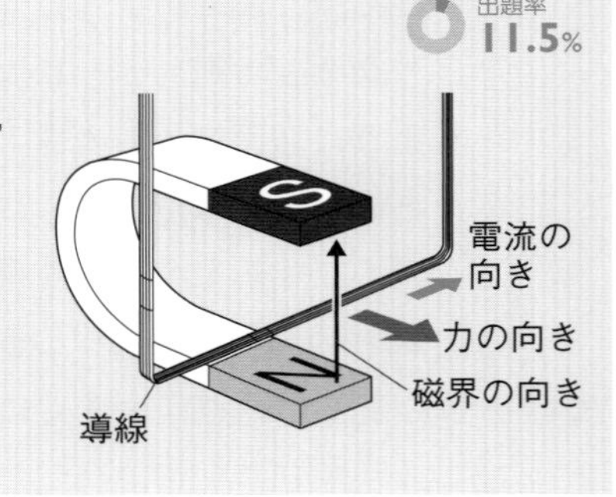

3 電磁誘導

出題率 21.9%

|1| **電磁誘導** … コイル内部の磁界が変化すると，コイルに電流を流そうとする電圧が生じる現象。

- このとき流れる電流を**誘導電流**という。

|2| **直流と交流**

- **直流** … 流れる向きや大きさが一定。
  (例) 乾電池の電流
- **交流** … 流れる向きや大きさが周期的に変化。
  (例) 家庭用コンセントに供給される電流

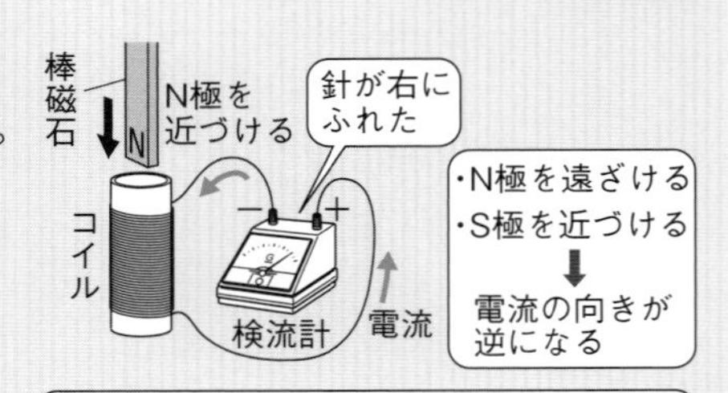

実力アップ問題

解答・解説｜別冊p.7

正答率

1

↪1

61%

右の図のように，N極が黒く塗(ぬ)られた2つの方位磁針を置き，まっすぐな導線に電流を流したところ，2つの方位磁針のN極は，図のような向きを指した。このとき，導線に流れている電流の向きをA，Bから1つ，導線のまわりの磁界の向きをC，Dから1つ，それぞれ選び，組み合わせたものとして適切なのは，次の**ア**～**エ**のうちではどれか。[東京都]

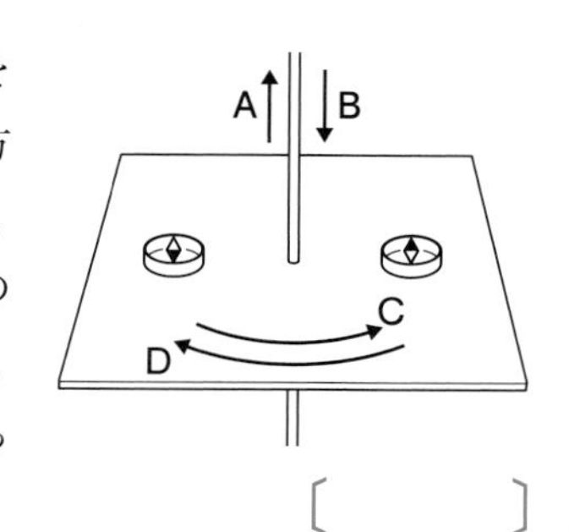

〔　　　〕

ア　AとC　　**イ**　AとD　　**ウ**　BとC　　**エ**　BとD

2

↪1

図1のように，コイルの内側の点線の位置に磁針を置き，電流を流して，磁界の向きを調べた。図2は，図1を真上から見たものである。図中の**ア**～**エ**のうち，磁針のN極が指す向きとして最も適当なものはどれか。1つ選び，記号で答えなさい。ただし，地球の磁界の影響(えいきょう)は考えないものとする。[岩手県]　〔　　　〕

図1

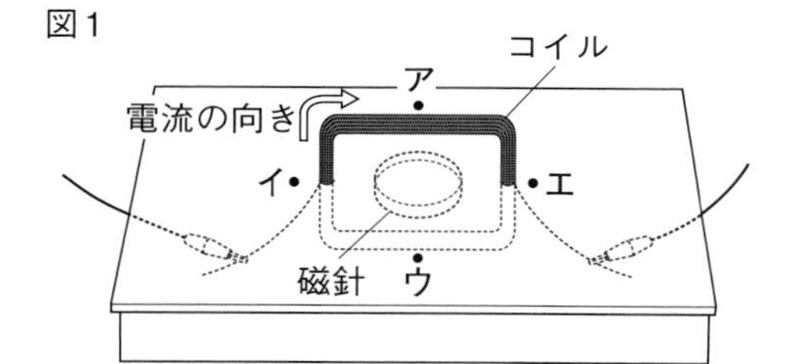

図2

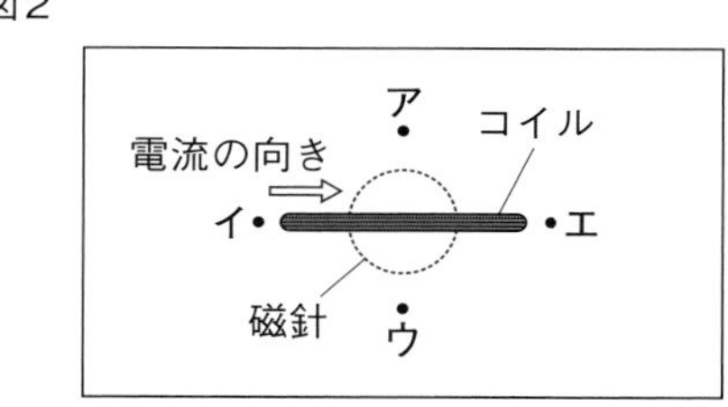

3

超重要

↪2

79%

右の図のように，コイルQと抵抗(ていこう)を接続して回路をつくり，コイルQをU字形磁石の間につるして電流を流すと，コイルQはAの向きに動いた。

次の文の①，②の｛　　｝の中から，それぞれ適当なものを1つずつ選び，**ア**，**イ**の記号で答えなさい。[愛媛県]

①〔　　　〕

②〔　　　〕

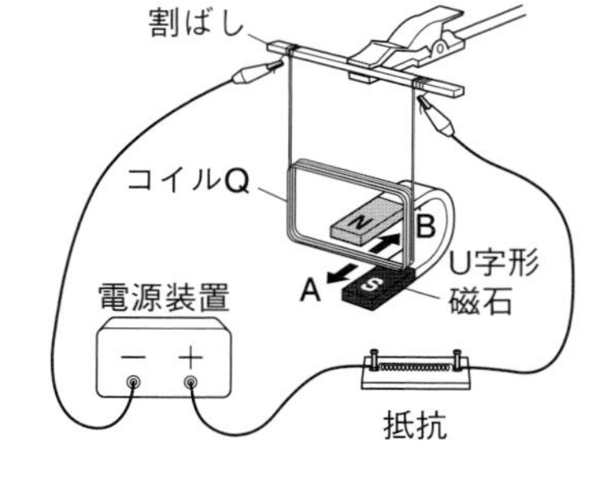

> コイルQに流れる電流を大きくすると，電流が磁界から受ける力は，①｛**ア**　大きく　**イ**　小さく｝なり，図のU字形磁石の極の位置を入れかえて磁界の向きを逆にした場合，コイルQは，図の②｛**ア**　Aの向き　**イ**　Bの向き｝に動く。

正答率

4 超重要 ↪3

右の図のように導線で検流計につないだコイルと磁石を使って，発生する電流について調べた。このときの電流について説明した文として誤っているものを，次のア～エから1つ選び，記号で答えなさい。[茨城県]　〔　　　〕

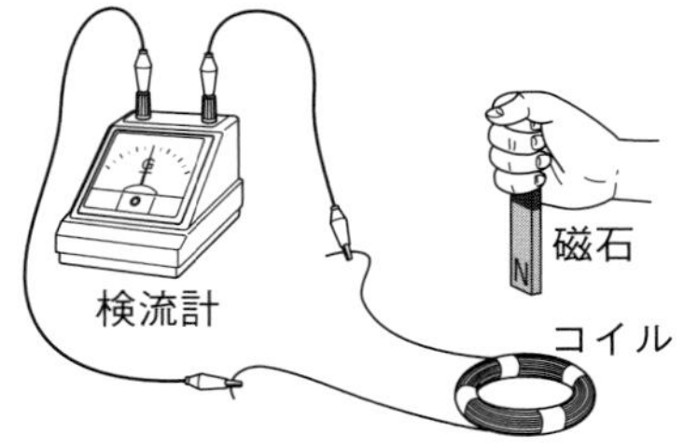

ア　磁石のN極をコイルに近づけたときと，S極をコイルに近づけたときとでは電流の向きは逆になった。

イ　磁石のN極をコイルに近づけたときと，遠ざけたときとで電流の向きは変わらなかった。

ウ　磁石をコイルに近づけたり遠ざけたりするとき，速く動かすと電流は大きくなり，ゆっくり動かすとほとんど電流は流れなかった。

エ　磁石を動かさずに，コイルを磁石に近づけたり遠ざけたりするとき，電流が流れた。

5 ↪3

次の文は，家庭のコンセントの電流について述べようとしたものである。文中の2つの〔　　〕内にあてはまる言葉を**ア**，**イ**から1つ，**ウ**，**エ**から1つ，それぞれ選び，記号で答えなさい。[香川県]　〔　　と　　〕

> 一般(いっぱん)に，私たちの家庭のコンセントに供給される電流のようすをオシロスコープで調べると，右の〔**ア**　図1　　**イ**　図2〕のようになり，このような電流のことを一般に〔**ウ**　直流　　**エ**　交流〕という。

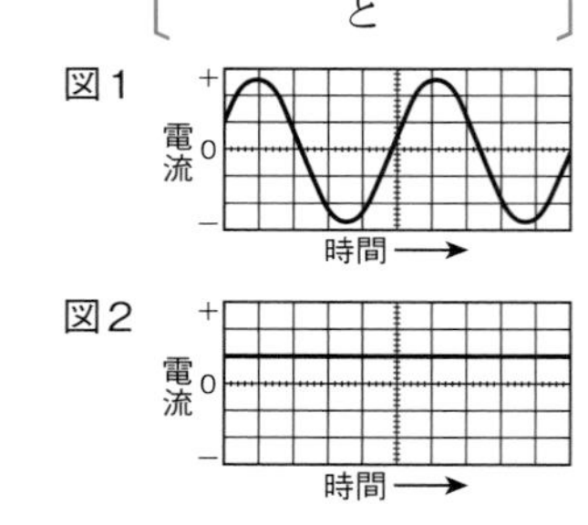

6 ↪2,3　52%

次の［　　］内は，コイルを流れる電流が磁界の中で受ける力の利用例について調べた内容の一部である。文中の（　①　）にあてはまるものを，あとの**ア**～**エ**から1つ選び，記号で答えなさい。また，（　②　）に適切な語を入れなさい。[福岡県]

①〔　　　〕②〔　　　　　〕

> コイルを流れる電流が磁界の中で受ける力を利用しているものに（　①　）がある。（　①　）は発電機と構造が似ているため，（　②　）という現象を利用して，発電することができる。

ア　発光ダイオード　　**イ**　電磁石　　**ウ**　モーター　　**エ**　豆電球

» 物理分野

力のつり合いと合成・分解

出題率

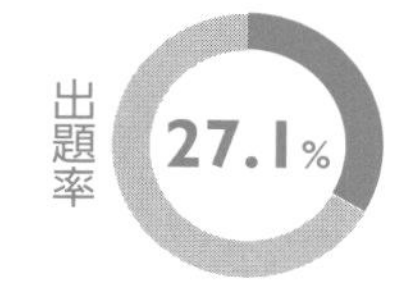

力の合成と分解は作図問題として出題されることが多い。とくに斜面(しゃめん)上の物体にはたらく重力の分解がねらわれやすい。くり返し解いて慣れておこう。

物理分野

1 力のつり合い

出題率 8.3%

|1| **力のつり合い** … 1つの物体に2つ以上の力がはたらいていて，その物体が動かないとき，物体にはたらく力は**つり合っている**という。

• 2力がつり合う条件

① 2つの力の大きさが等しい。

② 2つの力の向きが逆向きである。

③ 2つの力が一直線上にある。

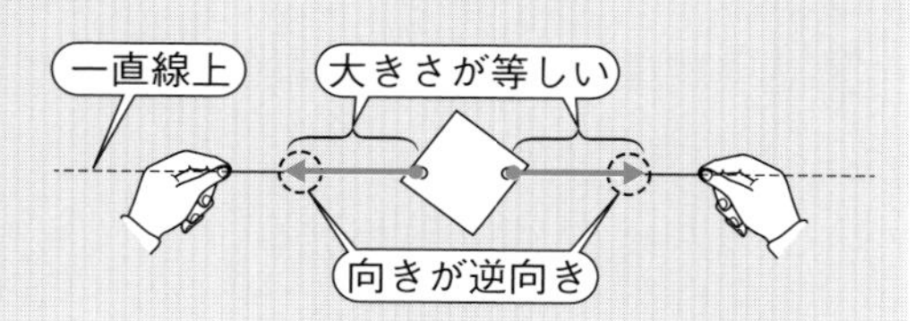

2 力の合成

|1| **力の合成** … 2つの力と**同じはたらきをする1つの力**を求めること。

• 合成してできた力を，もとの2つの力の**合力**という。

|2| **合力の求め方**

① 2つの力が一直線上にある場合

・向きが同じとき

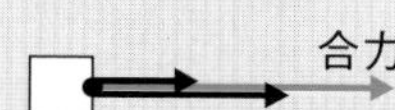

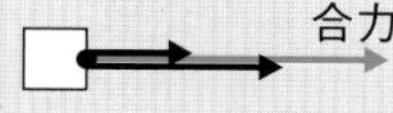

大きさ➡2つの力の和
向き➡2つの力と同じ

・向きが逆向きのとき

大きさ➡2つの力の差
向き➡大きい方と同じ

② 2つの力が一直線上にない場合

2つの力が2辺となる平行四辺形をかく

合力

対角線が合力になる

注意 物体にはたらく力がつり合っているとき，それらの力の合力は0となる。

3 力の分解

|1| **力の分解** … 1つの力を，**同じはたらきをする2つの力に分けること**。

• 分解してできた力を，もとの力の**分力**という。

|2| **分力の求め方**

実力アップ問題

解答・解説｜別冊p.7

正答率

1
差がつく
↪1

右の図は，水平な机の上に置いた物体が静止しているときに，物体や机にはたらく力を**ア**～**ウ**の矢印で示したものである。**ア**～**ウ**は，机が物体を押(お)す力，物体が机を押す力，物体にはたらく重力のいずれかである。図中の**ア**～**ウ**のうち，つり合っている2力はどれとどれか。その記号を書きなさい。[香川県]　〔　　と　　〕

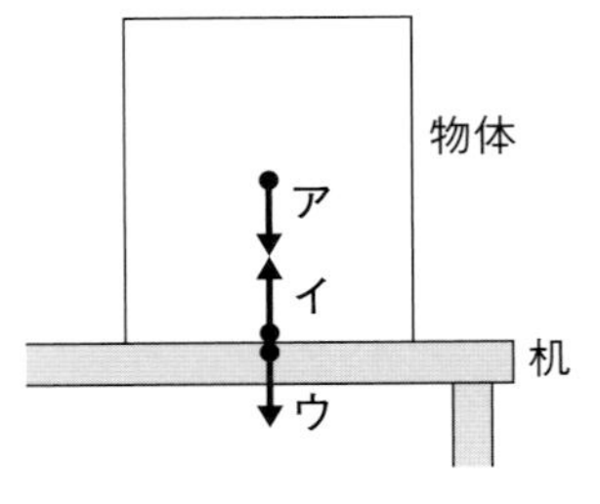

2
↪2

66%

右の図の力Aと力Bの合力を，図に力の矢印でかき入れなさい。[北海道]

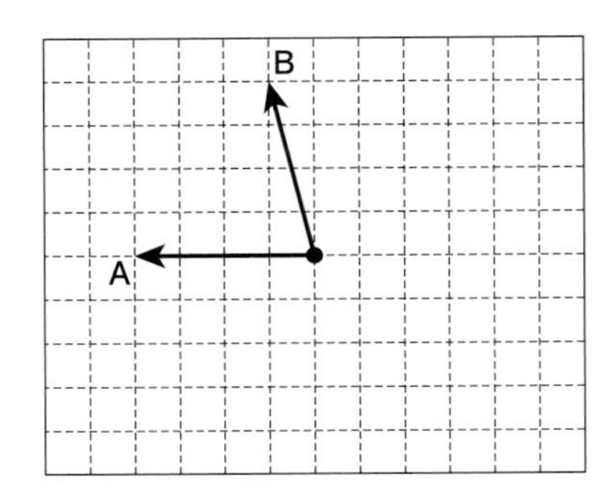

3
超重要
↪3

右の図の矢印は，斜面の上に物体を置いたときの，物体にはたらく重力を表している。この重力を斜面に平行な方向と斜面に垂直な方向に分解し，それぞれの力を図に矢印でかき入れなさい。[群馬県]

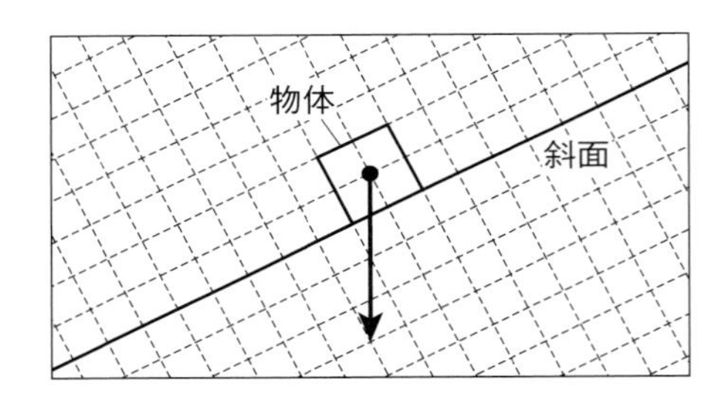

4
↪1,2,3

船にはたらく力とその運動に関するあとの問いに答えなさい。[静岡県]

図1

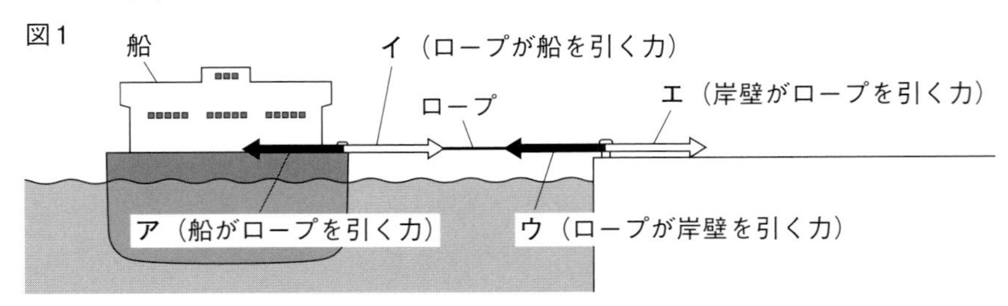

58%

(1) 船と岸壁(がんぺき)をロープで結び，ロープを張った状態で船が静止している。図1は，そのときのようすを船の正面から見た模式図であり，**ア**～**エ**の矢印は，船，ロープ，岸壁にはたらく力をそれぞれ表したものである。これらの力のうち，つりあいの関係にある力の組み合わせを，**ア**～**エ**の記号を用いて，1つ答えなさい。ただし，ロープの質量は無視できるものとする。　〔　　と　　〕

正答率

難 (2) 図2のように，2隻（せき）のボートA，Bで，静止している船を同時に引いた。ボートAが引く力F_A，ボートBが引く力F_Bで船を引いたところ，船は点線（┈┈）にそって矢印（⇨）の向きに進み始めた。このとき，F_AとF_Bはどのような関係であるか。F_Aの分力，F_Bの分力という2つの言葉を用いて，簡単に書きなさい。 8%

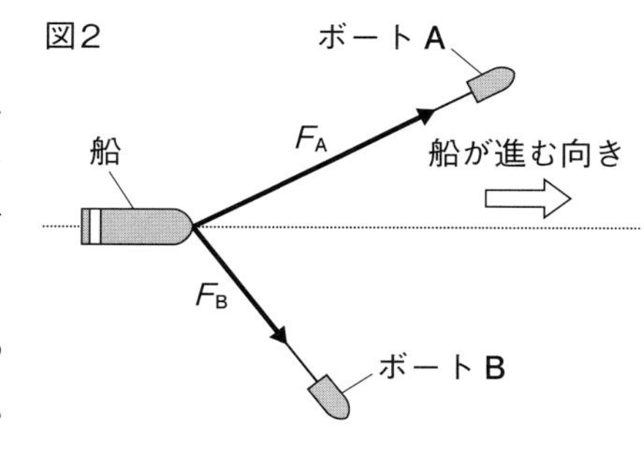

〔　　　　　　　　　　　　　　　　〕

5

↪2,3

静止している物体について，次の問いに答えなさい。ただし，図1，図2の方眼の1目盛りは1Nを表す。 ［鳥取県］

(1) 図1のように糸1，糸2でおもりをつるし静止させた。F_1は糸1がおもりを引く力，F_2は糸2がおもりを引く力を表している。図1に，F_1とF_2の合力を作図しなさい。 83%

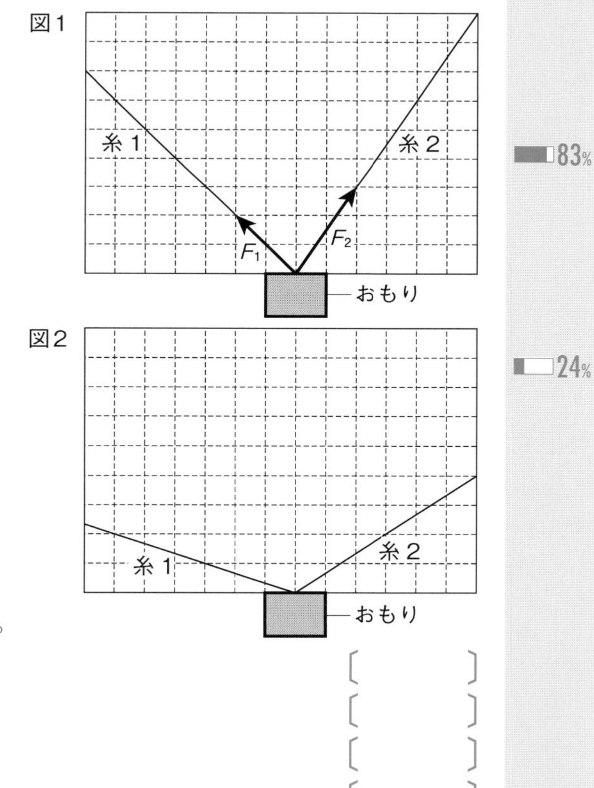

思考力 (2) 図1の状態から，糸1，糸2の引く力を調節しながら，図2の状態でおもりを静止させた。次の①～④の力の大きさは，図1の状態のときと比べて，どうなるか，あとの**ア**～**ウ**からそれぞれ1つずつ選び，記号で答えなさい。なお，同じ記号を何度使用してもよい。 24%

① おもりにはたらく重力 〔　　　〕
② 糸1がおもりを引く力 〔　　　〕
③ 糸2がおもりを引く力 〔　　　〕
④ 2本の糸がおもりを引く力の合力 〔　　　〕

ア 大きくなる　**イ** 小さくなる　**ウ** 変わらない

物理分野

» 物理分野

エネルギーの移り変わり

出題率 27.1%

火力発電のしくみと新しいエネルギー資源を使った発電の種類がよく問われる。また，放射線についても出題する県がふえているので注意が必要だ。

1 エネルギーの移り変わりと発電

出題率 22.6%

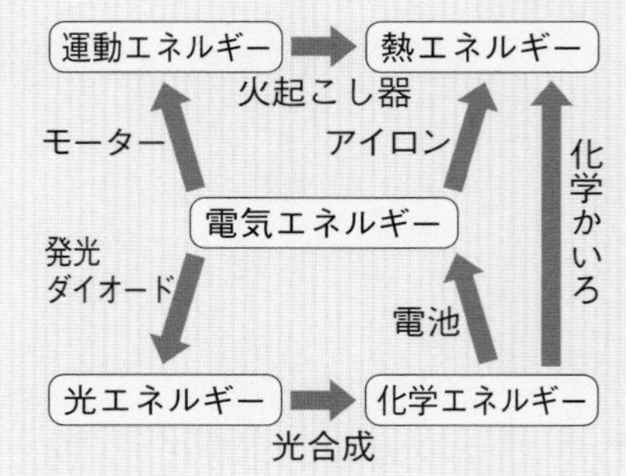

|1| **いろいろなエネルギー** … 電気エネルギー，熱エネルギー，光エネルギー，運動エネルギー，位置エネルギーなどがある。

|2| **エネルギーの移り変わり** … エネルギーはたがいに移り変わることができる。

- **エネルギー保存の法則（エネルギーの保存）** … エネルギーの総量は，**エネルギーが移り変わる前後で変化しない**。
- **エネルギーの変換効率**（へんかんこうりつ） … 消費したエネルギーに対する，利用できるエネルギーの割合。

|3| **エネルギー資源**

- **化石燃料** … 大昔の生物の死がいなどが変化してできたもの。石油，石炭など。
- **電気エネルギーのつくり方** … 電気エネルギーの多くは，**火力発電**，**水力発電**，**原子力発電**から得られる。

火力発電のしくみ

- **新しいエネルギー資源** … 将来にわたって利用できる**再生可能なエネルギー**の開発が進められている。太陽光発電，風力発電，地熱発電，バイオマス発電など。

2 熱の伝わり方

出題率 4.3%

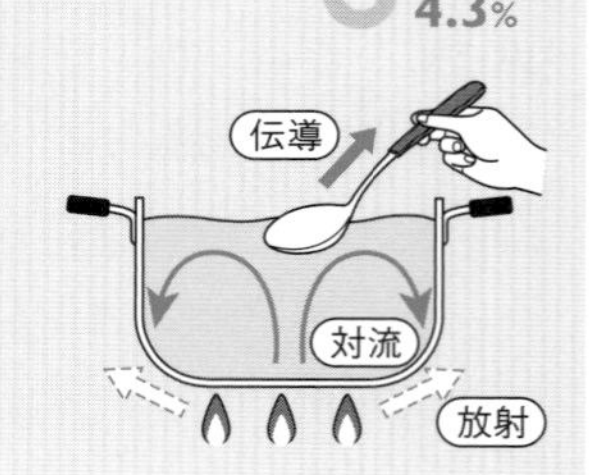

|1| **伝導（熱伝導）** … 温度の高い部分から低い部分へ，熱が直接伝わる。

|2| **対流** … 温度が異なる液体や気体が移動して熱が伝わる。

|3| **放射（熱放射）** … 高温の物体から出る赤外線などの光によって，離（はな）れた物体に熱が伝わる。

3 放射線

出題率 2.2%

|1| **放射線** … 放射性物質から出される目に見えない粒子（りゅうし）の流れや電磁波（でんじは）。

- **放射線の種類** … X線，α（アルファ）線，β（ベータ）線，γ（ガンマ）線，中性子線などがある。
- **放射線の性質** … 原子をイオンにする性質（**電離作用**（でんりさよう））や物質を通りぬける性質（**透過性**（とうかせい））がある。大量に浴びると人体や作物に悪影響（あくえいきょう）を及ぼす。

実力アップ問題

解答・解説 | 別冊p.8

正答率

1 美和さんたちは，授業で学習したさまざまなエネルギーが，私たちの生活とどのようなかかわりがあるのかを調べた。次の問いに答えなさい。 [和歌山県]

↪ I

(1) 美和さんの班は，エネルギー資源とその利用について調べた。次の文は私たちの生活を支えるエネルギーについてまとめた内容の一部である。あとの問いに答えなさい。

> 私たちが現在使用している電気エネルギーの多くは，石油や石炭，天然ガスを用いた発電によりまかなわれている。これらの石油，石炭，天然ガスは，［ A ］燃料とよばれている。
> 近年，［ A ］燃料にかわるエネルギー資源として，太陽光などの<u>再生可能なエネルギー資源</u>の研究や利用が進んでいる。

① 文中の［ A ］にあてはまる適切な語を，書きなさい。 〔　　　　　〕

超重要 ② 文中の下線による発電について，太陽光発電以外の発電を2つ書きなさい。
〔　　　　発電〕〔　　　　発電〕

(2) 紀夫さんの班は，エネルギーの変換(へんかん)効率について調べた。次の文は，身近な照明器具についてまとめた内容の一部である。あとの問いに答えなさい。

> 変換効率とは，もとのエネルギーから目的のエネルギーに変換された割合のことをいい，エネルギーを無駄(むだ)なく利用する目安となる。私たちが普段(ふだん)用いている $_a$<u>照明器具</u>は，電気エネルギーを光エネルギーに変換する器具であるが，$_b$<u>すべての電気エネルギーを光エネルギーに変換することはできない</u>。

① 文中の下線aについて，光エネルギーへの変換効率の高い順に，次の**ア**～**ウ**を並べて，その記号を書きなさい。 〔　，　，　〕

ア 蛍光灯(けいこうとう)　**イ** 白熱電球　**ウ** LED電球

差がつく ② 文中の下線bについて，電気エネルギーは光エネルギーのほかに，主に何エネルギーに変換されているか，書きなさい。 〔　　　　エネルギー〕

2 次の文は，火力発電におけるエネルギーの移り変わりについてまとめたものである。文中の［ ① ］～［ ③ ］にあてはまる語を，それぞれ書きなさい。 [群馬県]

↪ I

①〔　　　　〕 ②〔　　　　〕 ③〔　　　　〕

> ［ ① ］エネルギーをもっている石油などの燃料を燃やし，得た［ ② ］エネルギーで高温の水蒸気をつくり，発電機のタービンを回す。発電機では，タービンの［ ③ ］エネルギーが電気エネルギーに変わる。

正答率

3

超重要
↪1

右の図のように，亜鉛板と銅板が接触しないように間にろ紙をはさんでレモンにさしこみ，光電池用プロペラつきモーターにつなぐと，プロペラが回転した。この実験におけるエネルギー変換について説明した次の文の［①］〜［③］に入る語句の組み合わせとして適切なものを，あとの**ア**〜**エ**から1つ選び，記号で答えなさい。［兵庫県］

〔　　　〕

84%

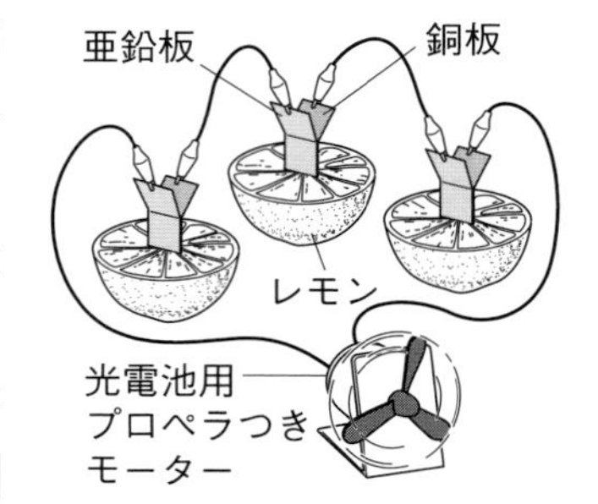

> 電池では，物質がもつ［①］エネルギーが［②］エネルギーに変換されている。モーターが回転したのは［②］エネルギーが［③］エネルギーに変換されたからである。

ア ①電気　②化学　③運動　　**イ** ①運動　②電気　③化学
ウ ①化学　②電気　③運動　　**エ** ①電気　②運動　③化学

4

↪2

熱が太陽から地球に届くような熱の伝わり方を何というか。次の**ア**〜**エ**から1つ選び，記号で答えなさい。［岩手県］

〔　　　〕

ア 放射　　**イ** 伝導　　**ウ** 屈折　　**エ** 対流

5

↪2

右の図のように，水に入れた電熱線に電流を流して水を加熱した。図の装置では，温度が高い電熱線から温度が低い水に熱が移動する。接触した物体間でのこのような熱の移動を何というか。書きなさい。［山口県］

〔　　　〕

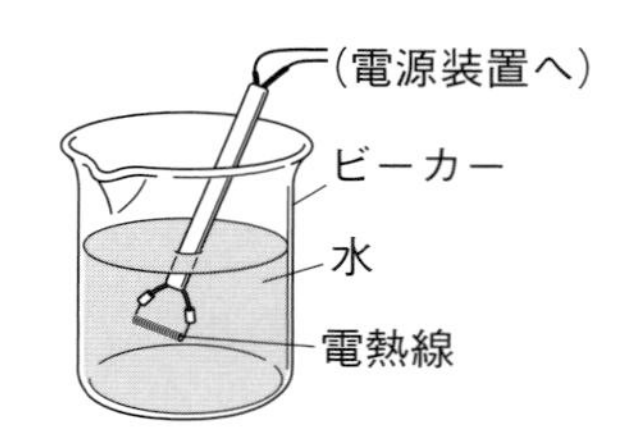

6

↪3

放射線について，答えなさい。［兵庫県］

44%

(1) 放射線でないものを，次の**ア**〜**エ**から1つ選び，記号で答えなさい。

〔　　　〕

ア α線　　**イ** X線　　**ウ** 紫外線　　**エ** 中性子線

差がつく (2) 放射線に関する説明として適切なものを，次の**ア**〜**エ**から1つ選び，記号で答えなさい。

〔　　　〕

ア 目に見える放射線がある。
イ 空気中の物質から出る放射線がある。
ウ 放射線が人体に与える影響を表す単位はベクレルである。
エ どの放射線も透過力が強いため，遮ることはできない。

» 物理分野

音による現象

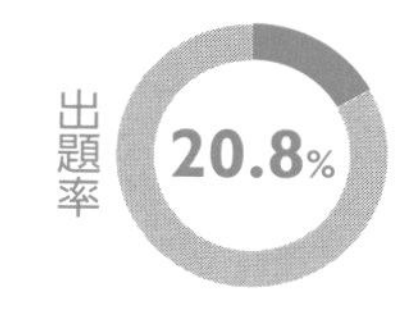

音が伝わる距離や時間を求める問題はよく出題される。公式は確実に覚えよう。音の波形を比較して大きさや高さを答える問題もねらわれやすい。

1 音の伝わり方

出題率 15.6%

|1| 音源（発音体）… 音を出す物体。

- 音を出している物体は振動している。

|2| 音を伝えるもの

- 音は音源の振動によって発生し，**波**として伝わる。
- 音は，空気のような気体だけでなく，水などの液体や，金属などの固体の中も伝わる。

注意 真空中では音は伝わらない。

音源の振動が空気を振動させる。

音源

鼓膜

空気の振動が鼓膜を振動させる。

|3| 音の伝わる速さ

- 音は，空気中では約340 m/sで伝わる。

音が伝わる距離〔m〕＝音の速さ〔m/s〕×音が伝わる時間〔s〕

- 音の伝わる速さは，光と比べてはるかに遅いため，打ち上げ花火や雷の音は光が見えてから遅れて聞こえる。

2 音の大きさと高さ

出題率 14.6%

|1| 音の大きさ

- **振幅** … 音源の振動のふれはば。
振幅が大きいほど，大きい音が出る。

音の波形

振幅

時間

1回の振動

|2| 音の高さ

- **振動数** … 音源が1秒間に振動する回数。
単位は**ヘルツ**（Hz）。
振動数が多いほど，高い音が出る。

|3| モノコードの音の変化

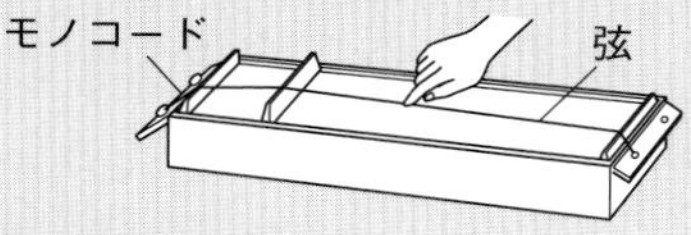

- 弦をはじく強さ
➡強いほど音が大きくなる。
- 弦の長さ➡短いほど音が高くなる。
- 弦の太さ➡細いほど音が高くなる。
- 弦の張り➡強いほど音が高くなる。

オシロスコープの表示と音

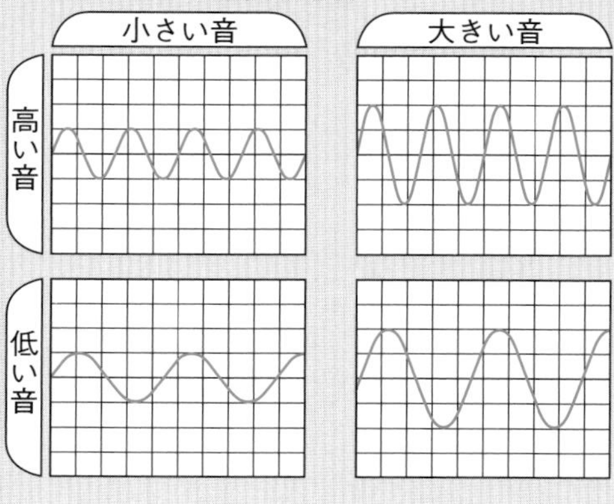

実力アップ問題

解答・解説 | 別冊p.9

正答率

1 ↪1

はじいたギターの弦(げん)や，たたいた音さなど，振動(しんどう)して音を発するものを何というか。次のア～エから１つ選び，記号で答えなさい。[千葉県] 〔　　　〕

85%

ア 振動数　**イ** 振幅(しんぷく)　**ウ** 光源　**エ** 音源

2 超重要 ↪1

右の図は，地面から真上に打ち上げられた花火と，それを見ている観測者を模式的に表したものである。花火は観測者から見て，P点を中心に広がった。[長崎県]

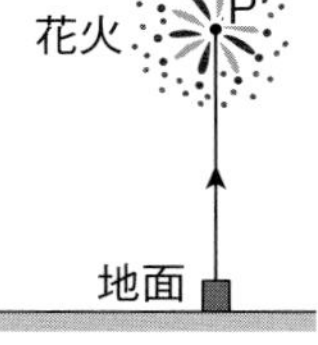

(1) 観測者は，花火が開くのが見えてちょうど３秒後に「ドーン」という花火の音を聞いた。この時，観測者からP点までの距離(きょり)は何mか。ただし，音が空気中を伝わる速さを340m/sとする。

85%

〔　　　　m〕

思考力 (2) 打ち上げられた花火の音が，空気中をどのようにして観測者に伝わるのか，その音の伝わり方について説明しなさい。

39%

〔　　　　〕

3 ↪2

右の図のように，弦の端(はし)におもりをつり下げ，指で弦をはじいて，音の高さと弦の振動との関係について調べた。次の問いに答えなさい。[徳島県]

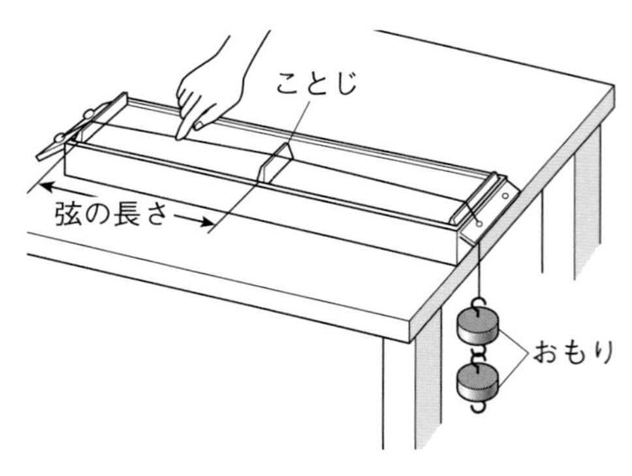

(1) 弦が１秒間に振動する回数を振動数というが，振動数の単位を表す記号Hzの読み方を書きなさい。

〔　　　〕

超重要 (2) 図のときよりも高い音を出す方法を説明したものとして，正しいものはどれか，次のア～エから１つ選び，記号で答えなさい。〔　　　〕

ア 弦を強くはじく。

イ 弦を太いものにする。

ウ ことじを動かして弦の長さを短くする。

エ おもりの数を１つにして弦を弱くはる。

正答率

4

↪2

図1のように，音さAをたたき，出た音をマイクロホンでオシロスコープに入力する実験を行った。図2は，図1の実験結果のオシロスコープの画面を模式的に表したものである。また，図3のように，音さBでも音さAと同様の実験を行った。図4は，図3の実験結果のオシロスコープの画面を模式的に表したものである。ただし，図2と図4の縦軸（たてじく）および横軸の1目盛りの大きさは，同じものとする。このことについて，あとの各問いに答えなさい。 [三重県]

図1
オシロスコープ
音さA
マイクロホン

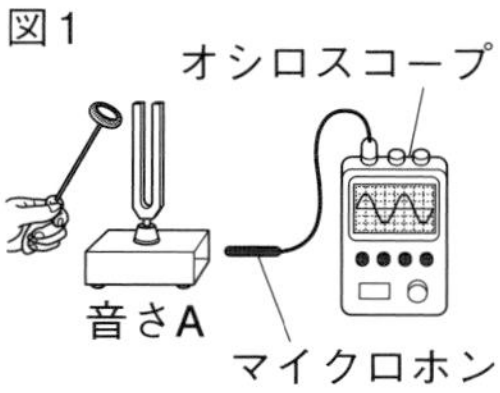

図2
時間

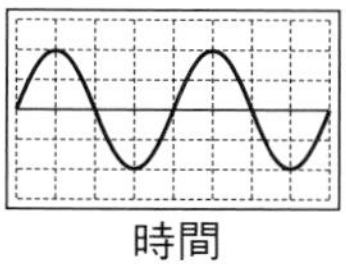

図3
音さB

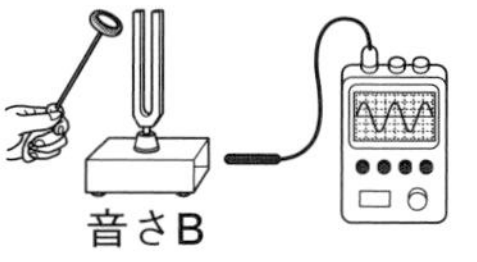

図4
時間

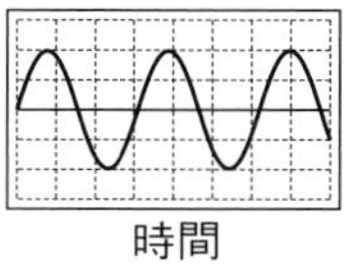

(1) 図1の実験のときより音さAを強くたたいた場合，オシロスコープの画面に表示された結果はどのようになるか，次のア〜エから最も適当なものを1つ選び，記号で答えなさい。ただし，ア〜エの縦軸および横軸の1目盛りの大きさは，図2と同じものとする。 〔　　　〕

ア
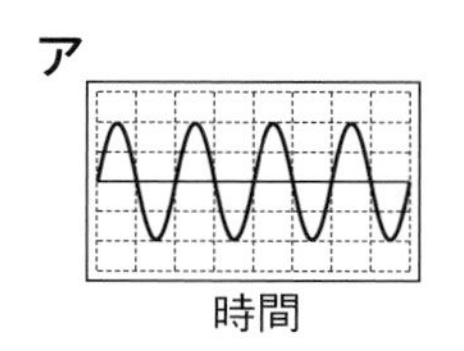
時間

イ
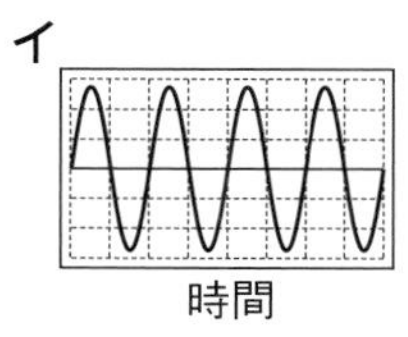
時間

ウ
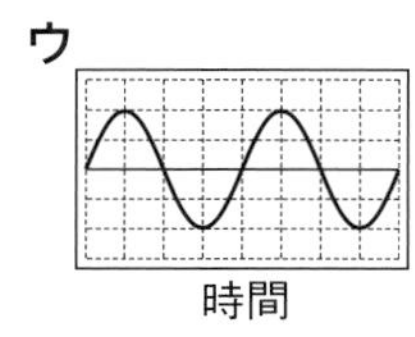
時間

エ
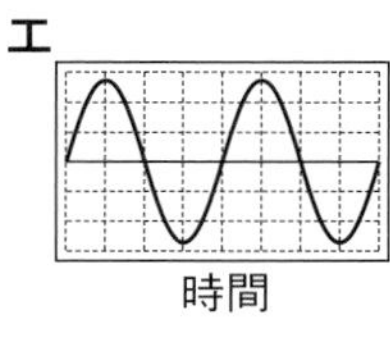
時間

差がつく (2) 音さBから出た音は，音さAから出た音と比べて音の高さはどうであるか，次のア，イから最も適当なものを1つ選び，記号で答えなさい。また，そう判断した理由を「音さBから出た音のほうが，」に続けて，簡単に書きなさい。

〔ア　音さAより高い。　　イ　音さAより低い。〕

記号〔　　　〕

理由〔音さBから出た音のほうが，　　　〕

5

↪1,2

次のア〜エのうち，音の伝わり方や性質に関して述べたものとして，最も適当なものを1つ選び，記号で答えなさい。[香川県] 〔　　　〕

ア　同じ弦を弱くはじいたときと強くはじいたときでは，弱くはじいたときのほうが振動数が少なくなる。

イ　空気中を伝わる同じ高さの音であれば，振幅が大きいほど音は大きくなる。

ウ　ブザーを容器に入れて鳴らし，容器内の空気をぬいていくと音が大きくなっていく。

エ　鉄やアルミニウムでできた長い棒は音を伝えない。

» 物理分野

静電気と電流

出題率 9.4%

入試メモ　真空放電管を使った実験では，陰極線（いんきょくせん）が曲がる方向について出題されることが多い。記述問題としてその理由を問われることもあるので要注意だ。

1　静電気

出題率 4.2%

|1|　**静電気** … 摩擦（まさつ）によってたまった電気。

|2|　**電気の性質** … 電気には**＋と－の２種類**がある。

- 同じ種類の電気どうし
  ➡しりぞけ合う力（反発し合う力）がはたらく。
- 異なる種類の電気どうし
  ➡引き合う力がはたらく。

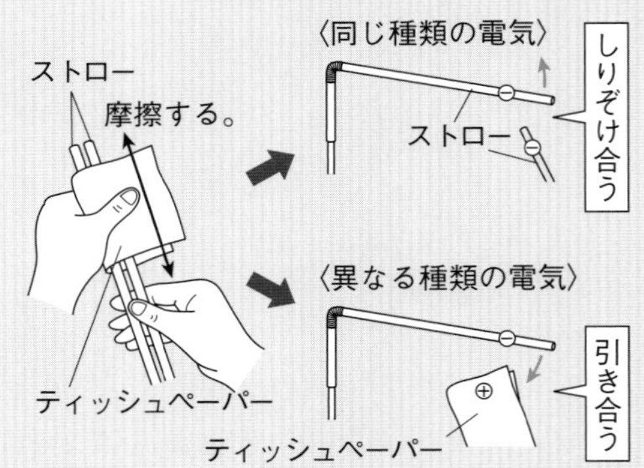

- 電気の力は，離（はな）れていてもはたらく。

|3|　**静電気が生じるしくみ** … 異なる物質を摩擦すると，一方の物質の－の電気を帯びた小さい粒子（りゅうし）（**電子**）が，他方に移動することで生じる。

|4|　**放電** … 電気が空間を移動したり，たまっていた静電気が流れたりする現象。

2　真空放電

出題率 8.3%

|1|　**真空放電** … 気圧を低くした空間に電流が流れること。

|2|　**電子** … －の電気を帯びた非常に小さな粒子。

|3|　**陰極線**（電子線） … 真空放電管に高い電圧を加えたとき－極から出る**電子の流れ**。

- 真空放電管に蛍光板（けいこうばん）を入れると陰極線によって光のすじが現れる。
- －の電気を帯びているので，上下の電極板に電圧を加えると，**＋極のほうに曲がる。**

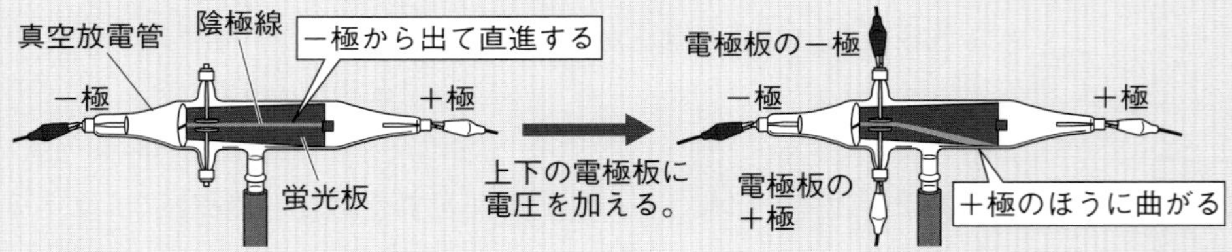

|4|　**電流の正体**

- 電池に金属の導線をつなぐと，導線内の電子は，電池の＋極に移動する。
- 電流の正体は**電子の流れ**である。
- 電流が＋極から－極に流れるとき，電子が－極から＋極に移動している。

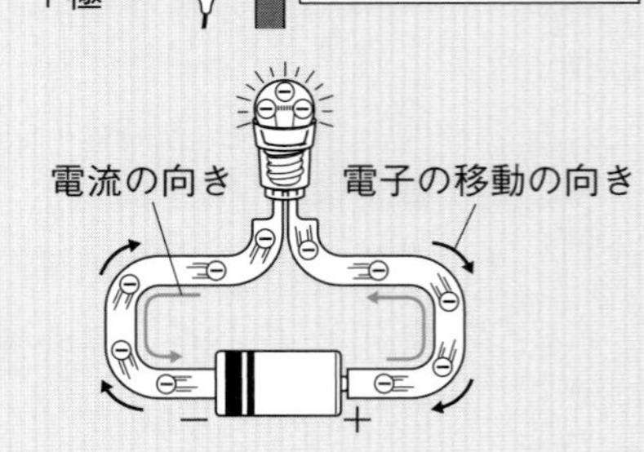

注意　電流の流れる向きは，電子の移動する向きと逆になっている。

実力アップ問題

解答・解説｜別冊p.10

正答率

1 超重要 ↪1

次の文の a ～ c にあてはまる言葉の組み合わせとして，正しいものはあとの表のア～エのどれか。[鹿児島県]　〔　　　〕

63%

> 2本の同じ材質のストローA，Bとティッシュペーパーを，下の図1のように，こすり合わせて帯電させた。その後，図2のように，ストローAを自由に回転できる絶縁体(ぜつえんたい)の回転台にのせ，ストローBを近づける。このとき，2本のストローは a 種類の電気を帯びているため，たがいに b あう。次にストローBのかわりに，図1で帯電させたティッシュペーパーをストローAに近づけると，たがいに c あう。

図1

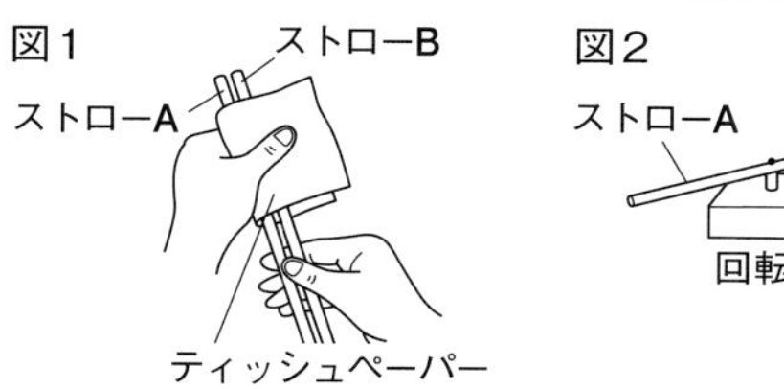

図2

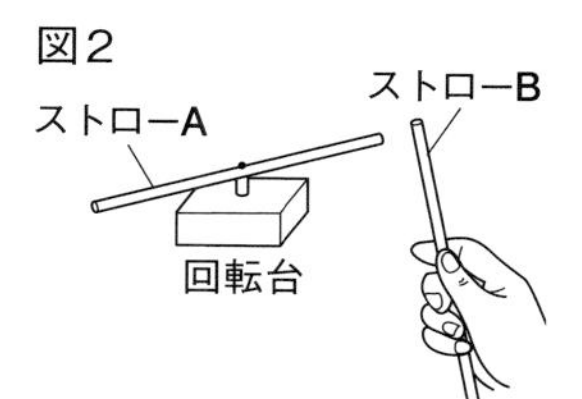

	a	b	c
ア	同じ	反発し	引き
イ	同じ	引き	反発し
ウ	異なる	反発し	引き
エ	異なる	引き	反発し

2 ↪2

電流の正体は電子の流れであることがわかっている。電子の性質を調べるために，真空放電管（クルックス管）を用いた実験1，2を行った。[長崎県]

【実験1】 図1のような十字形板入りの真空放電管のaを＋極，bを－極として高電圧をかけると十字形の影(かげ)が現れた。

【実験2】 図2のような蛍光板入りの真空放電管を用いて，陰極線を発生させた。その陰極線に，cを＋極，dを－極として電圧をかけると陰極線はc側に曲がった。

図1

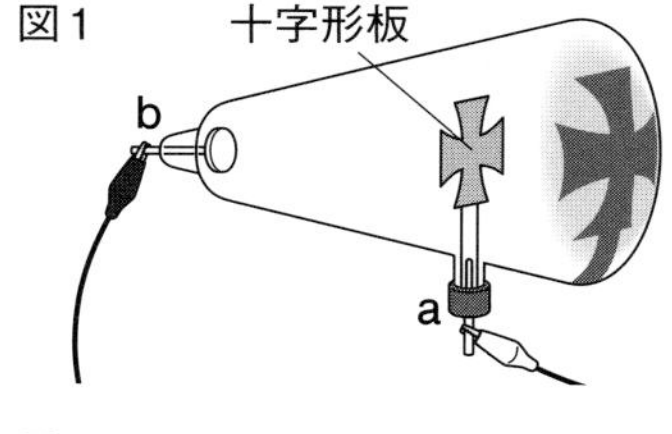

図2

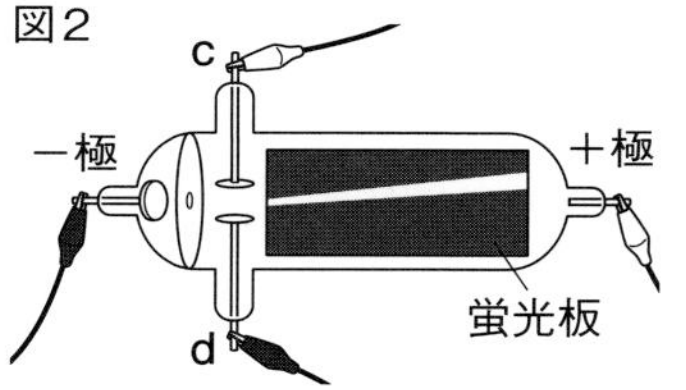

差がつく (1) 実験1について，aを－極，bを＋極にかえて高電圧をかけた。このときの十字形の影について，最も適当なものは，次のどれか。〔　　　〕

50%

ア　十字形の影はなくなる。
イ　実験1よりも濃(こ)い十字形の影ができる。
ウ　実験1よりも薄(うす)い十字形の影ができる。
エ　実験1と同じ濃さの十字形の影ができる。

難 (2) 実験2からわかる電子の性質を，そのように考えた理由を含めて答えなさい。

22%

〔　　　　　　　　　　　　　　　　〕

物理分野

正答率

3 次の実験について，あとの問いに答えなさい。 [福島県]

↪2

実験1．図1のように放電管に誘導(ゆうどう)コイルと電流計をつなぎ，高い電圧を加え，管内の空気を真空ポンプで抜(ぬ)いていくと，管内が光り始め，電流が流れ始めた。

図1

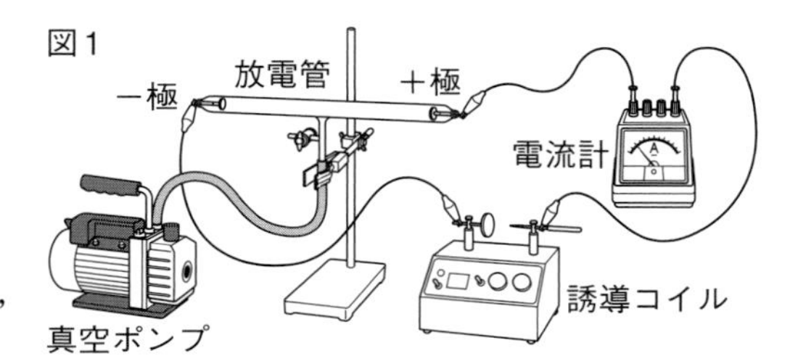

実験2．実験1の放電管を，蛍光板(けいこうばん)の入った図2のような放電管につなぎかえて高い電圧を加えると，蛍光板上にa明るい光の線が観察できた。

図2

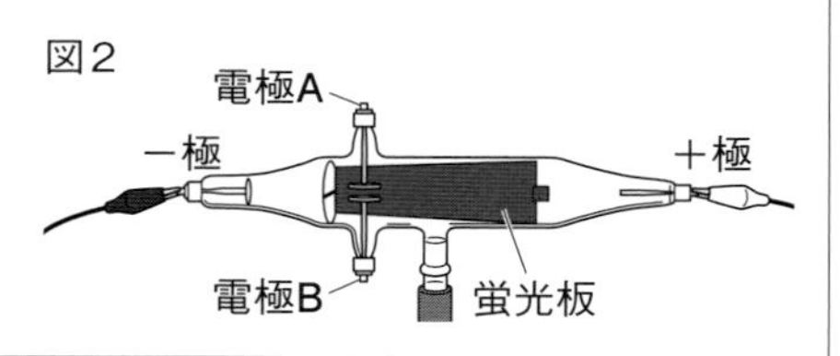

(1) 実験1について，管内で見られた現象を何というか。漢字4字で書きなさい。 66%

〔　　　　〕

(2) 実験2について，次のア～ウは，蛍光板を光らせたものの性質について述べたものである。誤っているものはどれか。ア～ウから1つ選び，記号で答えなさい。 72%

〔　　　〕

ア ＋極から出て一極へ向かう。
イ 小さい粒子(りゅうし)の流れである。
ウ 直進する。

超重要 (3) 次のア～エは，実験2の状態で図2の電極AB間に電圧を加えたときの下線部aの変化について説明したものである。正しいものはどれか。次のア～エから1つ選び，記号で答えなさい。 〔　　　〕 70%

ア 電極Aを＋極，電極Bを一極にしたとき，下側に曲がった。
イ 電極Aを＋極，電極Bを一極にしたとき，変化が見られなかった。
ウ 電極Bを＋極，電極Aを一極にしたとき，下側に曲がった。
エ 電極Bを＋極，電極Aを一極にしたとき，変化が見られなかった。

思考力 (4) 実験2の状態で図3のようにU字形磁石を近づけたときに下線部aに生じる変化と最も関係が深い現象を，次のア～エから1つ選び，記号で答えなさい。 〔　　　〕 34%

図3

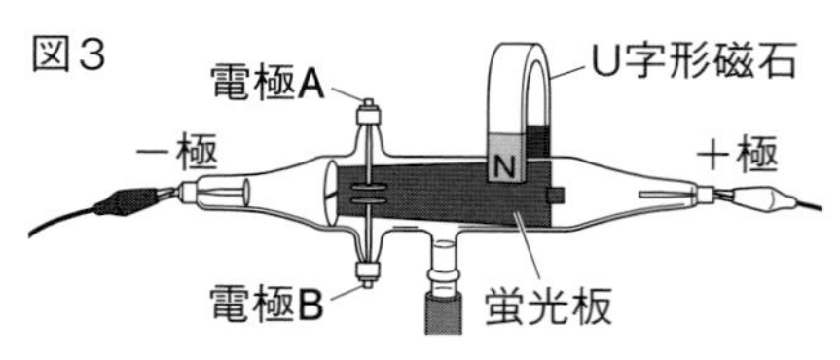

ア ドアノブに手を近づけると，火花が見えた。
イ 扇風機(せんぷうき)の電源を入れると，モーターが作動してはねが回った。
ウ 電熱線に電流を流すと，熱が発生して赤くなった。
エ 光が空気中から水に入射すると，屈折(くっせつ)して進んだ。

化学分野

出るとこチェック　化学分野

次の問題を解いて，重要用語を覚えているか確認しよう。

1 物質の成り立ち →p.46

- □ 01　1種類の物質が2種類以上の物質に分かれる化学変化。　(　　　)
- □ 02　物質をつくっている最小の粒子(りゅうし)。　(　　　)
- □ 03　いくつかの原子が結びついた，物質の性質を示す最小の粒子。　(　　　)
- □ 04　1種類の元素からできている物質。　(　　　)
- □ 05　2種類以上の元素からできている物質。　(　　　)

2 水溶液とイオン →p.50

- □ 06　原子が電子を失って＋の電気を帯びたもの。　(　　　)
- □ 07　原子が電子を受けとって－の電気を帯びたもの。　(　　　)
- □ 08　水溶液(すいようえき)に電流が流れる物質。　(　　　)
- □ 09　水溶液に電流が流れない物質。　(　　　)
- □ 10　電解質が水にとけて陽イオンと陰(いん)イオンに分かれること。　(　　　)
- □ 11　水素と酸素が結びついて水ができる反応によって，化学エネルギーを電気エネルギーとしてとり出す装置。　(　　　)

3 化学変化と物質の質量 →p.54

- □ 12　化学変化の前後で物質全体の質量は変化しないという法則。　(　　　)

4 身のまわりの物質とその性質 →p.58

- □ 13　炭素をふくみ，燃えると二酸化炭素と水ができる物質。　(　　　)
- □ 14　金属以外の物質。　(　　　)
- □ 15　ポリエチレンなどのように，石油などを原料にしてつくられた有機物。　(　　　)
- □ 16　質量が10 g，体積が5 cm^3の物質の密度。　(　　　g/cm^3)

5 酸・アルカリとイオン →p.62

- □ 17　水溶液にしたとき，電離(でんり)して水素イオンを生じる物質。　(　　　)
- □ 18　水溶液にしたとき，電離して水酸化物イオンを生じる物質。　(　　　)
- □ 19　酸とアルカリがたがいの性質を打ち消し合う反応。　(　　　)
- □ 20　中和によって酸の陰イオンとアルカリの陽イオンが結びついてできる物質。　(　　　)

6 水溶液の性質 →p.66

- □ 21　水などの液体にとけている物質。　(　　　)

□ 22 溶質をとかしている液体。 (　　　　)
□ 23 物質がそれ以上とけることができない水溶液。 (　　　　)
□ 24 100gの水にとける物質の最大の質量。 (　　　　)
□ 25 純粋(じゅんすい)な物質で，いくつかの平面で囲まれた規則正しい形をした固体。 (　　　　)
□ 26 固体の物質をいったん水にとかし，再び結晶(けっしょう)としてとり出すこと。 (　　　　)

7 いろいろな気体とその性質 →p.70

□ 27 二酸化マンガンにうすい過酸化水素水を加えると発生する気体。 (　　　　)
□ 28 石灰石や貝がらにうすい塩酸を加えると発生する気体。 (　　　　)
□ 29 亜鉛(あえん)や鉄などの金属にうすい塩酸を加えると発生する気体。 (　　　　)
□ 30 水にとけにくい気体を集めるときに使う方法。 (　　　　)
□ 31 水にとけやすく，空気より密度が小さい気体を集めるときに使う方法。 (　　　　)
□ 32 石灰水に通すと，石灰水を白くにごらせる気体。 (　　　　)

8 さまざまな化学変化 →p.74

□ 33 物質が酸素と結びつくこと。 (　　　　)
□ 34 物質が熱や光を出しながら激しく酸化されること。 (　　　　)
□ 35 酸化物が酸素をうばわれる化学変化。 (　　　　)
□ 36 化学変化が起こるときに熱を発生し，温度が上がる反応。 (　　　　)
□ 37 化学変化が起こるときに熱を吸収し，温度が下がる反応。 (　　　　)

9 物質の状態とその変化 →p.78

□ 38 温度によって物質の状態が固体⇄液体⇄気体と変化すること。 (　　　　)
□ 39 固体がとけて液体に変化するときの温度。 (　　　　)
□ 40 液体が沸(ふっ)とうして気体に変化するときの温度。 (　　　　)
□ 41 液体を加熱して沸とうさせ，出てきた気体を冷やして，再び液体としてとり出すこと。 (　　　　)

出るとこチェックの答え

1 01 分解 02 原子 03 分子 04 単体 05 化合物
2 06 陽イオン 07 陰イオン 08 電解質 09 非電解質 10 電離 11 燃料電池
3 12 質量保存の法則
4 13 有機物 14 非金属 15 プラスチック 16 $2 g/cm^3$
5 17 酸 18 アルカリ 19 中和 20 塩
6 21 溶質 22 溶媒 23 飽和水溶液 24 溶解度 25 結晶 26 再結晶
7 27 酸素 28 二酸化炭素 29 水素 30 水上置換法 31 上方置換法 32 二酸化炭素
8 33 酸化 34 燃焼 35 還元 36 発熱反応 37 吸熱反応
9 38 状態変化 39 融点 40 沸点 41 蒸留

» 化学分野

物質の成り立ち

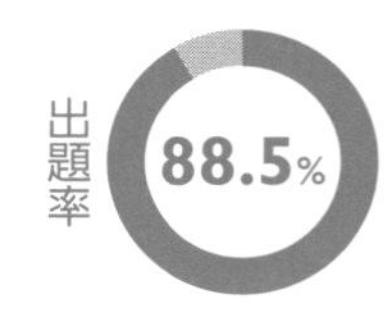

入試メモ 炭酸水素ナトリウムの熱分解の実験がよく出題される。発生した気体や液体の確認方法をしっかりおさえよう。

1 化学変化

出題率 31.3%

|1| **化学変化** … もとの物質とはちがう物質ができる変化。

|2| **分解** … 1種類の物質が2種類以上の物質に分かれる化学変化。

- **炭酸水素ナトリウムの熱分解**
  炭酸水素ナトリウム
  ⟶炭酸ナトリウム＋二酸化炭素＋水
- **酸化銀の熱分解** … 酸化銀⟶銀＋酸素
- **水の電気分解** … 水⟶水素＋酸素
  ①陰極(いんきょく)から水素，陽極から酸素が発生。
  ②発生する気体の体積の比は，
  水素：酸素＝2：1になる。

炭酸水素ナトリウムの分解

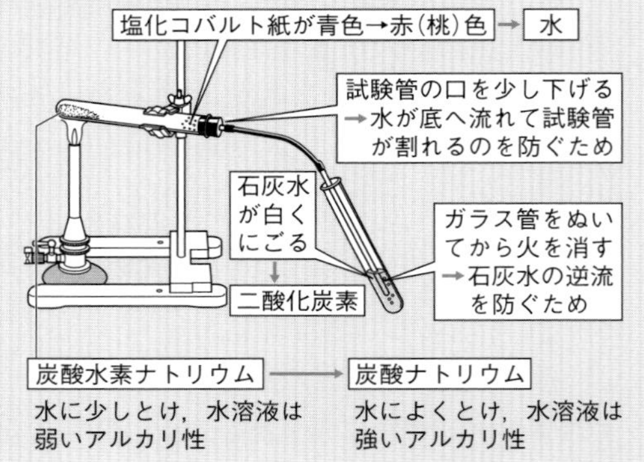

2 原子と分子

|1| **原子** … 物質をつくっている最小の粒子(りゅうし)。原子の種類を元素といい，元素記号が決められている。

|2| **分子** … いくつかの原子が結びついた，物質の性質を示す最小の粒子。

種類	記号	種類	記号
水素	H	ナトリウム	Na
炭素	C	鉄	Fe
窒素(ちっそ)	N	銅	Cu
酸素	O	銀	Ag

|3| **化学式** … 物質を元素記号で表したもの。

|4| **化学反応式** … 化学変化を，化学式を使って表した式。

例 鉄と硫黄(いおう)の反応

$Fe + S \longrightarrow FeS$
鉄　硫黄　硫化鉄(りゅうかてつ)

水の電気分解

$2H_2O \longrightarrow 2H_2 + O_2$
水　水素　酸素

酸化銀の熱分解

$2Ag_2O \longrightarrow 4Ag + O_2$
酸化銀　銀　酸素

注意 矢印の左右で，原子の種類と数を合わせる。

|5| **物質の分類**

- **単体** … 1種類の元素からできている物質。
- **化合物** … 2種類以上の元素からできている物質。

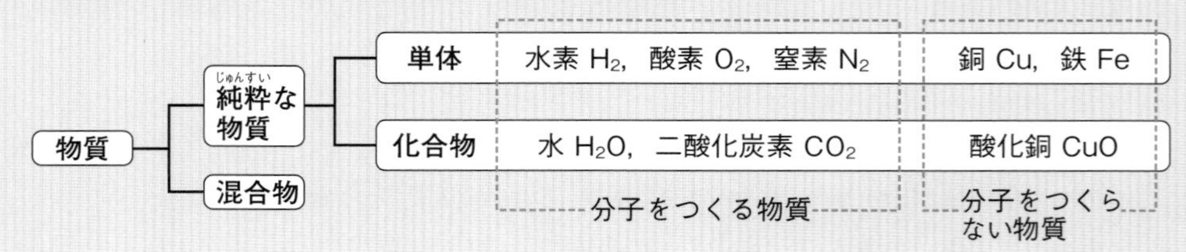

実力アップ問題

解答・解説｜別冊p.10

正答率

1 電気分解について調べるために，次の実験を行った。あとの問いに答えなさい。
［兵庫県］

88%

【実験】図のような電気分解装置と電源装置を用いて，うすい水酸化ナトリウム水溶液(すいようえき)に電圧を加え，水の電気分解を行った。

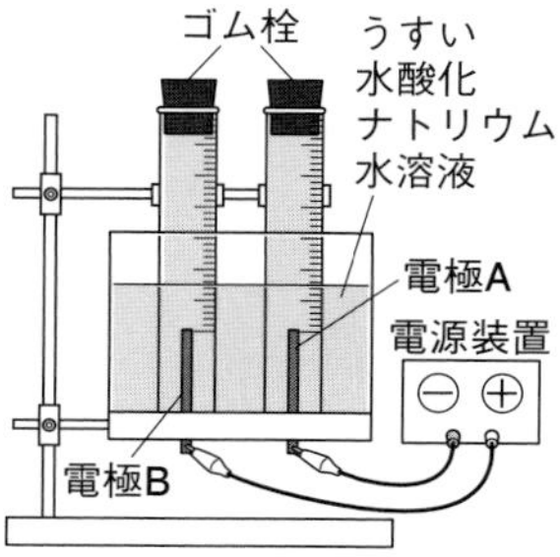

ゴム栓
うすい水酸化ナトリウム水溶液
電極A
電源装置
電極B

超重要 (1) この実験で，うすい水酸化ナトリウム水溶液を用いた理由として適切なものを，次の**ア**～**エ**から１つ選び，記号で答えなさい。〔　　　〕

ア 発生した気体が水にとけないようにするため。
イ 水が酸性になるのを防ぐため。
ウ 水にとけている二酸化炭素を吸収するため。
エ 水に電流を通しやすくするため。

(2) 電極**A**で発生した気体について説明した文として適切なものを，次の**ア**～**エ**から１つ選び，記号で答えなさい。〔　　　〕

ア 火のついた線香(せんこう)を入れると，線香が炎(ほのお)を出して激しく燃える。
イ 色やにおいがなく，空気中に体積の割合で最も多く含(ふく)まれている。
ウ マッチの火を近づけると，その気体がポンと音を立てて燃える。
エ 空気よりも密度が大きく，石灰水を白くにごらせる。

61%

(3) 電極**A**で発生した気体の体積と電極**B**で発生した気体の体積の関係を表したグラフとして適切なものを，次の**ア**～**エ**から１つ選び，記号で答えなさい。〔　　　〕

ア

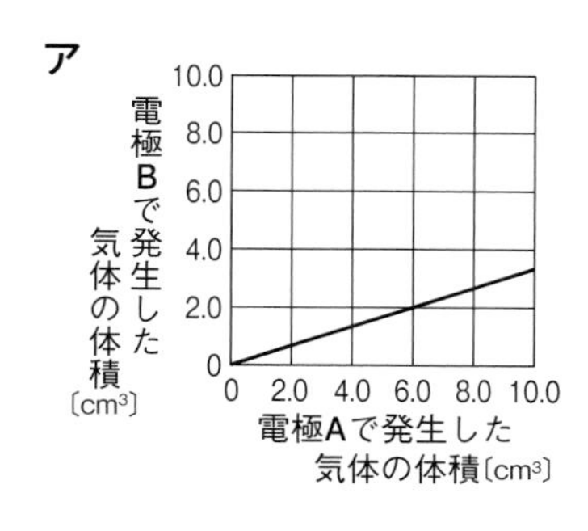

イ

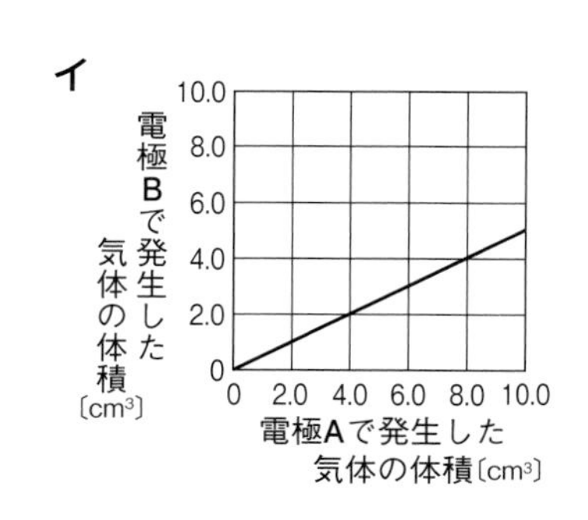

ウ

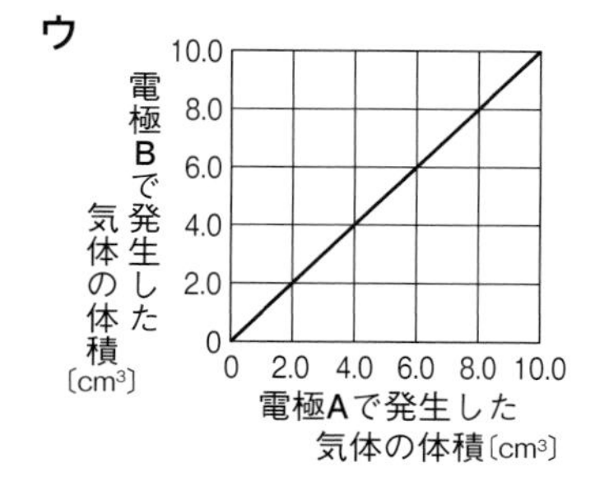

エ

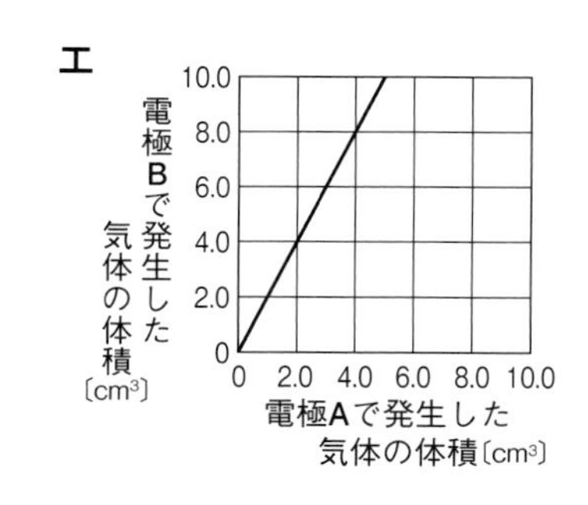

正答率

2 ↪2

物質のなりたちに関して述べたものとして最も適するものを，次の**ア**～**エ**から１つ選び，記号で答えなさい。[神奈川県]　〔　　　〕

ア　アンモニアは，原子４個が結びついた分子からできている。

イ　物質をつくるもとになる原子の質量は，化学反応によって変化する。

ウ　窒素(ちっそ)や酸素が含(ふく)まれる空気は，化合物に分類させる。

エ　塩化ナトリウムは，これ以上，別の物質に分けられない単体である。

3 ↪2

次の化学反応式の□にあてはまる化学式を書きなさい。[北海道]　〔　　　〕　86%

$2H_2O \longrightarrow 2H_2 + \square$

4 ↪2

右の化学反応式は，銅の酸化を表したものである。次の問いに答えなさい。[京都府]

$\boxed{a}\ Cu + O_2 \rightarrow \boxed{b}\ CuO$

(1)　$\boxed{a}$・$\boxed{b}$に入る数を，それぞれ書きなさい。　a〔　　　〕　b〔　　　〕

(2)　O_2はどのような物質か，最も適当なものを，次の**ア**～**エ**から１つ選び，記号で答えなさい。〔　　　〕

ア　単体であり，分子からできている物質である。

イ　単体であり，分子をつくらない物質である。

ウ　化合物であり，分子からできている物質である。

エ　化合物であり，分子をつくらない物質である。

5 ↪1,2

図１のように，かわいた試験管に酸化銀を入れ，加熱したところ酸素が発生した。次の問いに答えなさい。[鹿児島県]

図１

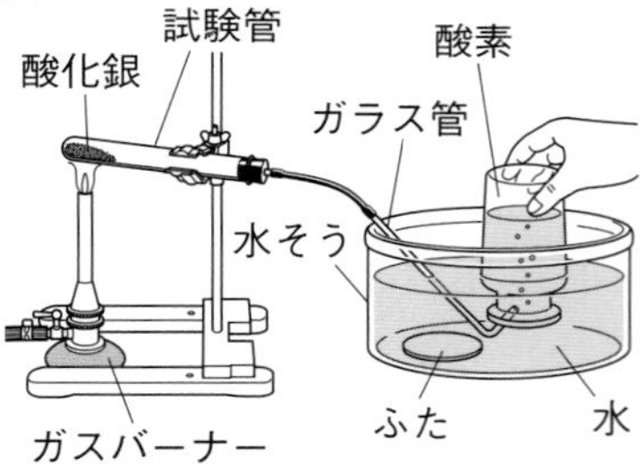

試験管
酸素
酸化銀
ガラス管
水そう
ふた
水
ガスバーナー

(1)　銀の原子を表す記号を書きなさい。〔　　　〕　66%

超重要 (2)　この実験で，ガスバーナーの火を消すと，水がガラス管を逆流して試験管が割れることがある。これを防ぐために，どのような操作をしなければならないか。　67%

〔　　　　　　　　　　　　　　　　　　　　〕

思考力 (3)　図２が，この実験の化学変化を表した図となるように，それぞれの□にあてはまる物質をモデルで表し，図２を完成させなさい。ただし，銀原子を●，酸素原子を○，酸化銀を●○●とする。　36%

図２

□ → ●●●● ＋ □

正答率

6

↪ 1,2

次の実験について，あとの問いに答えなさい。 [長崎県]

【実験】煮(に)つめた砂糖水に炭酸水素ナトリウムを加えてかき混ぜると，図1のようにふくらんだカルメ焼きができる。このときの炭酸水素ナトリウムのはたらきを調べるため，図2の装置で炭酸水素ナトリウムを加熱したところ気体が発生し，加熱した試験管の口の部分には液体が見られた。

図1

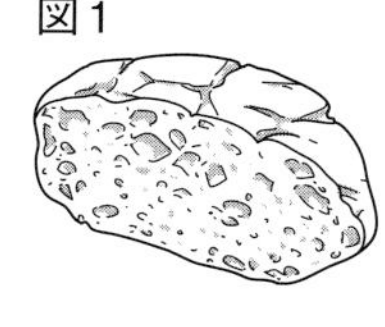

図2

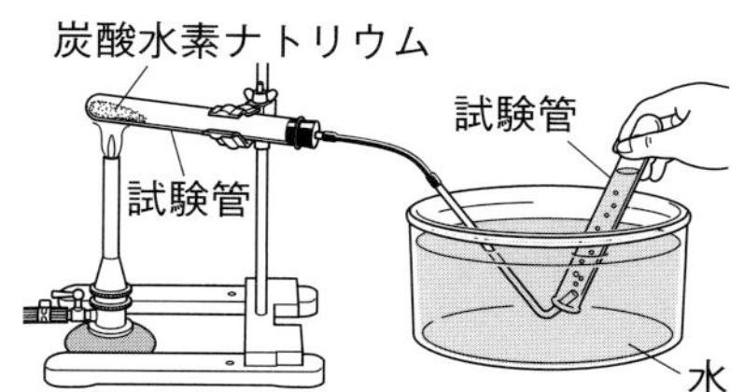

差がつく (1) 図2のように発生した気体を水上置換法(すいじょうちかんほう)で複数の試験管に集め，気体が何かを調べる。このとき，はじめに集めた1本目の試験管の気体は使用しない。この理由を説明しなさい。 56%

〔　　　　　　　　　　〕

(2) 発生した気体と加熱した試験管の口に見られた液体について述べた次の文の（ ① ），（ ② ）に適する語句を入れ，文を完成させなさい。 ① 84% ② 56%

①〔　　　　　〕 ②〔　　　　　〕

> 発生した気体を集めた試験管に（ ① ）を入れてゴム栓(せん)をしてよくふると白濁(はくだく)したので，この気体が二酸化炭素であり，カルメ焼きをふくらませていることがわかった。次に，加熱した試験管の口に見られた液体に（ ② ）をつけると赤くなったので，この液体が水であることがわかった。

難 (3) 発生した気体が二酸化炭素，液体が水とわかったことにより，炭酸水素ナトリウムをつくっている原子のうち3種類が明らかになった。その3種類の原子を元素記号ですべて答えなさい。 30%

〔　　〕〔　　〕〔　　〕

(4) 二酸化炭素が発生しなくなるまで試験管を加熱すると，加熱した試験管には炭酸ナトリウムができていた。この炭酸ナトリウムと炭酸水素ナトリウムをそれぞれ水にとかしてフェノールフタレイン液を加え，そのときのようすを比較(ひかく)した。炭酸ナトリウムの特徴(とくちょう)について述べた文として最も適当なものを，次の**ア**～**エ**から1つ選び，記号で答えなさい。 36%

〔　　〕

ア 炭酸水素ナトリウムよりも水にとけにくく，うすい赤色に変色した。
イ 炭酸水素ナトリウムよりも水にとけにくく，濃(こ)い赤色に変色した。
ウ 炭酸水素ナトリウムよりも水にとけやすく，うすい赤色に変色した。
エ 炭酸水素ナトリウムよりも水にとけやすく，濃い赤色に変色した。

» 化学分野

水溶液とイオン

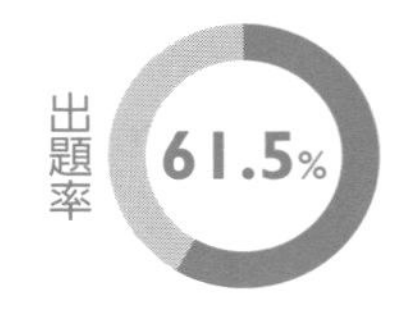

入試メモ　電池のしくみや，塩化銅の電気分解がよく出題される。亜鉛板と銅板を使った電池では，それぞれの金属板で起こる変化をしっかり理解しておこう。

1　原子とイオン

出題率 10.4%

|1| **原子の構造** … **原子核**と**電子**からできている。**原子核**は，＋の電気をもつ**陽子**と電気をもたない**中性子**からできている。

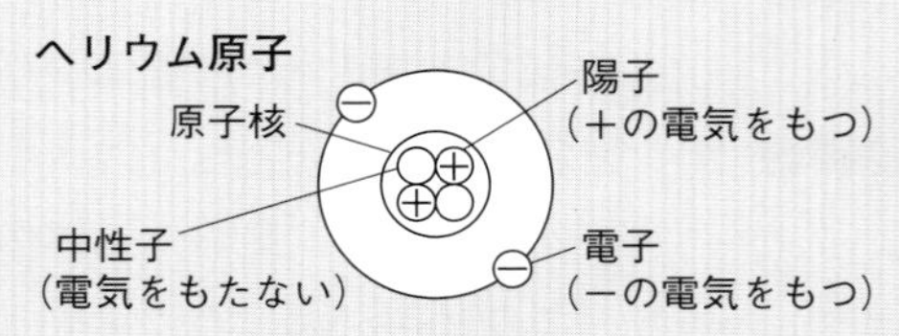

|2| **イオン** … 原子が電気を帯びたもの。

- **陽イオン** … 原子が電子を失って＋の電気を帯びたもの。
- **陰イオン** … 原子が電子を受けとって－の電気を帯びたもの。

陽イオン		陰イオン	
水素イオン	H^+	塩化物イオン	Cl^-
ナトリウムイオン	Na^+	水酸化物イオン	OH^-
銅イオン	Cu^{2+}	硫酸イオン	SO_4^{2-}

2　水溶液とイオン

出題率 24.0%

|1| **電解質** … 水溶液に電流が流れる物質。

例　塩化ナトリウム，塩化銅，水酸化ナトリウム，塩化水素

|2| **非電解質** … 水溶液に電流が流れない物質。

例　砂糖，エタノール

|3| **電離** … 電解質が水にとけて陽イオンと陰イオンに分かれること。

3　電気分解と電池

出題率 46.9%

|1| **電気分解** … 電解質の水溶液に電流を流すと，電気分解が起こる。

①塩化銅水溶液 … **陰極に銅**が付着し，**陽極から塩素**が発生。$CuCl_2 \longrightarrow Cu + Cl_2$

②塩酸 … **陰極から水素**，**陽極から塩素**が発生。$2HCl \longrightarrow H_2 + Cl_2$

|2| **化学電池** … **2種類の金属**を**電解質の水溶液**に入れて導線でつなぐと，化学電池ができる。

- **うすい塩酸に亜鉛板と銅板を入れた電池**

[－極（亜鉛板）] … 亜鉛原子が電子を失って亜鉛イオンになり，塩酸の中にとけ出す。

$Zn \longrightarrow Zn^{2+} + 2e^-$

[＋極（銅板）] … 水素イオンが電子を受けとって水素原子になり，2個結びついて水素分子になる。　$2H^+ + 2e^- \longrightarrow H_2$

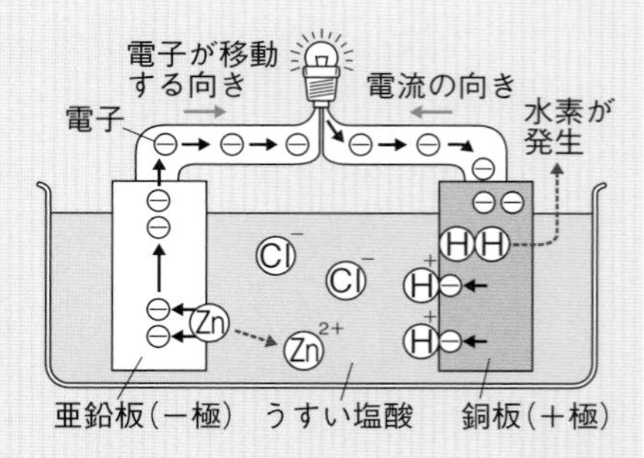

|3| **燃料電池** … 水素と酸素が結びついて水ができるときに発生する化学エネルギーを電気エネルギーとしてとり出す。　$2H_2 + O_2 \longrightarrow 2H_2O$

実力アップ問題

解答・解説 | 別冊p.11

正答率

1 ↪1

次の**ア**～**エ**の模式図のうち，ヘリウム原子の構造を正しく表しているものはどれか。1つ選び，記号で答えなさい。ただし，⊕は陽子，⊖は電子，○は中性子を表す。
[岩手県]

〔　　　〕

ア

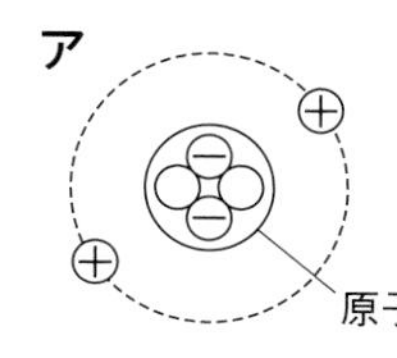

イ

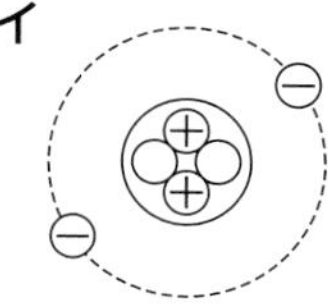

ウ

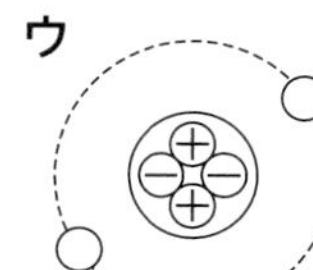

エ

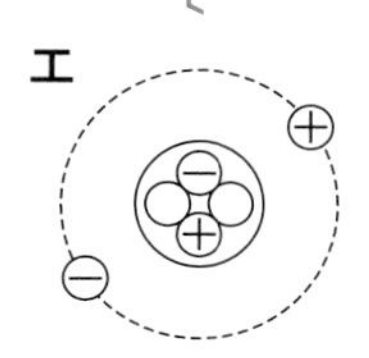

化学分野

2 ↪1

ナトリウムイオンのでき方を説明したものとして最も適当なものを，次の**ア**～**エ**から1つ選び，記号で答えなさい。[千葉県]　　67%

〔　　　〕

ア　ナトリウム原子が電子を1個失う。
イ　ナトリウム原子が電子を2個失う。
ウ　ナトリウム原子が電子を1個受けとる。
エ　ナトリウム原子が電子を2個受けとる。

3 ↪1,2

次の実験について，あとの問いに答えなさい。[福島県]

実験．砂糖，塩化銅，水酸化ナトリウムのそれぞれの水溶液をつくり，右の図のような装置を用いて，3 Vの電圧を加えて，それぞれの水溶液に電流が流れるかどうかを調べた。

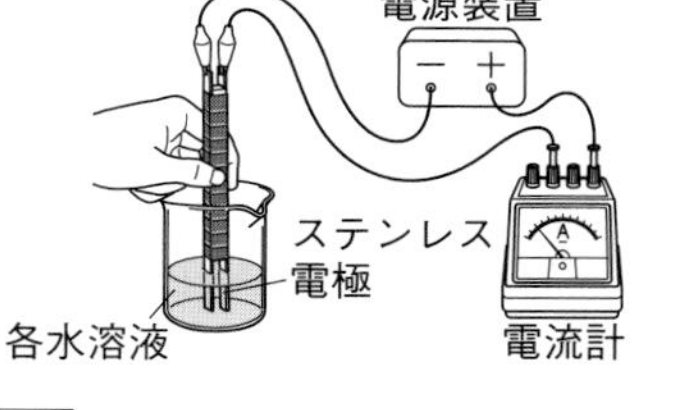

結果．

とかした物質	砂糖	塩化銅	水酸化ナトリウム
電流計の針	ふれなかった	ふれた	ふれた

超重要 (1)　砂糖のように，水にとかしたときに電流が流れない物質を何というか。書きなさい。　88%

〔　　　〕

(2)　電気を帯びていない1個の原子が，電気を帯びた原子になるときに失ったり受けとったりするものは何か。次の**ア**～**エ**から1つ選び，記号で答えなさい。　89%

〔　　　〕

ア　原子核　　**イ**　陽子　　**ウ**　中性子　　**エ**　電子

(3)　実験において，塩化銅や水酸化ナトリウムの水溶液に電流が流れたのはなぜか。水溶液という言葉を用いて，「塩化銅や水酸化ナトリウムは，」という書き出しに続けて書きなさい。　31%

〔塩化銅や水酸化ナトリウムは，　　　〕

正答率

4

↪3

図のように，質量パーセント濃度5％の塩化銅水溶液150gに，2本の炭素棒を用いて，電源装置で電圧を加え，電圧の大きさを変えずに電流を流し続けた。その結果，陰極の表面には固体が付着した。一方，陽極からプールの消毒剤のようなにおいのある気体**X**がさかんに発生したが，試験管には一部しかたまらなかった。次の問いに答えなさい。 [福井県]

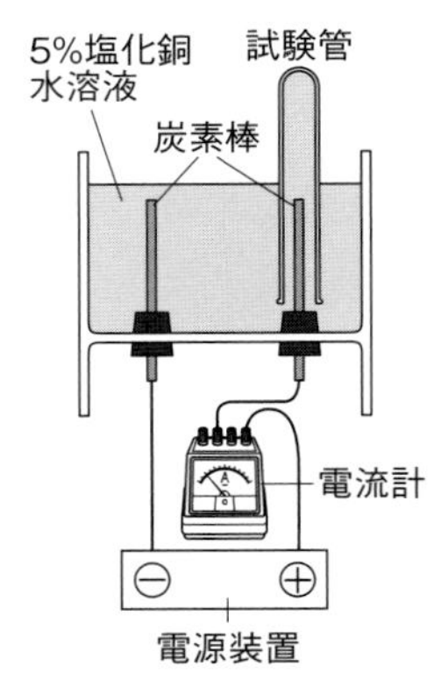

(1) 塩化銅の電離のようすをイオン式を使って表しなさい。

〔　　　　〕

(2) 下線の部分のようになったのは，気体**X**のどのような性質によるか。簡潔に書きなさい。 〔　　　　〕

(3) 陰極の表面はもともと黒色であった。電流を流して固体が付着すると何色になったか。最も適当なものを次の**ア**～**オ**から1つ選び，記号で答えなさい。

〔　　　　〕

ア 白色　**イ** 黒色　**ウ** 青色　**エ** 黄色　**オ** 赤色

差がつく (4) 電流を流し続けていると，電流の大きさはどのように変化するか。また，その理由を簡潔に書きなさい。

電流〔　　　　〕

理由〔　　　　〕

難 (5) しばらく電流を流したあと，陰極に付着した固体の質量を測定したところ0.3gであった。このことから，溶質の何％が電気分解されたことになるか。答えは小数第1位を四捨五入して整数で書きなさい。ただし，塩化銅にふくまれる銅の質量の割合を48％とする。 〔　　　　％〕

(6) 塩化銅水溶液のかわりに，別の水溶液を用いて実験すると，陽極から気体**X**が発生した。この水溶液の溶質はどれか。最も適当なものを次の**ア**～**オ**から1つ選び，記号で答えなさい。 〔　　　　〕

ア 硝酸カリウム　**イ** 硫酸　**ウ** 塩化水素

エ アンモニア　**オ** 水酸化ナトリウム

5

↪3

あきこさんは，電池の性質を調べるために，金属板と水溶液を用いて次の実験を行った。このことについて，あとの問いに答えなさい。 [高知県]

実験．うすい塩酸を入れたビーカーに，発泡ポリスチレンの板に差し込んだ銅板と亜鉛板を入れ，図のようにプロペラつき光電池用モーターにつながった導線**A**を銅板に，導線**B**を亜鉛板にそれぞれつなぐと，プロペラが回転した。

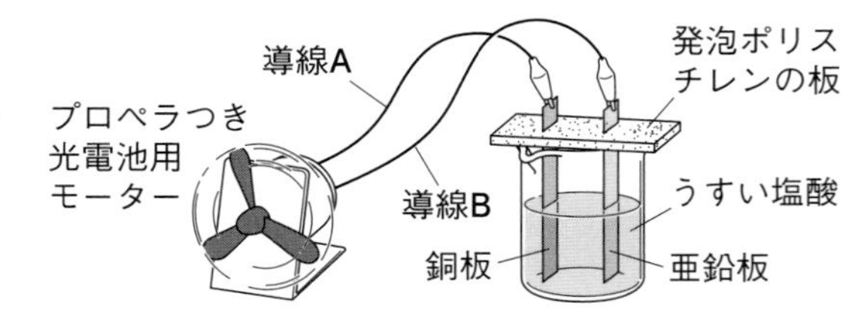

正答率

(1) プロペラが回転しているときの銅板の表面のようすについて述べた文として，最も適切なものを，次のア～エから1つ選び，記号で答えなさい。〔　　　〕 39%

ア　表面の色は変化せず，気体が発生した。

イ　表面の色は変化せず，気体は発生しない。

ウ　表面が黒色に変化し，気体が発生した。

エ　表面が黒色に変化し，気体は発生しない。

(2) プロペラが回転しているとき，亜鉛板の表面ではある化学変化が起きている。この化学変化について述べた次の文中の X にあてはまる化学式をかきなさい。 28%

〔　　　　　〕

亜鉛原子Znが電子を2個放出し， X になって水溶液中にとけ出す。

思考力 (3) プロペラが回転し始めてすぐに，実験装置の導線**A**を亜鉛板に，導線**B**を銅板にそれぞれつなぎ替(か)えた。このとき，プロペラの回転の向きはどのようになるか，書きなさい。 84%

〔　　　　　　　　　　　　〕

超重要 (4) 実験装置の水溶液を変えて，プロペラが回転するかどうかを調べた。このとき，プロペラが回転するものとして最も適切なものを，次の**ア**～**エ**から1つ選び，記号で答えなさい。〔　　　〕 71%

ア　水　　**イ**　エタノール　　**ウ**　砂糖水　　**エ**　食塩水

難 (5) あきこさんは，身のまわりにある電池を調べ，燃料電池について学んだ。水素を燃料とする燃料電池は，燃料電池自動車として実用化されており，走行のためのエネルギーをとり出す際に環境(かんきょう)に対する影響(えいきょう)が少ないといわれていることがわかった。ガソリンエンジンと比べて，燃料電池は環境に対してどのような影響が少ないのか，ガソリンエンジンと燃料電池がそれぞれエネルギーをとり出す際に生成する物質をあげて説明しなさい。 6%

〔　　　　　　　　　　　　〕

化学分野

» 化学分野

化学変化と物質の質量

出題率 49.0%

入試メモ　金属と酸素が結びつくときの質量の関係を調べる実験は頻出。実験結果のグラフをかかせる問題もよく出るので，くり返し練習しておこう。

1　質量保存の法則

出題率 16.7%

|1| **質量保存の法則** … 化学変化の前後で物質全体の質量は変化しない。→化学変化の前後で物質をつくる原子の組み合わせは変化するが，**原子の種類と数は変わらない**から。

|2| **気体が発生する反応**

炭酸水素ナトリウム ＋ 塩酸 ⟶ 塩化ナトリウム ＋ 水 ＋ 二酸化炭素

$NaHCO_3$ ＋ HCl ⟶ $NaCl$ ＋ H_2O ＋ CO_2

- **密閉した容器の中で反応させた場合➡**反応の前後で全体の質量は変化しない。
- **密閉せずに反応させた場合➡**発生した気体が空気中に出ていくため，反応後の質量は減る。

|3| **金属の加熱**

- **密閉した容器中で加熱した場合➡**容器内にあった酸素とだけ結びつくため，反応の前後で全体の質量は変化しない。
- **空気中で加熱した場合➡**結びついた酸素の分だけ，反応後の質量はふえる。

2　化学変化と質量の割合

出題率 39.6%

|1| **結びつくときの質量の割合** … 2つの物質が結びつくとき，それぞれの物質の**質量の比は一定**になる。

- **銅と酸素の反応**

  銅 ＋ 酸素 ⟶ 酸化銅

  銅：酸素：酸化銅＝4：1：5

- **マグネシウムと酸素の反応**

  マグネシウム ＋ 酸素 ⟶ 酸化マグネシウム

  マグネシウム：酸素：酸化マグネシウム＝3：2：5

金属と酸素の反応

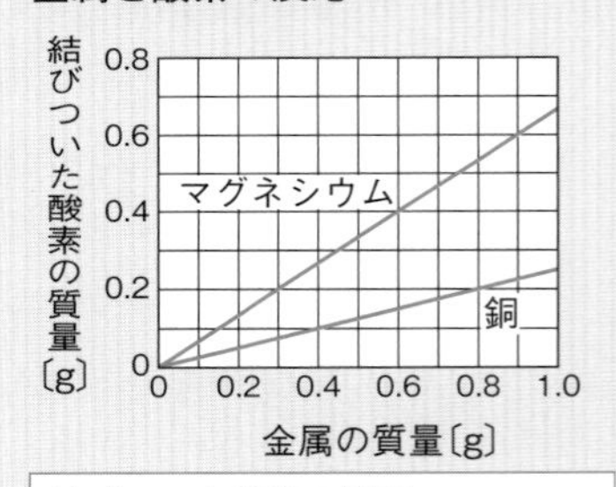

結びついた酸素の質量
＝酸化物の質量－金属の質量

|2| **炭酸水素ナトリウムと塩酸の反応** … 塩酸に炭酸水素ナトリウムを加えると，**二酸化炭素**が発生する。

- **塩酸がじゅうぶんにある場合**

  ➡発生した二酸化炭素の質量は，加えた炭酸水素ナトリウムの質量に比例する。

- **一方の物質の量が不足している場合**

  ➡化学変化はそれ以上進まず，余分にあるほうの物質がそのまま残る。

炭酸水素ナトリウムと塩酸の反応

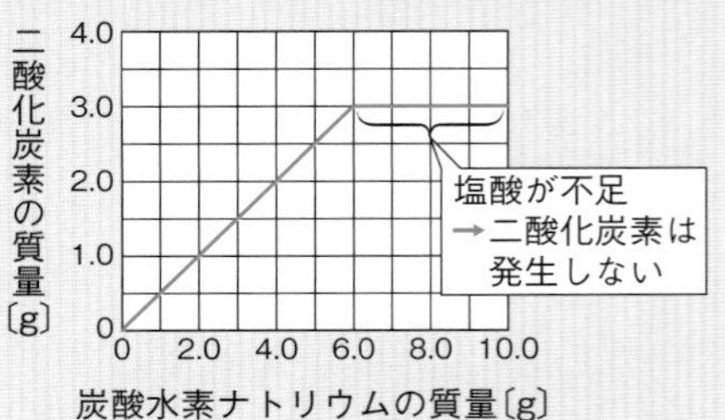

実力アップ問題

解答・解説｜別冊p.12

正答率

29%

1

↪1

スチールウールを燃やしたときの質量の変化について調べた。あとの問いに答えなさい。

[長野県]

〔実験〕Ⅰ　図1のように，スチールウールをてんびんにつるしてつり合わせた後，片方のスチールウールを熱した。熱するとスチールウールは燃えて，燃えたほうが下に傾（かたむ）いた。

Ⅱ　図2のように，スチールウールを入れ，酸素をじゅうぶんに満たしてふたをしたフラスコを，てんびんにつるしてつり合わせた。片方のフラスコを熱すると，スチールウールは燃えた。

図1

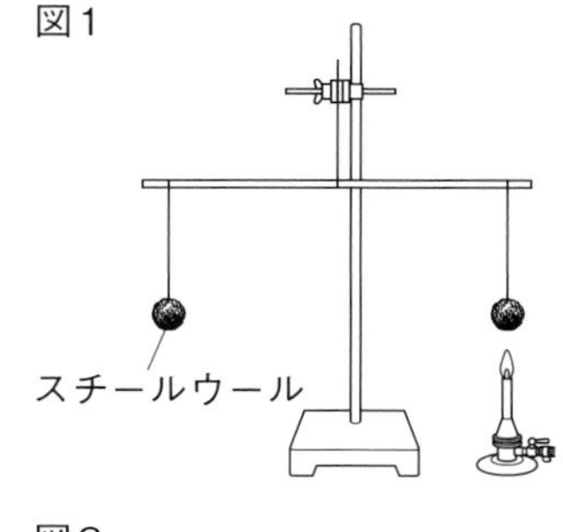

図2

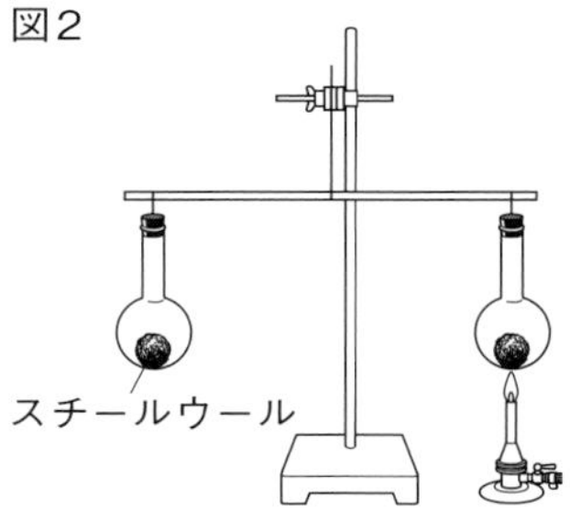

(1) 〔実験〕Ⅱで，てんびんの傾きはどうなるか，適切なものを次のア～ウから1つ選び，記号で答えなさい。

〔　　　〕

ア　燃えたほうが上に傾く。

イ　燃えたほうが下に傾く。

ウ　傾きは変わらない。

差がつく (2) (1)のように判断した理由を，「結びついた酸素」「フラスコ全体の質量」の2つの語句を用いて簡潔に説明しなさい。

〔　　　　　　　　　　　　〕

2

↪2

金属を空気中で加熱したときの質量の変化を調べるために，次の実験1～3を行った。この実験に関して，あとの問いに答えなさい。

[新潟県]

図1

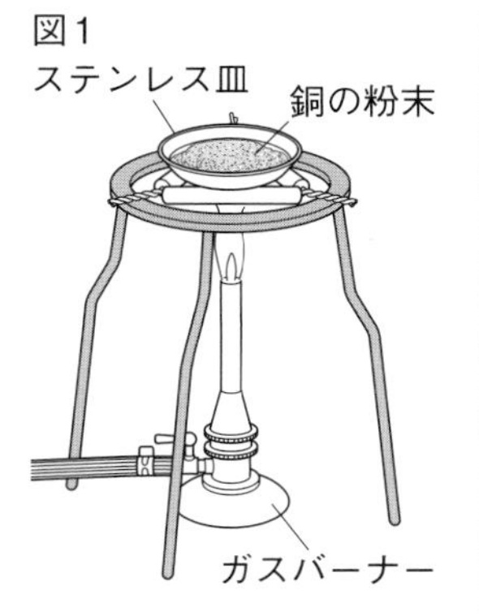

実験1．図1のように，0.40gの銅の粉末をステンレス皿全体に広げ，aかき混ぜながら，しばらくガスバーナーで加熱し，よく冷やしてから，皿の中の物質の質量を測定した。この操作を，皿の中の物質の質量が変化しなくなるまでくり返し，できた酸化銅の質量を調べた。

実験2．銅の粉末の質量を0.80g，1.20g，1.60g，2.00gに変えて，それぞれ実験1と同様の手順で操作を行い，できた酸化銅の質量を調べた。

正答率

実験３．0.30g，0.60g，0.90g，1.20g，1.50g，1.80gのマグネシウムの粉末についても，実験２と同様の手順で操作を行い，b できた酸化マグネシウムの質量を調べた。

図２は，実験１～３の結果をグラフに表したものである。

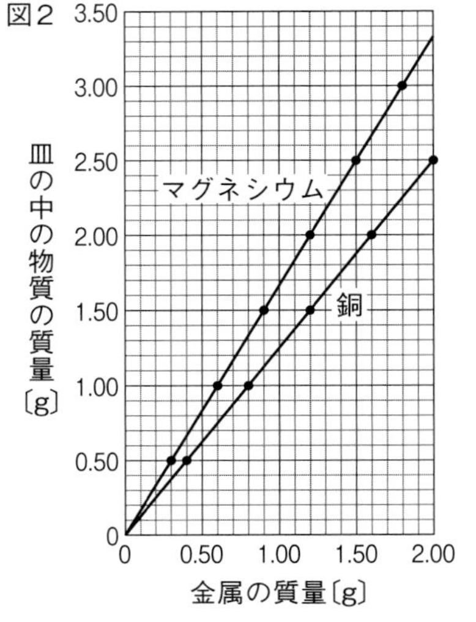

(1) 実験１の下線部分aについて，このような操作を行う理由を，「空気」という語句を用いて30字以内で書きなさい。 57%

〔　　　　〕

(2) 実験１，２について，銅を完全に酸素と反応させたときの，化学変化を表す化学反応式を書きなさい。〔　　　　〕 51%

超重要 (3) 実験３の下線部分bについて，この酸化マグネシウムに含(ふく)まれるマグネシウムの質量と酸素の質量を，最も簡単な整数の比で表しなさい。 59%

〔　　：　　〕

難 (4) 銅の粉末とマグネシウムの粉末の混合物4.00gを完全に酸素と反応させたところ，酸化銅と酸化マグネシウムの混合物が5.50g得られた。酸素と反応させる前の混合物中に含まれていた銅の粉末は何gか，求めなさい。 9%

〔　　　　g〕

3 ↪ 1,2

化学変化の前後の質量を調べるために，次の実験を行った。あとの問いに答えなさい。 [山梨県]

〔実験〕Ⅰ　図１のように，うすい塩酸50mLが入ったビーカー全体の質量を電子てんびんではかった。次に，図２のように，そのうすい塩酸に炭酸水素ナトリウム1.0gを静かに加えて反応させたところ，気体が発生した。気体が発生しなくなった後，図３のように，反応後のビーカー全体の質量をはかった。

正答率

Ⅱ　炭酸水素ナトリウムの質量を2.0g，3.0g，4.0g，5.0gと変えて，同様に実験した。次の表は，その結果をまとめたものである。

うすい塩酸50mLが入ったビーカー全体の質量〔g〕	139.0	139.0	139.0	139.0	139.0	139.0
加えた炭酸水素ナトリウムの質量〔g〕	0	1.0	2.0	3.0	4.0	5.0
反応後のビーカー全体の質量〔g〕	139.0	139.5	140.0	140.5	141.5	142.5

差がつく (1)　次の□に適当な化学式や記号を入れ，うすい塩酸と炭酸水素ナトリウムが反応して気体が発生する化学反応式を完成させなさい。　44%

$HCl + NaHCO_3 \longrightarrow$ □

〔　　　　　　　　　　　　　〕

(2)　上の表をもとにして，加えた炭酸水素ナトリウムの質量と発生した気体の質量との関係を表すグラフを右にかきなさい。ただし，表から求められる値は•で記入しなさい。　12%

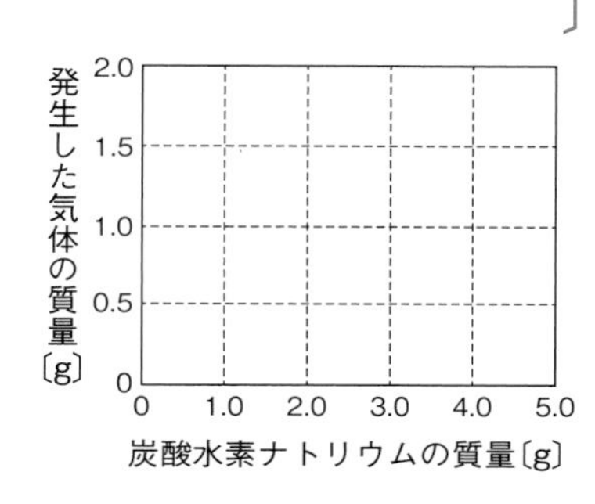

(3)　〔実験〕で用いたものと同じ濃度（のうど）のうすい塩酸100mLを新たに別のビーカーにとり，炭酸水素ナトリウムの質量を変えて反応させた。次の問いに答えなさい。

差がつく ①　炭酸水素ナトリウム2.0gを加えて反応させたとき，発生する気体の質量は何gになると考えられるか，求めなさい。〔　　　　g〕　37%

②　炭酸水素ナトリウム5.0gを加えて反応させたとき，発生する気体の質量は何gになると考えられるか，求めなさい。〔　　　　g〕　23%

超重要 (4)　すべての化学変化では質量保存の法則が成り立つが，この〔実験〕では確認できなかった。次の文は，うすい塩酸と炭酸水素ナトリウムの反応で質量保存の法則が成り立つことを確認する方法を述べたものである。□に入る適当な言葉を書きなさい。〔　　　　　　　　〕　59%

> 方法：□の中で，うすい塩酸と炭酸水素ナトリウムを反応させ，反応の前後の質量を調べる。

» 化学分野

身のまわりの物質とその性質

出題率 44.8%

入試メモ　密度の計算，密度による物質の区別など，密度が関係する問題が多い。ガスバーナーの操作もよく問われるので，手順を確認しておこう。

1　物質の分類と密度

出題率 39.6%

|1| **有機物** … **炭素をふくむ**物質。燃えると二酸化炭素と水ができる。

(例) 砂糖，デンプン，ろう，木，プラスチック，エタノール，プロパン

ふる。
有機物
石灰水が白くにごる

|2| **無機物** … 有機物以外の物質。

(例) 食塩，ガラス，金属，酸素

|3| **金属** … 金，銀，銅，鉄，アルミニウムなど。

- **金属に共通の性質** … ①みがくと金属光沢(こうたく)が見られる。　②電気をよく通す。　③熱をよく伝える。　④引っ張ると細くのびる。　⑤たたくとうすく広がる。

注意 磁石につくことは，金属に共通の性質ではない。

|4| **非金属** … 金属以外の物質。　(例) ゴム，ガラス，木，プラスチック

|5| **プラスチック** … 石油などを原料にしてつくられた有機物。

(例) ポリエチレン (PE)，ポリエチレンテレフタラート (PET)，ポリプロピレン (PP)

- **プラスチックの性質** … 加工しやすい，軽い，さびない，電気を通しにくいなど。

|6| **密度** … 物質 1 cm^3 あたりの質量。物質の種類によって値が決まっている。

- **密度と固体の浮(う)き沈(しず)み**

液体の密度 ＜ 固体の密度のとき ➡ **沈む**

液体の密度 ＞ 固体の密度のとき ➡ **浮く**

$$\text{密度}〔g/cm^3〕=\frac{\text{物質の質量}〔g〕}{\text{物質の体積}〔cm^3〕}$$

2　実験器具の使い方

出題率 15.6%

|1| **ガスバーナーの使い方 (火をつけるとき)**

1. ガス調節ねじと空気調節ねじが閉まっているか確認する。
2. 元栓(もとせん)とコックを開く。
3. マッチに火をつけ，ガス調節ねじを開いて点火する。
4. ガス調節ねじを回して炎(ほのお)を適当な大きさにする。
5. ガス調節ねじをおさえて空気調節ねじを開き，**青色**の炎にする。

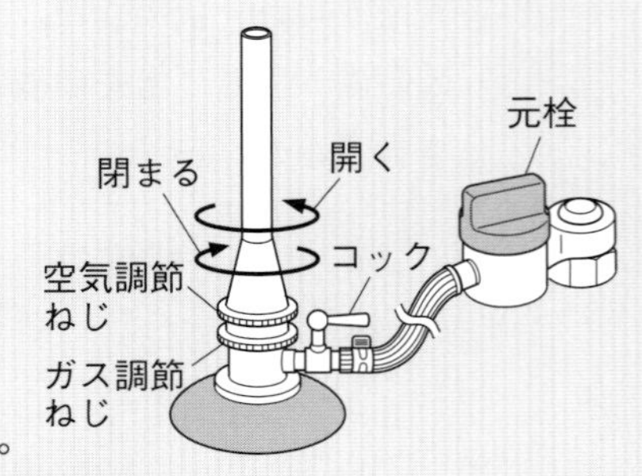

|2| **メスシリンダーの使い方**

1. メスシリンダーを水平な台の上に置く。
2. 目盛りは液面の平らなところを真横から水平に見て，**最小目盛りの $\frac{1}{10}$** まで目分量で読みとる。

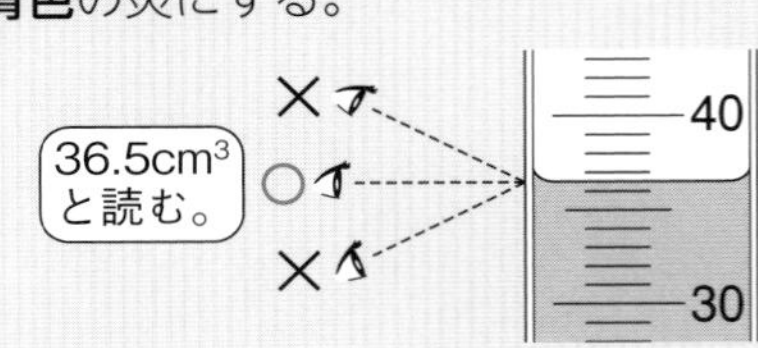

実力アップ問題

解答・解説｜別冊p.13

正答率

1

3種類の白色の粉末A～Cは，砂糖，食塩，デンプンのいずれかである。これらを区別するために，実験を行った。あとの問いに答えなさい。 [長野県・改]

〔実験1〕

① A～Cをそれぞれ燃焼さじにのせ，ガスバーナーで加熱したところ，A，Bは炎(ほのお)を出して燃え，Cは見かけ上変化が見られなかった。

② 燃えているA，Bを，それぞれ右の図のように石灰水の入った集気びんに入れた。火が消えたあとに集気びんをふると，どちらも石灰水が白くにごった。

〔実験2〕 A，Bにそれぞれヨウ素液をたらすと，Aには反応が見られ，Bには反応が見られなかった。

超重要 (1) 実験2でAにヨウ素液をたらした部分の色は何色か，最も適当なものを次のア～オから1つ選び，記号で答えなさい。 〔　　〕

ア 無色　イ 白色　ウ 緑色　エ 赤茶色　オ 青紫(むらさき)色

(2) A，Cの名称(めいしょう)をそれぞれ書きなさい。 A〔　　〕 C〔　　〕

(3) 実験1の②で，石灰水を白くにごらせた物質の化学式を書きなさい。 〔　　〕 80%

難 (4) 実験1の②と同様な実験操作を行ったとき，A，Bと同じ結果になるものはどれか，適切なものを次のア～オからすべて選び，記号で答えなさい。 〔　　〕 19%

ア ポリエチレン　イ スチールウール　ウ マグネシウム

エ 木炭　オ ロウ

2

金属線にはさまざまな種類があり，目的によって素材となる金属を選んで使う。次のア～エの性質を，すべての固体の金属に「共通の性質」と「共通ではない性質」に分け，それぞれ記号で答えなさい。 [山口県]

共通の性質〔　　〕 **共通ではない性質**〔　　〕

ア 熱をよく伝える。

イ みがくと特有の光沢がでる。

ウ 磁石に引きつけられる。

エ たたいて広げたり，引きのばしたりすることができる。

正答率

3 ↪1

隆雄さんは，身のまわりで使用されているプラスチックの性質について調べる実験を行った。ポリプロピレン，ポリエチレン，ポリスチレンをそれぞれ約1cm四方に切り，水の入ったビーカーに入れてガラス棒で混ぜた後，浮くかどうか調べた。その結果，図のようにポリスチレンだけが沈んだ。次に，実験に用いたプラスチックの体積をメスシリンダーで，質量を電子てんびんでそれぞれ測定し，密度を求めたところ，表のようになった。そこで隆雄さんは，プラスチックの密度に関する実験Ⅰ，Ⅱを行った。あとの問いに答えなさい。 ［熊本県］

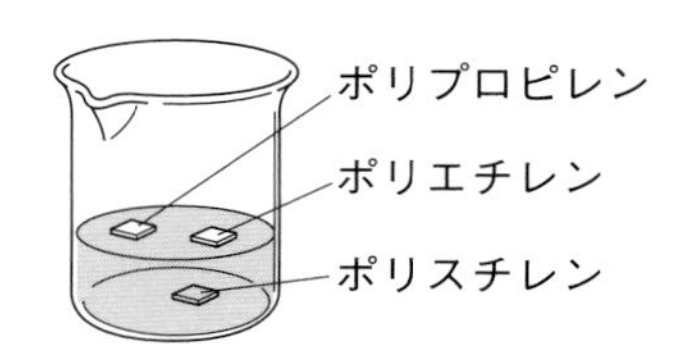

プラスチック名	密度〔g/cm^3〕
ポリプロピレン	0.91
ポリエチレン	0.95
ポリスチレン	1.06

実験Ⅰ　3つのプラスチックを切って，それぞれの質量を0.50gにそろえ，水の入ったビーカーに入れてガラス棒で混ぜた後，浮くかどうか調べた。

実験Ⅱ　3つのプラスチックをそれぞれ約1cm四方に切り，密度が$1.15\,g/cm^3$の食塩水の入ったビーカーに入れてガラス棒で混ぜた後，浮くかどうか調べた。

差がつく (1) 実験Ⅰ，Ⅱの結果として適当なものを，次の**ア**～**エ**からそれぞれ1つずつ選び，記号で答えなさい。 **実験Ⅰ**〔　　　〕 **実験Ⅱ**〔　　　〕

ア ポリプロピレンとポリエチレンが浮き，ポリスチレンが沈む。

イ ポリプロピレンとポリエチレンが沈み，ポリスチレンが浮く。

ウ ポリプロピレン，ポリエチレン，ポリスチレンのすべてが浮く。

エ ポリプロピレン，ポリエチレン，ポリスチレンのすべてが沈む。

(2) 下線部について，ポリプロピレン，ポリエチレン，ポリスチレンのうち，質量が同じとき体積が最も大きいものを1つ選び，プラスチック名で答えなさい。

〔　　　　　〕

4 超重要 ↪2

図のようなガスバーナーを使用するとき，正しい操作の順になるように，次の**ア**～**オ**を並べなさい。 ［鳥取県］

〔　　→　　→　　→　　→　　〕

■■□72%

ア ガス調節ねじを回して，炎の大きさを調節する。

イ 元栓とコックを開ける。

ウ ガスマッチに火をつけ，ガス調節ねじをゆるめて，ガスに点火する。

エ ガス調節ねじを動かさないようにして，空気調節ねじを回し，空気の量を調節して青色の炎にする。

オ ガス調節ねじ，空気調節ねじが軽くしまっているか確認する。

空気調節ねじ
ガス調節ねじ
コック

正答率

5

↪ 1,2

5個の金属球A～Eがあり，これらの金属は，鉛，鉄，亜鉛，アルミニウムのうちのいずれかであることがわかっている。金属球A～Eがどの金属であるかを調べるために次の【実験】を行った。あとの問いに答えなさい。［佐賀県］

【実験】

① 金属球Aの質量を電子てんびんではかったところ，35.5gだった。

② 図1のように，水を入れたメスシリンダーに金属球Aを静かに入れて体積を調べたところ，5.0cm³だった。

③ 金属球B～Eについても同様に，質量と体積を測定した。図2は，金属球B～Eについて，その結果を示したものである。また，4種類の金属の密度は下の表のとおりである。

図1　図2

100mL

金属球A

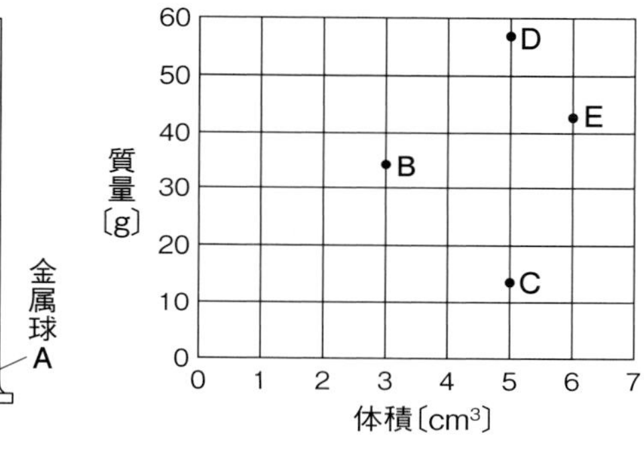

	密度〔g/cm³〕
鉛	11.35
鉄	7.87
亜鉛	7.13
アルミニウム	2.70

図3は，図1のメスシリンダーの水面付近を拡大したものである。

図3

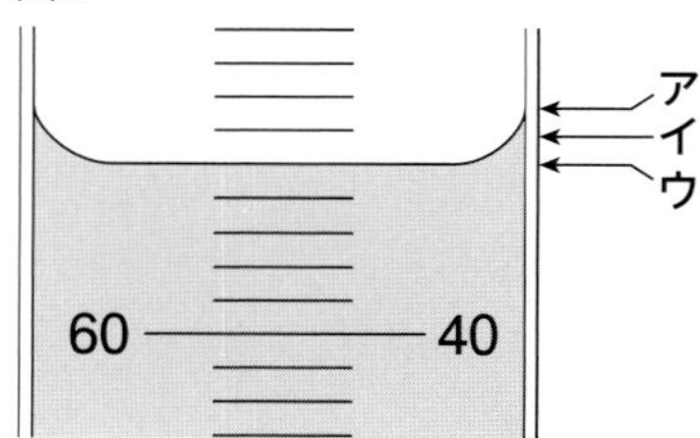

超重要 (1) メスシリンダーの目盛りは，どこを読めばよいか。図3のア～ウから1つ選び，記号で答えなさい。

〔　　　〕

(2) 金属球Aの密度は何g/cm³か，書きなさい。また，その結果から金属球Aはどの金属からできていると考えられるか，上の表を参考にして金属の名称を書きなさい。

密度〔　　　g/cm³〕

名称〔　　　〕

(3) 金属球Aと同じ種類の金属からできていると考えられるものを，金属球B～Eから1つ選び，記号で答えなさい。〔　　　〕

化学分野

» 化学分野

酸・アルカリとイオン

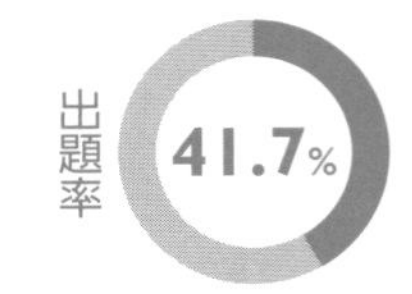

入試メモ　中和が起こるときの，水溶液(すいようえき)中のイオンのようすがよく問われる。それぞれのイオンの数の変化に注意しよう。

1 酸とアルカリ

出題率 21.9%

|1| 酸性・中性・アルカリ性の水溶液の性質

	酸性	中性	アルカリ性
リトマス紙	青色→赤色	変化なし	赤色→青色
BTB溶液	黄色	緑色	青色
フェノールフタレイン溶液	無色	無色	赤色
マグネシウムとの反応	水素が発生	変化なし	変化なし
pH	7より小さい	7	7より大きい

|2| **酸**…水溶液にしたとき，電離(でんり)して**水素イオンH^+**を生じる物質。

(例) 塩化水素　$HCl \longrightarrow H^+ + Cl^-$　(塩酸になる)

|3| **アルカリ**…水溶液にしたとき，電離して**水酸化物イオンOH^-**を生じる物質。

(例) 水酸化ナトリウム　$NaOH \longrightarrow Na^+ + OH^-$

2 中和と塩

出題率 32.3%

|1| **中和**…酸とアルカリが**たがいの性質を打ち消し合う**反応。酸の水素イオンとアルカリの水酸化物イオンから水ができる。$H^+ + OH^- \longrightarrow H_2O$

|2| **塩**…中和によって酸の陰(いん)イオンとアルカリの陽イオンが結びついてできる。

|3| **塩酸と水酸化ナトリウム水溶液の中和**

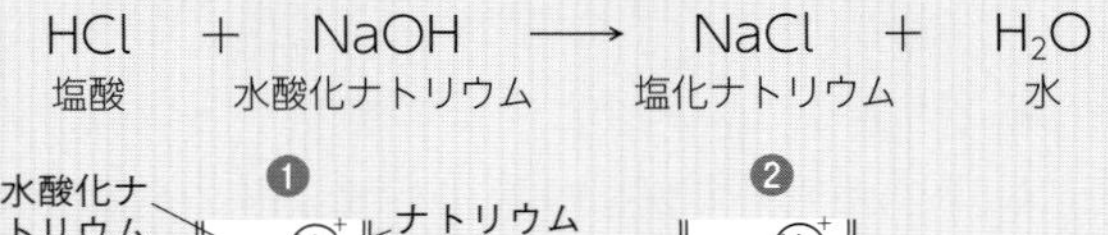

$HCl + NaOH \longrightarrow NaCl + H_2O$
塩酸　水酸化ナトリウム　塩化ナトリウム　水

硫酸と水酸化バリウムの中和

$H_2SO_4 \longrightarrow 2H^+ + SO_4^{2-}$
$Ba(OH)_2 \longrightarrow Ba^{2+} + 2OH^-$
$BaSO_4 + 2H_2O$

$H_2SO_4 + Ba(OH)_2$
硫酸　水酸化バリウム
$\longrightarrow BaSO_4 + 2H_2O$
硫酸バリウム　水

水にとけにくく，白い沈殿になる

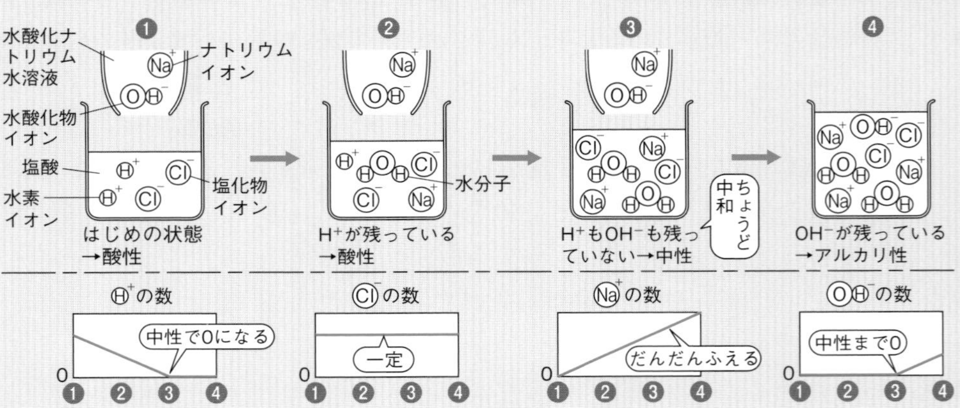

実力アップ問題

解答・解説 | 別冊 p.14

正答率

1 ↪2

酸とアルカリの性質を調べるために，実験を行った。これについて，あとの問いに答えなさい。 [島根県]

【実験】

操作1．図1のようにうすい塩酸 8 cm^3 にBTB溶液を3滴(てき)加えた。これに，図2のようにこまごめピペットでうすい水酸化ナトリウム水溶液を 2 cm^3 ずつ加えてよくかき混ぜ，水溶液の色を観察した。水溶液の色が青色になったところで加えるのをやめた。

図1

図2

結果1．

加えた水酸化ナトリウム水溶液の体積〔cm^3〕	0	2	4	6	8
水溶液の色	黄	黄	黄	黄	青

操作2．操作1で青色に変わった水溶液にうすい塩酸を少しずつ加えて，溶液の色を緑色にした後，溶液の一部をスライドガラスにのせ，水を蒸発させた。

結果2．スライドガラスの上に白い固体が残った。

差がつく (1) 操作1において水溶液の色が青色になったとき，その水溶液中のイオンのモデルを表したものとして最も適当なものを，次の**ア**～**エ**から1つ選び，記号で答えなさい。 〔　　　〕

ア

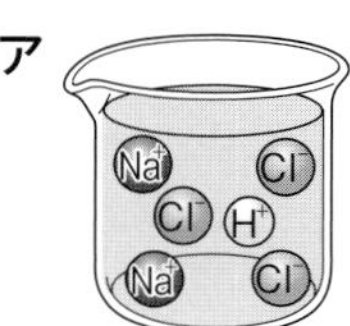

イ

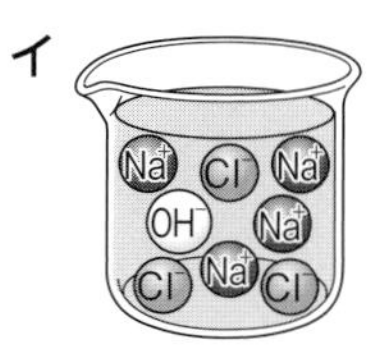

ウ

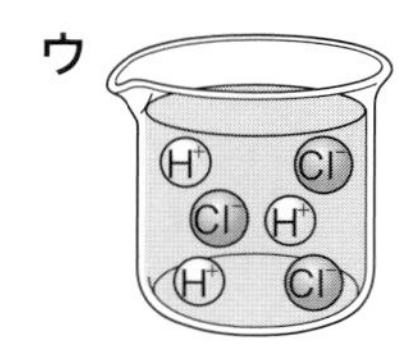

エ

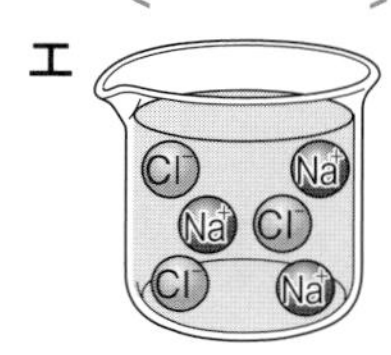

超重要 (2) 結果2をもとにして，塩酸と水酸化ナトリウム水溶液の反応を化学反応式で答えなさい。 〔　　　　　　　　　　　　〕

(3) 実験1で用いたものと同じ濃度(のうど)のうすい塩酸 8 cm^3 に水 8 cm^3 を加えてさらにうすめ，操作1と同じ操作を行った。水溶液の色が青色になるまで加えた水酸化ナトリウム水溶液の体積について述べた文として最も適当なものを，次の**ア**～**エ**から1つ選び，記号で答えなさい。 〔　　　〕

ア　操作1で加えた体積の$\frac{1}{2}$倍になる。

イ　操作1で加えた体積の2倍になる。

ウ　操作1で加えた体積の4倍になる。

エ　操作1で加えた体積と同じである。

化学分野

正答率

55%

2

↪1

右の図のように，ガラス板の上に食塩水をしみこませたろ紙を置き，その上に青色リトマス紙AとB，赤色リトマス紙CとD，中央に水酸化ナトリウム水溶液をしみこませたろ紙を重ねた。食塩水をしみこませたろ紙の両端をクリップで留めて電流を流したとき，色が変化したリトマス紙として適切なのはどれか。次のア～エから1つ選び，記号で答えなさい。［東京都］

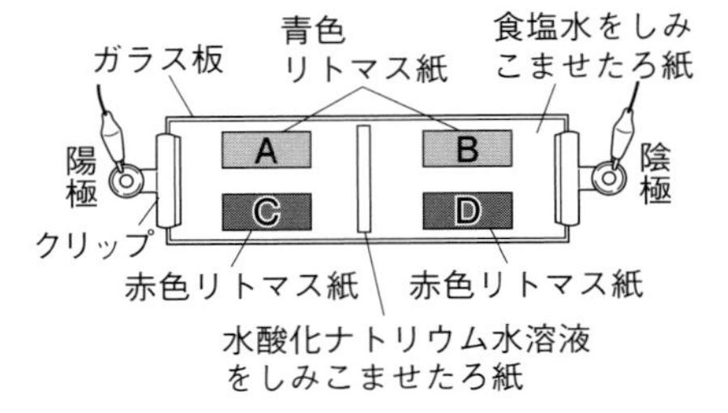

〔　　　〕

ア　A　　イ　B　　ウ　C　　エ　D

3

↪2

次の実験について，あとの問いに答えなさい。［石川県］

〔実験〕水酸化バリウム水溶液100 cm^3に硫酸100 cm^3を加えていったところ，最終的に白い沈殿が1.00 gが生じた。反応後の水溶液に緑色のBTB溶液を加えたところ，黄色になった。

差がつく (1) 加えた硫酸の体積と，水溶液中のバリウムイオンの数の関係は図1のようなグラフになった。このとき，水溶液中の硫酸イオンの数の変化はどのようなグラフで表されるか，次のア～エから最も適切なものを1つ選び，記号で答えなさい。

〔　　　〕

図1

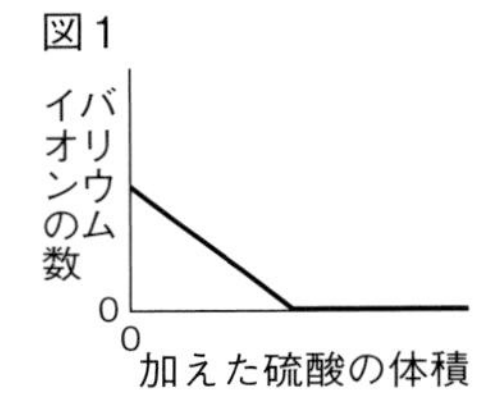

ア

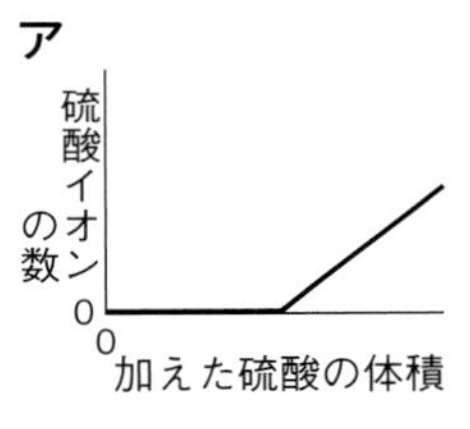

イ

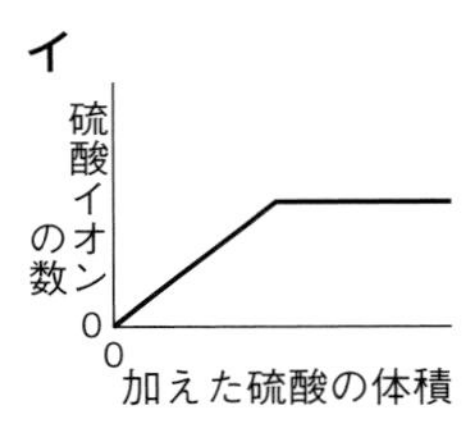

ウ

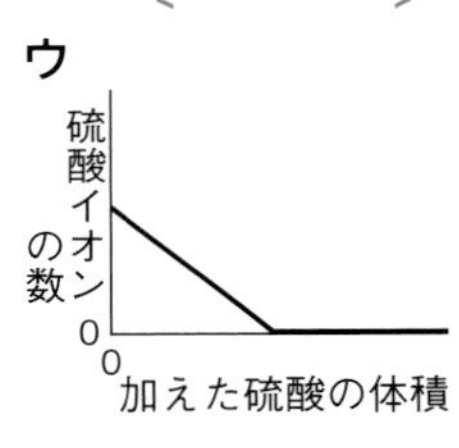

エ

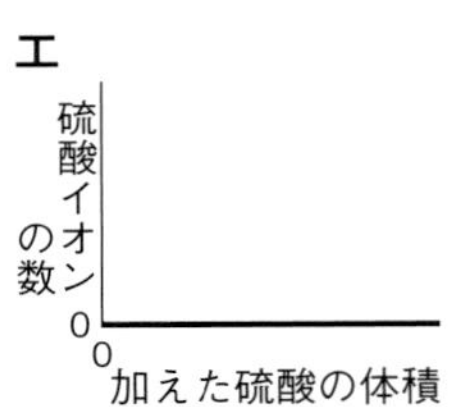

(2) 同じような実験を，加える硫酸の体積を変えて3回行ったところ，表のような結果になった。

加えた硫酸の体積〔cm^3〕	25	50	75
生じた白い沈殿の質量〔g〕	0.31	0.62	0.93

図2

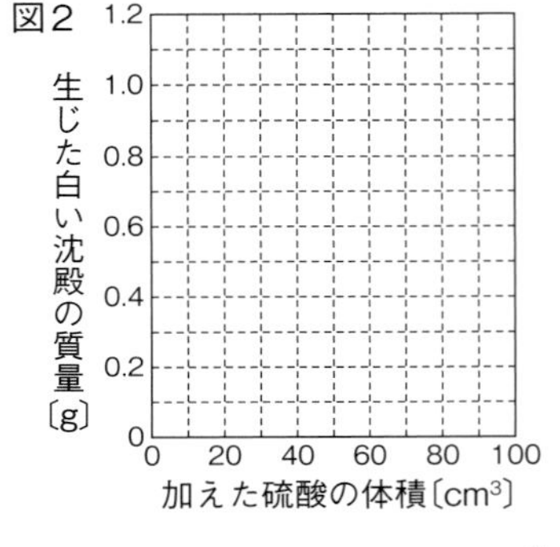

思考力 ① 加えた硫酸の体積と，生じた白い沈殿の質量の関係を，実験の結果も含めて，図2にグラフでかき表しなさい。

② 水酸化バリウム水溶液100 cm^3と完全に中和するときの硫酸の体積は何 cm^3か，計算で求めなさい。ただし，小数第1位を四捨五入すること。

〔　　　　cm^3〕

正答率

4

↪1,2

うすい塩酸，うすい硫酸，食塩水，石灰水の４種類の水溶液が，A，B，C，Dのいずれかのビーカーに１種類ずつ入っている。どの水溶液がどのビーカーに入っているかを調べるため，次の実験を行った。あとの問いに答えなさい。［福井県］

〔実験１〕A，B，C，Dのビーカーの水溶液をそれぞれ試験管にとりマグネシウムリボンを入れたところ，AとBの水溶液は気体が発生したが，CとDの水溶液は変化が見られなかった。

〔実験２〕CとDのビーカーの水溶液をそれぞれ試験管にとり二酸化炭素をふきこむと，Cの水溶液は白くにごったが，Dの水溶液は変化が見られなかった。

〔実験３〕AとBのビーカーの水溶液をそれぞれ試験管にとり水酸化バリウム水溶液を加えると，Aの水溶液は一瞬（いっしゅん）にして白くなったが，Bの水溶液は変化が見られなかった。

⑴ pHの値が７より小さいのはA～Dのどのビーカーの水溶液か。すべて選び，記号で答えなさい。〔　　　〕

⑵ 実験１で，Aの水溶液から発生した気体の説明として適当でないものはどれか。次の**ア**～**オ**から１つ選び，記号で答えなさい。〔　　　〕

ア 物質の中でいちばん密度が小さい。
イ 水によくとけて酸性の水溶液になる。
ウ においや色はない。
エ 単体である。
オ うすい水酸化ナトリウム水溶液を電気分解すると陰極（いんきょく）から発生する。

⑶ 実験２とちがう方法でCとDのビーカーの水溶液を区別するための操作として，最も適当なものはどれか。次の**ア**～**エ**から１つ選び，記号で答えなさい。〔　　　〕

ア それぞれの水溶液にフェノールフタレイン溶液を加え，色の変化を調べる。
イ それぞれの水溶液にベネジクト液を入れて加熱し，色の変化を調べる。
ウ 青色のリトマス紙にそれぞれの水溶液をつけ，色の変化を調べる。
エ 青色の塩化コバルト紙にそれぞれの水溶液をつけ，色の変化を調べる。

⑷ ⑶の操作をしたときの結果をCとDの水溶液について簡潔に書きなさい。

結果C〔　　　〕
結果D〔　　　〕

差がつく ⑸ 実験３で，Aの水溶液で起きた化学変化を化学反応式で書きなさい。

〔　　　〕

化学分野

» 化学分野

水溶液の性質

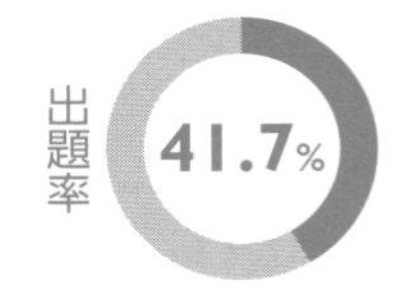

入試メモ 質量パーセント濃度の公式は確実に覚えておこう。水溶液からとけた物質をとり出す方法は，記述問題としてよく出題される。

1 水溶液

出題率 35.4%

|1| **水溶液**

- **溶質** … 水などの液体にとけている物質。
- **溶媒** … 溶質をとかしている液体。
- **溶液** … 溶質が溶媒にとけた液。
- **水溶液** … 溶媒が水の溶液。

水溶液のモデル図

とける前　水　溶質の粒子

とけたあと

水溶液の濃さはどの部分も同じで時間がたっても変化しない。

|2| **質量パーセント濃度** … 溶液に対する溶質の質量の割合を百分率（%）で表したもの。

$$質量パーセント濃度〔\%〕=\frac{溶質の質量〔g〕}{溶液の質量〔g〕}\times100=\frac{溶質の質量〔g〕}{溶質の質量〔g〕+溶媒の質量〔g〕}\times100$$

2 溶解度

|1| **飽和水溶液** … 物質がそれ以上とけることができない水溶液。

|2| **溶解度** … 100gの水にそれ以上とけることができなくなったときの溶質の質量。

- 物質によって決まっていて，**水の温度によって変化**する。

|3| **溶解度曲線** … 温度と溶解度の関係をグラフに表したもの。

溶解度曲線

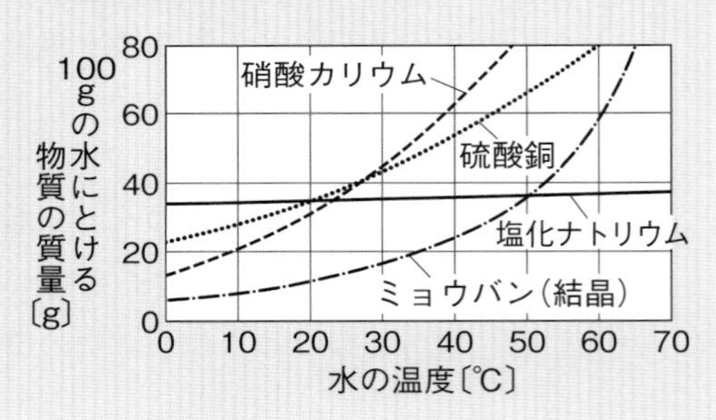

3 再結晶

出題率 7.3%

|1| **結晶** … 純粋な物質で，いくつかの平面で囲まれた規則正しい形をした固体。

|2| **再結晶** … 固体の物質をいったん水にとかし，再び結晶としてとり出すこと。

- **とけた物質をとり出す方法**
  - **①水溶液の温度を下げる方法**
    温度による溶解度の差が大きい物質をとり出すときに使える。
    例 硝酸カリウム
  - **②水溶液から水を蒸発させる方法**
    温度による溶解度の差が小さい物質をとり出すときでも使える。
    例 塩化ナトリウム

水溶液の温度を下げて出てくる結晶の量

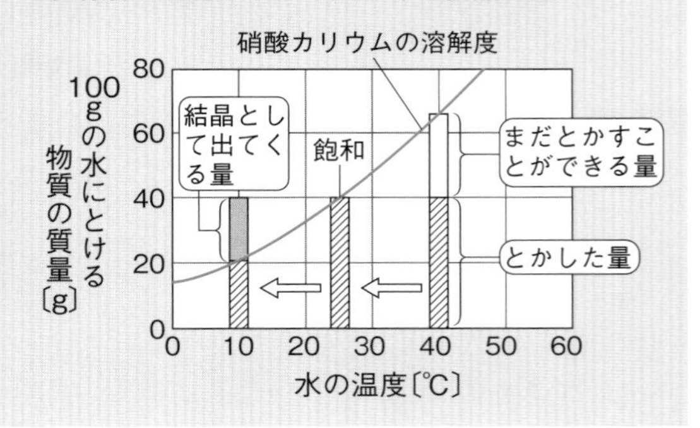

実力アップ問題

解答・解説｜別冊p.15

正答率

1

差がつく

↪1

質量パーセント濃度が2.5％の水酸化バリウム水溶液が40gあるとき，溶質と溶媒の質量は，それぞれ何gか。計算して答えなさい。〔静岡県〕

37%

溶質〔　　　　g〕 **溶媒**〔　　　　g〕

2

↪1,2

ビーカーA，Bに水を50.0gずつ入れて，Aには砂糖，Bには塩化カリウムを，それぞれ10.0gずつ加えた。ビーカーA，Bのそれぞれの液を十分にかき混ぜたところ，どちらのビーカーにおいても，物質はすべて水にとけた。次の問いに答えなさい。〔宮城県〕

(1) ビーカーA，Bの溶液における，砂糖や塩化カリウムのように，水にとけている物質を溶質というのに対して，水のように，物質をとかしている液体を何というか，答えなさい。〔　　　　〕

66%

超重要 (2) ビーカーAにおいて，水に砂糖がすべてとけているときのようすを，砂糖の分子のモデルを用いて表したものとして，最も適切なものを，次のア～エから1つ選び，記号で答えなさい。ただし，砂糖の分子を「○」で表している。〔　　〕

93%

ア　イ 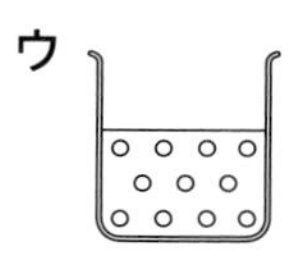 ウ 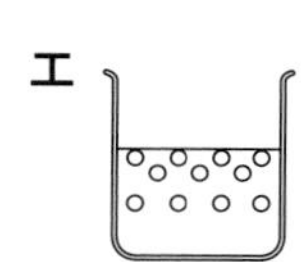 エ

難 (3) 60℃での塩化カリウムの溶解度は45.8gである。60℃にしたビーカーBの水溶液に，塩化カリウムをさらに加えて飽和水溶液にするためには，少なくとも何g加えることが必要か，求めなさい。ただし，水の蒸発は考えないものとする。〔　　　　g〕

12%

3

↪1,2

右の表は，100gの水にとける物質の最大の質量と水の温度の関係を表したものである。次の問いに答えなさい。〔茨城県〕

水の温度〔℃〕	40	60	80
ミョウバン〔g〕	23.8	57.4	322.0
塩化ナトリウム〔g〕	36.3	37.1	38.0

(1) 40℃の水200gにミョウバン60gを入れて，ガラス棒でよくかき混ぜながら，飽和水溶液をつくった。とけきれないミョウバンの質量は何gか，求めなさい。〔　　　　g〕

超重要 (2) 80℃の塩化ナトリウムの飽和水溶液の濃度（質量パーセント濃度）は何％か，小数第二位を四捨五入して求めなさい。〔　　　　％〕

化学分野

正答率

4

↪ 1,2,3

水の温度と水にとける物質の質量について調べるために，２種類の物質**X**，**Y**を用いて次の実験を行った。図は物質**X**，**Y**の溶解度(ようかいど)を示したものである。ただし，溶解度は100gの水にとける物質の質量を表す。あとの問いに答えなさい。 [山梨県]

〔実験１〕 ビーカーに40℃の水100gをとり，物質**X**を25g入れてよくかき混ぜるとすべて溶けた。同様に，別のビーカーに40℃の水100gをとり，物質**Y**を25g入れてよくかき混ぜるとすべてとけた。

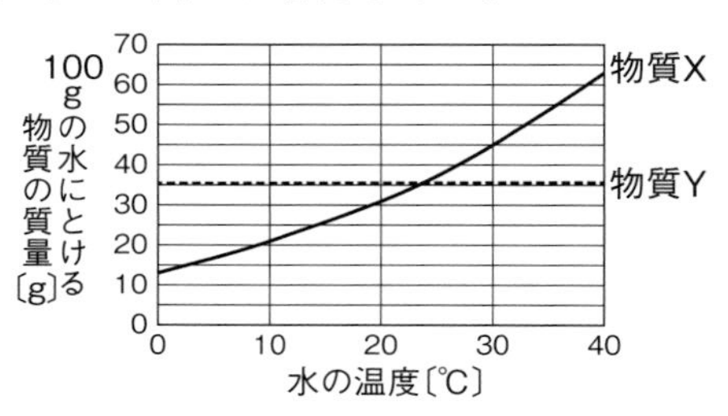

〔実験２〕 実験１でできた水溶液(すいようえき)をそれぞれ10℃まで冷やした。物質**X**がとけている水溶液からは固体が出てきたので，ろ過して固体とろ液（ろ過した液）に分けた。物質**Y**がとけている水溶液からは固体は出てこなかった。

〔実験３〕 実験２でできたろ液と物質**Y**がとけている水溶液を，それぞれ蒸発皿に少量とり放置したところ，どちらの水溶液からも固体が出てきた。

超重要 (1) 実験１で，物質**X**と物質**Y**がとけているそれぞれの水溶液の質量パーセント濃度(のうど)はどちらも同じである。これらの水溶液の質量パーセント濃度は何%か，求めなさい。 〔　　　%〕 60%

(2) 実験２で，物質**X**がとけている水溶液から出てきた固体の質量は，およそ何gになると考えられるか。図をもとにして，次の**ア**～**オ**から最も適当なものを１つ選び，記号で答えなさい。 〔　　　〕 45%

ア 3g　**イ** 10g　**ウ** 13g　**エ** 22g　**オ** 25g

差がつく (3) 実験２で，物質**Y**がとけている水溶液からは固体が出てこなかった。次の文は，その理由を述べたものである。[　　　]に入る適当な言葉を書きなさい。 54%

〔　　　〕

理由：物質**Y**は，水溶液の温度が[　　　]から。

(4) 実験２で，物質**X**がとけている水溶液をろ過して，固体とろ液に分けることができた。その理由として，最も適当なものを次の**ア**～**エ**から１つ選び，記号で答えなさい。 〔　　　〕 81%

ア 出てきた固体はろ紙の穴より小さく，ろ液中の物質はろ紙の穴より大きいから。

イ 出てきた固体はろ紙の穴より大きく，ろ液中の物質はろ紙の穴より小さいから。

ウ 出てきた固体，ろ液中の物質ともにろ紙の穴より小さいから。

エ 出てきた固体，ろ液中の物質ともにろ紙の穴より大きいから。

正答率
①86%
②85%

(5) 次の[　　]は，実験３で水溶液から出てきた固体について述べた文章である。(　①　)にはあてはまる語句を書きなさい。②にはあてはまるものを**ア**，**イ**から１つ選び，記号で答えなさい。　①[　　　　　　]　②[　　　　]

> 水溶液から出てきた固体は，規則正しい形をしていた。こうした規則正しい形の固体を(　①　)という。固体の物質を水に溶かし，(　①　)として再び出てきた固体の物質は，②{**ア**　不純物をふくむ物質　**イ**　純粋(じゅんすい)な物質}である。

化学分野

5

↪1,2,3

物質の溶解度を調べるために実験を行った。あとの問いに答えなさい。　[大分県]

[1] 水50gを入れた３つのビーカーを用意し，ミョウバン，硫酸銅(りゅうさんどう)，硝酸(しょうさん)カリウムをそれぞれ40g入れ，ガラス棒でよくかき混ぜながら加熱して，50℃，60℃，70℃の温度において物質が水に完全にとけるかどうか調べた。表1は，その結果をまとめたものである。表中の○は，物質がすべてとけたことを示し，×は，物質の一部がとけ残ったことを示す。

[2] [1]で70℃まで加熱したミョウバン，硫酸銅，硝酸カリウムのそれぞれの水溶液について，温度を測定しながら10℃まで冷却(れいきゃく)した。図の**A**，**B**，**C**のグラフは，それぞれミョウバン，硫酸銅，硝酸カリウムについて，100gの水にとける物質の質量と水の温度との関係を示した溶解度曲線のいずれかである。表2は，10℃における**A**，**B**，**C**それぞれの溶解度を示している。

表1

	50℃	60℃	70℃
ミョウバン	×	×	○
硫酸銅	×	○	○
硝酸カリウム	○	○	○

表2

	100gの水にとける質量〔g〕
A	22.0
B	29.3
C	7.6

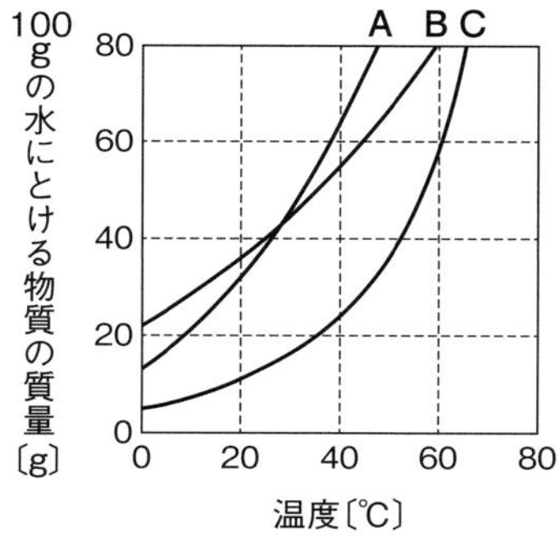

(1) 図の**A**～**C**の中で，ミョウバンの溶解度曲線を示すものはどれか。最も適当なものを，**A**～**C**から１つ選び，記号で答えなさい。　[　　　]

差がつく (2) [2]で，70℃での３種類の水溶液を10℃まで冷やすと，それぞれ結晶(けっしょう)が現れた。現れた結晶の質量の大きい順に，物質名を書きなさい。

[　　　　　　→　　　　　　→　　　　　　]

(3) [2]で，10℃まで冷やして結晶が現れたときの硝酸カリウム水溶液の質量パーセント濃度は何％か。四捨五入して小数第一位まで求めなさい。

[　　　　　％]

» 化学分野

いろいろな気体とその性質

出題率 40.6%

入試メモ　何種類かの気体を区別する問題がよく出る。酸素と二酸化炭素は，性質だけでなく発生方法もよく問われるので，しっかり覚えよう。

1 気体の発生法

出題率 22.9%

|1| **酸素** … 二酸化マンガンにうすい過酸化水素水（オキシドール）を加える。

|2| **二酸化炭素** … 石灰石や貝がらにうすい塩酸を加える。

|3| **水素** … 亜鉛や鉄などの金属にうすい塩酸を加える。

|4| **アンモニア** … 塩化アンモニウムと水酸化カルシウムの混合物を加熱する。

2 気体の集め方

出題率 13.5%

|1| **水上置換法** … 水にとけにくい気体を集める方法。

例 酸素，水素，二酸化炭素

|2| **上方置換法** … 水にとけやすく，空気より密度が小さい気体を集める方法。

例 アンモニア

|3| **下方置換法** … 水にとけやすく，空気より密度が大きい気体を集める方法。

例 二酸化炭素

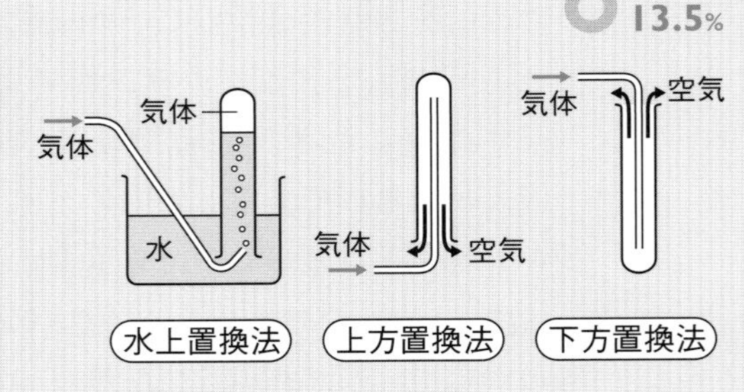

注意 どの集め方でも，はじめのうちは装置の中にあった空気が出てくるので，しばらく気体を出してから集める。

3 気体の性質

出題率 30.2%

|1| **酸素** … 無色・無臭。空気より密度が大きく，水にとけにくい。ものを燃やすはたらきがある。

|2| **二酸化炭素** … 無色・無臭。空気より密度が大きい。水に少しとけて，**水溶液は酸性**を示す。石灰水を白くにごらせる。

|3| **水素** … 無色・無臭。物質の中で密度がいちばん小さい。空気中で火をつけると音を立てて燃え，水ができる。

|4| **アンモニア** … 無色で特有の刺激臭がある。空気より密度が小さい。水に非常にとけやすく，**水溶液はアルカリ性**を示す。

アンモニアの噴水実験

スポイトの水を入れる。
↓
アンモニアが水にとける。
↓
フラスコ内の圧力が下がる。
↓
赤色の噴水ができる。

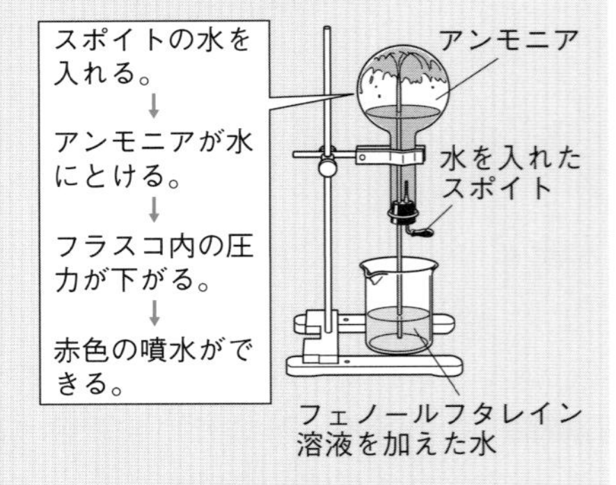

|5| **窒素** … 空気より密度が小さく，水にとけにくい。空気中に体積で約78％ふくまれる。

|6| **塩素** … 空気より密度が大きく，水にとけやすい。**殺菌作用**や**漂白作用**がある。

実力アップ問題

解答・解説 | 別冊p.16

正答率

1 ↪1,2

右の図のように，試験管Aで二酸化炭素を発生させ，試験管Bに水上置換法で集めた。次の問いに答えなさい。 [秋田県]

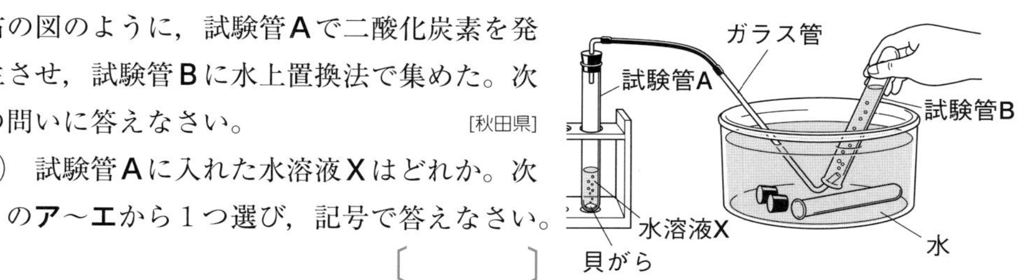

超重要 (1) 試験管Aに入れた水溶液Xはどれか。次のア～エから1つ選び，記号で答えなさい。 〔　　　〕 79%

ア 砂糖水
イ うすい塩酸
ウ うすい水酸化ナトリウム水溶液
エ オキシドール（うすい過酸化水素水）

(2) 図で，ガラス管からはじめに出てくる気体は集めずに，しばらくしてから出てくる気体を集めた。その理由を，「はじめに出てくる気体には」に続けて書きなさい。 73%

〔はじめに出てくる気体には　　　　〕

超重要 (3) 試験管Bに集めた気体が二酸化炭素であることを，次のように確かめた。Yにあてはまる液体の名称（めいしょう）を書きなさい。 〔　　　〕 95%

試験管Bに（　Y　）を加えてふると，（　Y　）が白くにごった。

2 ↪2,3

気体を発生させる実験について，次の問いに答えなさい。 [兵庫県] 60%

(1) 下方置換法で集める気体の性質として適切なものを，次のア～エから1つ選び，記号で答えなさい。 〔　　　〕

ア 空気より密度が小さく，水にとけにくい。
イ 空気より密度が小さく，水にとけやすい。
ウ 空気より密度が大きく，水にとけにくい。
エ 空気より密度が大きく，水にとけやすい。

差がつく (2) 発生させたアンモニアを集めるとき，アンモニアがたまったことを確認するために使うものとして適切なものを，次のア～エから1つ選び，記号で答えなさい。 〔　　　〕

ア 赤色リトマス紙
イ 青色リトマス紙
ウ マグネシウムリボン
エ 塩化コバルト紙

化学分野

正答率

3

↪1,3

気体A～Eの性質を調べるために，次の実験1～3を行った。あとの問いに答えなさい。ただし，A～Eは，水素，窒素，酸素，二酸化炭素，アンモニアのいずれかであるものとする。 [青森県]

> 実験1．A～Eを別々に1種類ずつとった注射器に，それぞれ少量の水を入れ，密閉してよくふったところ，A，Bを取った注射器のピストンが移動して，<u>A，Bの体積が減少した</u>ことがわかった。
>
> 実験2．A～Eを別々に1種類ずつとった試験管に，それぞれ水で湿らせた青色リトマス紙を入れたところ，Aに入れたものだけが赤色に変化した。
>
> 実験3．C～Eを別々に1種類ずつとった試験管を用意し，C，Dの中にそれぞれ火のついた線香を入れたところ，Cでは炎を上げたが，Dでは火が消えた。Eに［　　　］。このことから，Eが水素であることがわかった。

差がつく (1) 実験1について，下線部の理由を書きなさい。 57%

〔　　　　　　　　　　　　　　　　〕

(2) 実験1，2の結果から，Aの名称を書きなさい。〔　　　　　〕 36%

(3) 実験3について，次の①，②に答えなさい。

① Cのつくり方として最も適切なものを，次のア～エから1つ選び，記号で答えなさい。〔　　　〕 ①61%

ア 細かく切ったジャガイモをオキシドールに入れる。

イ スチールウールを塩酸に入れる。

ウ ベーキングパウダーを酢に入れる。

エ 硫化鉄を塩酸に入れる。

思考力 ② 実験3の［　　　］にあてはまる，Eが水素であることを明らかにするための方法とその結果を書きなさい。 ②76%

〔　　　　　　　　　　　　　　　　〕

4

↪2,3

アンモニアの性質を調べるために，次の実験を行った。あとの問いに答えなさい。 [群馬県]

［実験］アンモニアが入ったフラスコを用い，図のような装置をつくった。次に，水の入ったスポイトを用いてフラスコの中に少量の水を入れると，水槽内のフェノールフタレイン溶液を加えた水がガラス管を上り，フラスコ内で噴水が観察された。

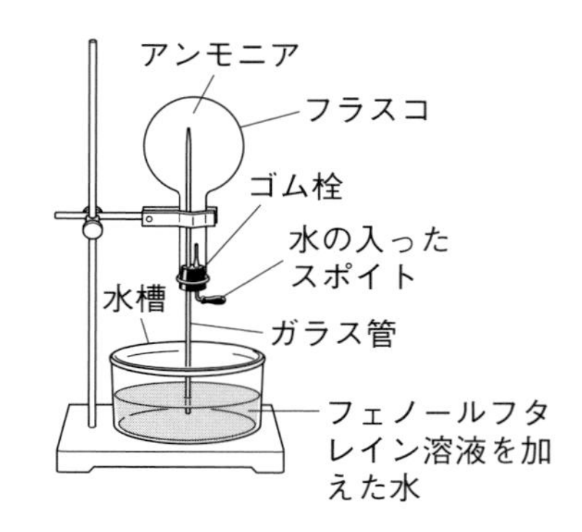

正答率

超重要 (1) アンモニアを発生させるときの集め方として適切なものを，次のア～ウから1つ選び，記号で答えなさい。 〔　　　〕

ア 上方置換法（ちかんほう）　**イ** 下方置換法　**ウ** 水上置換法

(2) アンモニアのにおいを確かめるとき，どのような方法が適切か，書きなさい。

〔　　　〕

(3) 実験において，

① 水槽内のフェノールフタレイン溶液を加えた水が，フラスコ内に噴（ふ）き出したときの色は何色になるか，書きなさい。また，このことから，フラスコ内の水（すい）溶液（ようえき）の性質として考えられるものを，次のア～ウから1つ選び，記号で答えなさい。 **色**〔　　　〕 **記号**〔　　　〕

ア 酸性　**イ** 中性　**ウ** アルカリ性

差がつく ② フラスコ内に噴水ができた理由を書きなさい。

〔　　　〕

5

↪ 1,2,3

酸素，二酸化炭素，アンモニア，水素の性質を調べ，その結果を右の表にまとめた。気体**A**～**C**は，二酸化炭素，アンモニア，水素のいずれかである。次の問いに答えなさい。 [愛媛県]

気体	におい	同じ体積の空気と比べた重さ	水へのとけやすさ
酸素	なし	少し重い	とけにくい
A	なし	非常に軽い	とけにくい
B	なし	重い	少しとける
C	あり	軽い	非常にとけやすい

超重要 (1) 次の**ア**～**エ**のうち，酸素を発生させるために必要な薬品の組み合わせとして，適当なものを1つ選び，記号で答えなさい。 〔　　　〕　81%

ア 塩化アンモニウムと水酸化カルシウム

イ 亜鉛（あえん）とうすい塩酸

ウ 石灰石とうすい塩酸

エ 二酸化マンガンとうすい過酸化水素水

(2) 気体**A**は，一般（いっぱん）に□置換法で集める。□にあてはまる最も適当な言葉を書きなさい。 〔　　　〕　74%

差がつく (3) 気体**C**は何か。その気体の化学式を書きなさい。また，次の**ア**～**エ**のうち，気体**C**の性質として，最も適当なものを1つ選び，記号で答えなさい。　38%

化学式〔　　　〕 **記号**〔　　　〕

ア 塩化コバルト紙を青色から赤色に変える。

イ 火のついた線香を激しく燃やす。

ウ 水で湿らせた赤色リトマス紙を青色に変える。

エ 殺菌（さっきん），漂白（ひょうはく）作用がある。

» 化学分野

さまざまな化学変化

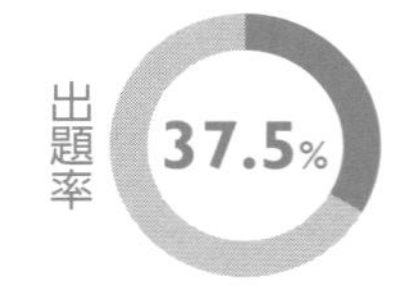

入試メモ　酸化銅の還元の実験がよく出題される。実験操作も確認しておこう。また，酸化，還元の化学反応式がよく問われるので，くり返し書いて覚えよう。

1　硫黄と結びつく化学変化

出題率 11.5%

|1| 硫黄と結びつく化学変化

- **鉄と硫黄の反応** … 鉄＋硫黄⟶硫化鉄 ($Fe + S \longrightarrow FeS$)

	鉄と硫黄の混合物	硫化鉄
磁石を近づける	磁石につく。	磁石につかない。
塩酸を加える	水素（無臭）が発生。	硫化水素（腐卵臭）が発生。

- **銅と硫黄の反応** … 銅＋硫黄⟶硫化銅 ($Cu + S \longrightarrow CuS$)

2　酸化と還元

出題率 22.9%

|1| 酸化 … 物質が酸素と結びつくこと。酸化によってできた物質を**酸化物**という。

- 銅＋酸素⟶酸化銅 ($2Cu + O_2 \longrightarrow 2CuO$)
- マグネシウム＋酸素⟶酸化マグネシウム ($2Mg + O_2 \longrightarrow 2MgO$)
- 炭素＋酸素⟶二酸化炭素 ($C + O_2 \longrightarrow CO_2$)
- 水素＋酸素⟶水 ($2H_2 + O_2 \longrightarrow 2H_2O$)

|2| 燃焼 … 物質が熱や光を出しながら激しく酸化されること。

|3| 還元 … 酸化物が酸素をうばわれる化学変化。

- **酸化銅の炭素による還元**

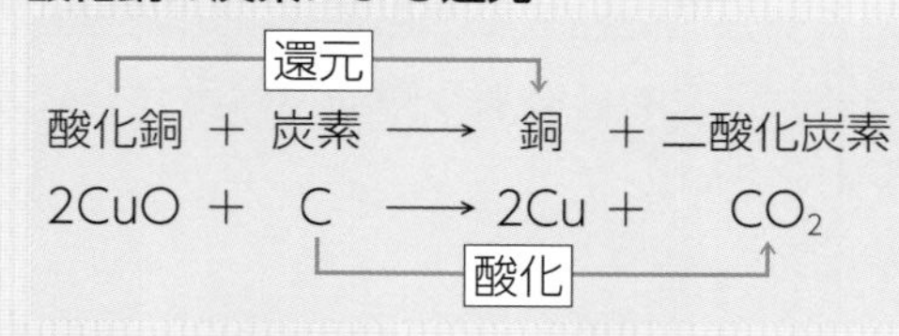

- **酸化銅の水素による還元**

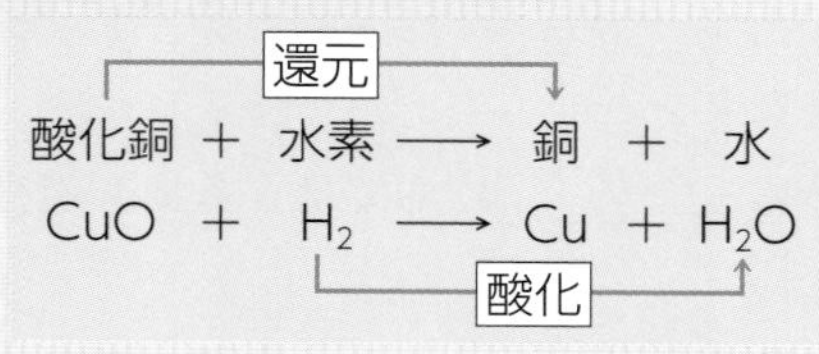

酸化銅の炭素による還元

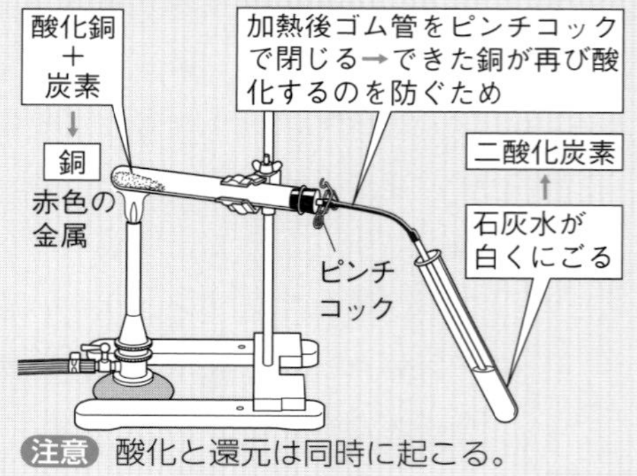

注意　酸化と還元は同時に起こる。

3　化学変化と熱

出題率 14.6%

|1| 発熱反応 … 化学変化が起こるときに**熱を発生する**ため，温度が上がる反応。

　例　化学かいろ（鉄の酸化），鉄と硫黄の反応

|2| 吸熱反応 … 化学変化が起こるときに**熱を吸収する**ため，温度が下がる反応。

　例　水酸化バリウムと塩化アンモニウムの反応（アンモニアの発生）

解答・解説｜別冊p.16

正答率

1 鉄と硫黄の反応について，次の実験Ⅰ，Ⅱ，Ⅲを順に行った。［栃木県］

↪ I

Ⅰ　2本の試験管**A**，**B**に，それぞれ鉄の粉末4.2gと硫黄の粉末3.0gをよく混合した粉末を入れた。試験管**B**を，右の図のように脱脂綿（だっしめん）でゆるく栓（せん）をして加熱すると，混合した粉末の一部が赤くなった。反応が始まったところで加熱をやめても反応は進み，試験管の中に黒い物質が残った。その後，十分に冷ましたところ，試験管**B**の内壁には黄色の物質がついていることが確認できた。

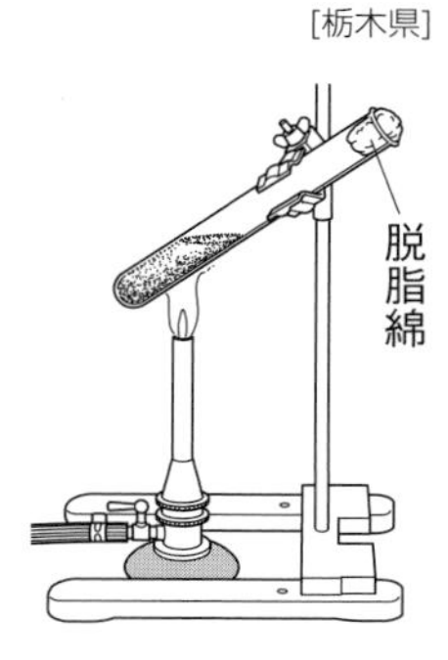

Ⅱ　試験管**A**の粉末と試験管**B**の黒い物質に，それぞれ試験管の外側から磁石を近づけたところ，磁石が引きつけられるようすにちがいが見られた。

Ⅲ　試験管**A**の粉末と試験管**B**の黒い物質を，それぞれ別の試験管に少量とり，それぞれにうすい塩酸を加えたところ，ともに気体が発生した。試験管**B**の黒い物質から発生した気体は特有のにおいがした。

このことについて，次の問いに答えなさい。

超重要 (1)　次の□内の文章は，実験について述べたものである。①，②，③にあてはまる語句の正しい組み合わせを，あとの**ア**～**エ**から1つ選び，記号で答えなさい。　72%

〔　　　〕

> 実験Ⅱで，磁石が強く引きつけられたのは（　①　）だけであった。また，実験Ⅲで発生した気体は，試験管**A**の方は（　②　），試験管**B**の方は（　③　）であった。これらのことから，実験Ⅰで化学変化が起きたことがわかる。

	①	②	③
ア	試験管A	硫化水素	水素
イ	試験管A	水素	硫化水素
ウ	試験管B	硫化水素	水素
エ	試験管B	水素	硫化水素

(2)　実験Ⅰで起きた化学変化を，化学反応式で書きなさい。　66%

〔　　　　　　　　　〕

差がつく (3)　実験Ⅰの後，試験管**B**で反応せずに残った硫黄は何gか。ただし，鉄と硫黄は7：4の質量の比で反応し，鉄はすべて反応したものとする。　47%

〔　　　　　g〕

化学分野

正答率

2

↪2

右の図のように，リボン状のマグネシウムをピンセットで挟んで，ガスバーナーで熱すると，マグネシウムは光を出して酸化し，白色の物質が残った。このことについて，次の問いに答えなさい。 [高知県]

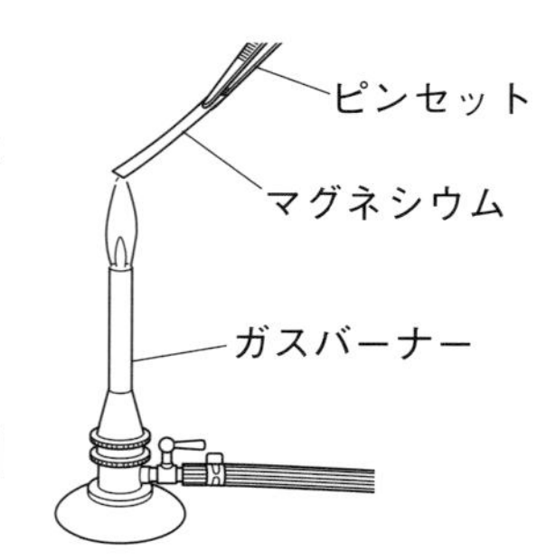

差がつく (1) この実験で，残った白色の物質は何か，化学式で書きなさい。 〔　　　　〕 27%

(2) 物質が激しく光や熱を出しながら酸化することを何というか，書きなさい。 〔　　　　〕 62%

3

↪2

右の図のように，乾いた透明なポリエチレンの袋の中に，乾いた塩化コバルト紙とともに，水素50cm³と酸素25cm³の混合気体を入れ，ピンチコックでゴム管を閉じてから，点火装置を用いて電気の火花で点火した。すると，一瞬，炎が出て激しく反応した後，袋がしぼんで中がくもった。このときの塩化コバルト紙の色の変化から，水ができたことがわかった。次の問いに答えなさい。 [三重県]

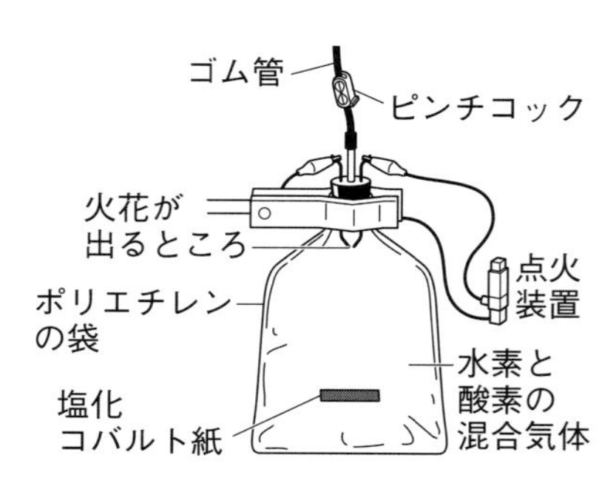

(1) 水ができたことがわかったのは，塩化コバルト紙の色が何色から何色に変化したからか，簡単に書きなさい。

〔　　　　〕

差がつく (2) この実験と同様に水が発生する実験はどれか，次の**ア**～**エ**から適当なものをすべて選び，記号で答えなさい。 〔　　　　〕

ア 酸化銀を加熱する。 **イ** 酸化銅と炭素の混合物を加熱する。

ウ 炭酸水素ナトリウムを加熱する。 **エ** エタノールを燃やす。

4

↪2

次の実験について，あとの問いに答えなさい。 [岐阜県・改]

〔実験〕酸化銅0.50gと炭素粉末0.05gをよく混ぜ合わせて試験管**A**に入れ，図のように加熱したところ，気体が発生し，試験管**B**の中の石灰水は白くにごった。気体の発生が終わった後，ガラス管を試験管**B**からとり出し，ガスバーナーの火を消し，ゴム管をピンチコックでとめて，加熱した試験管**A**を冷ました。試験管**A**の中の酸化銅は赤みがかった粉末となり，銅に変化したことがわかった。

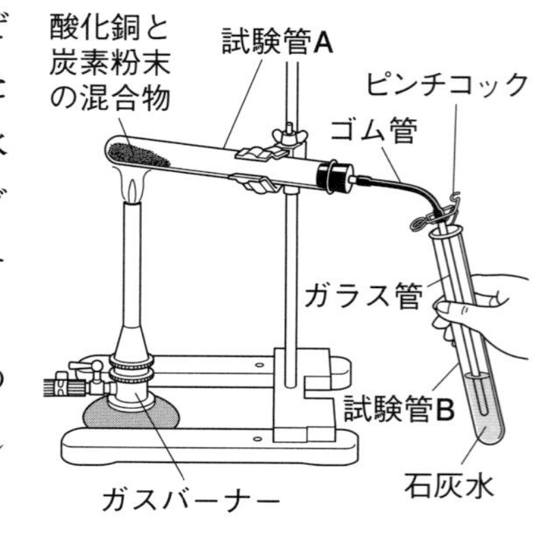

正答率

55%

(1) 次の文中の□にあてはまる文を書きなさい。

〔　　　　　　　　　　〕

> 実験で，ゴム管をピンチコックでとめた理由は，銅が□ことを防ぐためである。

53%

(2) 実験で，酸化銅と炭素粉末を混ぜ合わせて加熱し，銅ができたときの化学変化を，化学反応式で書きなさい。

〔　　　　　　　　　　〕

超重要 (3) 次の文中の(　　)の①，②にあてはまる言葉を書きなさい。

①〔　　　　〕②〔　　　　〕

> 実験から，酸化銅は(　①　)され，同時に炭素は(　②　)されていることがわかる。

5

↪ 2,3

和也さんの班は，物質がもっている化学エネルギーと熱エネルギーの関係について調べた。次の文は，化学変化と熱の出入りについてまとめた内容の一部である。あとの問いに答えなさい。

[和歌山県]

> 熱の出入りがある化学変化を利用したものに，図のような携帯(けいたい)用かいろ（化学かいろ）と簡易冷却(れいきゃく)パックがある。主に鉄粉と活性炭からできている携帯用かいろは，外袋を開けたときに，鉄粉が空気中の①{**ア**　酸素　**イ**　二酸化炭素}と結びつき，おだやかに②{**ア**　還元(かんげん)　**イ**　酸化}されて温度が上がる原理を利用している。また，簡易冷却パックは，化学変化が起こるときに③{**ア**　周囲から熱をうばう　**イ**　周囲に熱を出している}ため，冷たくなる。このように，温度が下がる反応を□反応という。

携帯用かいろと簡易冷却パック

(1) 文中の①〜③について，それぞれ**ア**，**イ**のうち適切なものを1つずつ選び，記号で答えなさい。

①〔　　　〕②〔　　　〕③〔　　　〕

(2) 文中の□にあてはまる適切な語を，書きなさい。〔　　　　〕

化学分野

» 化学分野

物質の状態とその変化

出題率 29.2%

入試メモ ろうや水が状態変化するときの体積と密度の変化や，粒子(りゅうし)のようすがよく問われる。水とエタノールの混合物の加熱の実験もねらわれやすい。

1 状態変化

出題率 13.5%

|1| **状態変化** … 温度によって物質の状態が固体⇄液体⇄気体と変化すること。

|2| **状態変化と体積・質量**

- **体積** … 固体→液体→気体と変化するにつれて，体積が大きくなる。(←粒子の運動が激しくなるから。)

  注意 水は例外で，固体のほうが液体よりも体積が大きくなる。

- **質量** … 状態が変化しても，質量は変化しない。(←粒子の数は変わらないから。)

状態変化と粒子のモデル

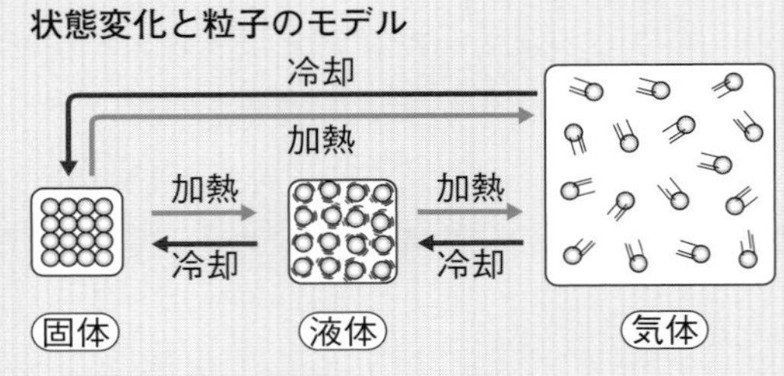

2 沸点(ふってん)と融点(ゆうてん)

出題率 8.3%

|1| **融点** … 固体がとけて液体に変化するときの温度。

|2| **沸点** … 液体が沸とうして気体に変化するときの温度。

|3| **純粋(じゅんすい)な物質** … 1種類の物質からできているもの。融点・沸点は一定になる。

|4| **混合物** … いくつかの物質が混ざり合ってできているもの。融点・沸点が一定にならない。

水を加熱したときの温度変化

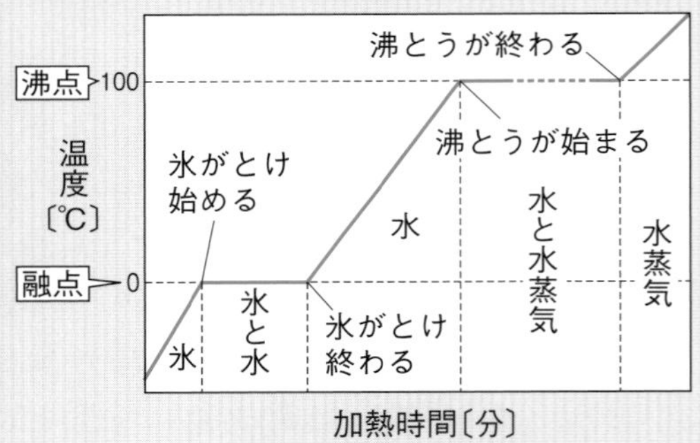

3 蒸留

出題率 18.8%

|1| **蒸留** … 液体を加熱して沸とうさせ，出てきた気体を冷やして，再び液体としてとり出すこと。(←物質による沸点のちがいを利用して物質を分けることができる。)

|2| **水とエタノールの混合物の加熱** … 水とエタノールの混合物を加熱すると，沸点が低いエタノールを多くふくんだ気体が先に出てくる。

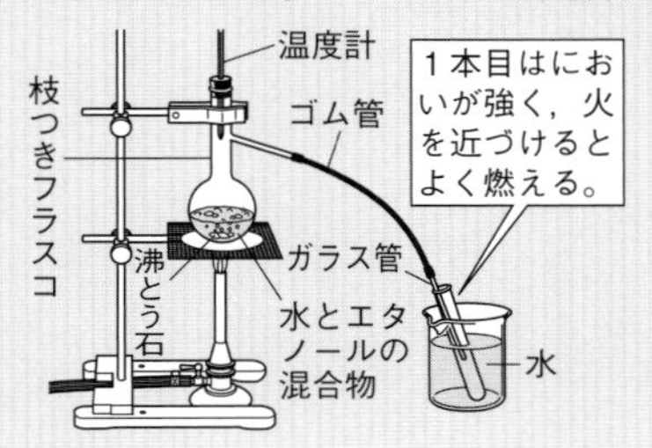

水とエタノールの混合物の温度変化

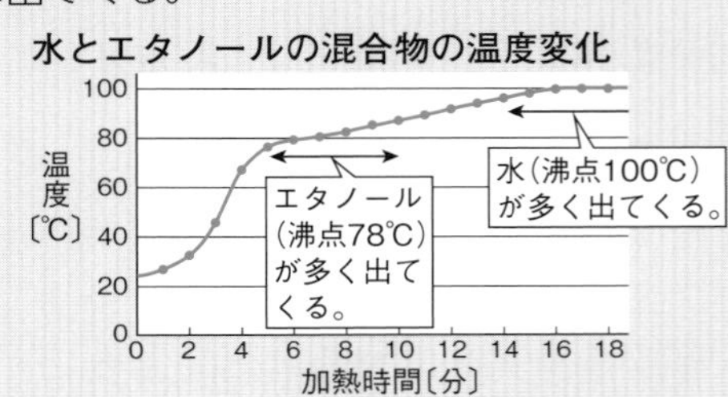

実力アップ問題

正答率

1

超重要 ↪1

コップに水を入れ，冷蔵庫で氷にした。このときの変化として適切なものを，次の**ア**～**エ**から1つ選び，記号で答えなさい。［兵庫県］　〔　　　〕　67%

ア　体積が増加し，密度が大きくなった。
イ　質量が増加し，密度が大きくなった。
ウ　質量と体積が，ともに減少した。
エ　体積が増加し，密度が小さくなった。

2

↪2

物質は，温度によって状態が変化する。右の図は，水の温度変化と状態変化の関係を確認するために行った実験において，氷をゆっくりと加熱したときの，加熱した時間と温度との関係を模式的に表したものである。次の問いに答えなさい。［長崎県］

(1)　図の t で示した温度を何というか。〔　　　〕　69%

(2)　図のグラフにおいて，氷から水への状態変化が起こる温度にあるのは，A点～D点のどれか。〔　　　点〕　57%

3

↪3

水とエタノールの混合液を加熱し，物質を分けてとり出す実験を行った。次の□内は，その実験の手順である。あとの問いに答えなさい。［福岡県］

【手順】
1　水20mLとエタノール5mLの混合液と，沸とう石を枝つきフラスコに入れる。
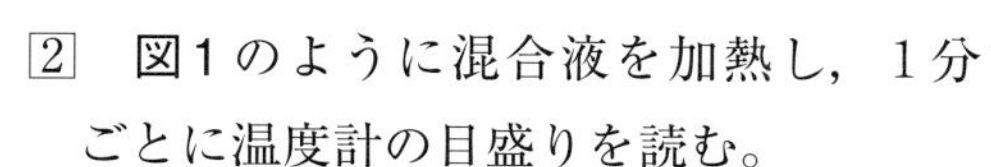
2　図1のように混合液を加熱し，1分ごとに温度計の目盛りを読む。
3　ガラス管から出てくる物質を，試験管A，B，Cの順に約3mLずつ集める。

図1
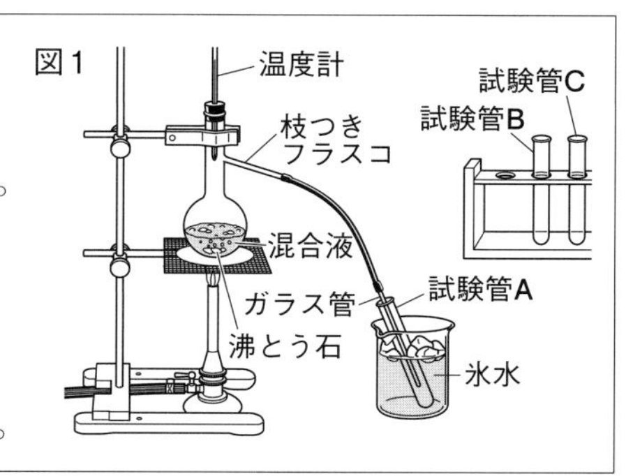

超重要 (1)　図1の氷水は，ガラス管から出てくる物質を試験管A～Cに集めるために，どのようなはたらきをしているか。「気体」という語句を用いて，簡潔に書きなさい。　71%
〔　　　〕

化学分野

正答率

(2) 図2は，実験結果をもとに，加熱時間と温度の関係をグラフに表したものである。

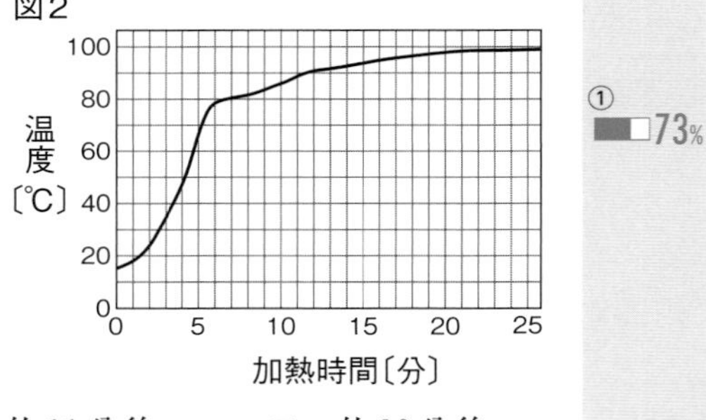

超重要 ① 混合液の沸（ふっ）とうが始まったのは，加熱を始めてから約何分後か。最も適切なものを，次の**ア**～**エ**から1つ選び，記号で答えなさい。ただし，エタノールと水の沸点（ふってん）はそれぞれ78℃，100℃とする。〔　　　〕

①73%

ア 約3分後　**イ** 約6分後　**ウ** 約11分後　**エ** 約20分後

差がつく ② エタノールを最も多くふくんでいるのは，試験管**A**～**C**のどれか。1つ選び，記号で答えなさい。また，その試験管に，エタノールがふくまれていることを確認する実験の方法を，1つ簡潔に書きなさい。

②59%

記号〔　　　〕

方法〔　　　〕

4

↪1,2

液体のロウの中に固体のロウを入れると，どうなるかを調べるために，次の[1]，[2]の手順で実験を行った。あとの問いに答えなさい。ただし，実験に用いるロウは，すべて同じ成分であるものとする。 [三重県]

[1] 図1のように，固体のロウをビーカーに入れ，弱火でとかして液体にした。

[2] 図2のように，液体のロウの中に固体のロウを入れた。

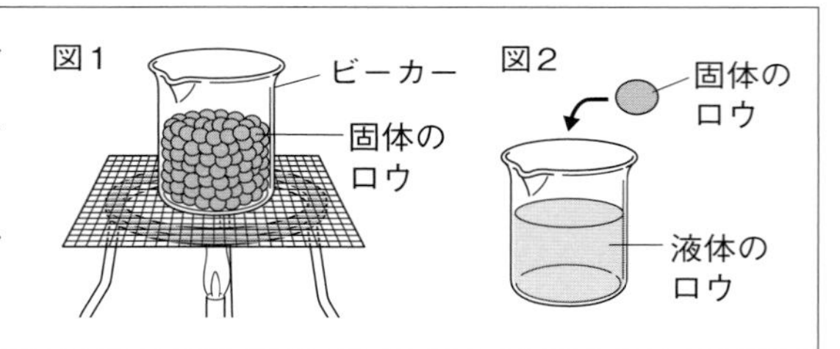

(1) 固体がとけて液体に変化するときの温度を何というか。〔　　　〕

(2) [1]について，ロウはふつうの顕微鏡（けんびきょう）では見えないくらいの小さな粒子（りゅうし）からできており，温度によって，粒子の運動のようすや粒子と粒子の間隔（かんかく）が変化する。固体のロウが液体のロウに変化すると，粒子の運動のようすと粒子と粒子の間隔は，どのようになると考えられるか，最も適当なものを次の**ア**～**エ**から1つ選び，記号で答えなさい。〔　　　〕

ア 粒子の運動のようすはおだやかになり，粒子と粒子の間隔は広くなる。

イ 粒子の運動のようすはおだやかになり，粒子と粒子の間隔はせまくなる。

ウ 粒子の運動のようすは激しくなり，粒子と粒子の間隔は広くなる。

エ 粒子の運動のようすは激しくなり，粒子と粒子の間隔はせまくなる。

差がつく (3) [2]について，液体のロウの中に固体のロウを入れると，固体のロウは沈（しず）んだ。固体のロウが沈んだ理由を「密度」という言葉を使って，簡単に書きなさい。

〔　　　〕

生物分野

出るとこチェック　生物分野

次の問題を解いて，重要用語を覚えているか確認しよう。

1 植物のつくりとはたらき →p.84

- □ 01 胚珠が子房の中にある種子植物。 (　　　)
- □ 02 胚珠がむき出しになっている種子植物。 (　　　)
- □ 03 植物体内で，根から吸収した水や水にとけた養分が運ばれる管。 (　　　)
- □ 04 植物体内で，葉でつくられた栄養分が，水にとけやすい物質になって運ばれる管。 (　　　)
- □ 05 おもに葉の表面にあり，気体の出入り口としてはたらくすきま。 (　　　)
- □ 06 植物が，体内の水を水蒸気として体外に出す現象。 (　　　)
- □ 07 植物が光のエネルギーを利用して，二酸化炭素と水から，デンプンなどの栄養分をつくり出すはたらき。 (　　　)

2 動物の体のつくりとはたらき →p.88

- □ 08 消化液にふくまれ，養分を分解するはたらきがある物質。 (　　　)
- □ 09 小腸の壁のひだの表面にある，たくさんの小さな突起。 (　　　)
- □ 10 肺の中にあるたくさんの小さな袋。 (　　　)
- □ 11 血液の固形成分のうち，酸素を運ぶはたらきがあるもの。 (　　　)
- □ 12 血しょうが血管からしみ出して細胞のまわりを満たしている液。 (　　　)

3 生物のふえ方と遺伝 →p.92

- □ 13 雌雄の生殖細胞の受精による生殖。 (　　　)
- □ 14 生殖細胞をつくるときに行われる，染色体の数が半分になる細胞分裂。 (　　　)
- □ 15 受精を行わず，親の体の一部から新しい個体ができる生殖。 (　　　)

4 植物の分類 →p.96

- □ 16 被子植物のうち，子葉が１枚である植物のなかま。 (　　　)
- □ 17 被子植物のうち，子葉が２枚である植物のなかま。 (　　　)
- □ 18 双子葉類のうち，花弁がくっついている植物のなかま。 (　　　)
- □ 19 双子葉類のうち，花弁が離れている植物のなかま。 (　　　)

5 動物のなかまと生物の進化 →p.100

- □ 20 背骨をもつ動物。 (　　　)
- □ 21 まわりの温度の変化にともなって体温が変化する動物。 (　　　)
- □ 22 まわりの温度が変化しても体温がほぼ一定に保たれる動物。 (　　　)
- □ 23 体が外骨格におおわれ，体とあしに節がある動物。 (　　　)

□24 内臓が外とう膜でおおわれている動物。 (　　　　)
□25 生物が長い年月をかけて代を重ねる間に変化すること。 (　　　　)
□26 現在の形やはたらきは異なるが，もとは同じ器官であったと考えられるもの。 (　　　　)

6 生物どうしのつながり →p.103

□27 生物どうしの食べる・食べられるという関係によるつながり。 (　　　　)
□28 生態系で，無機物から有機物をつくる生物。 (　　　　)
□29 生態系で，ほかの生物を食べて有機物をとり入れる生物。 (　　　　)
□30 生態系で，生物の死がいやふんなどの有機物を無機物に分解する生物。 (　　　　)

7 感覚と運動のしくみ →p.106

□31 筋肉の両端の，別々の骨につく部分。 (　　　　)
□32 感覚器官からの信号を脳やせきずいに伝える神経。 (　　　　)
□33 脳やせきずいからの信号を筋肉へ伝える神経。 (　　　　)
□34 刺激に対して無意識に起こる反応。 (　　　　)

8 生物の観察と器具の使い方 →p.109

□35 接眼レンズの倍率を10倍，対物レンズの倍率を10倍にして観察したときの顕微鏡の倍率。 (　　　　倍)

9 生物と細胞 →p.112

□36 細胞質のいちばん外側にあるうすい膜。 (　　　　)
□37 植物の細胞の中で，光合成を行う，緑色の小さな粒。 (　　　　)
□38 体が１つの細胞からできている生物。 (　　　　)
□39 体が多くの細胞からできている生物。 (　　　　)
□40 多細胞生物の体内で，形やはたらきが同じ細胞が集まったもの。 (　　　　)
□41 多細胞生物の個体をつくる，特定のはたらきをもつ部分。 (　　　　)

出るとこチェックの答え

1 01 被子植物 02 裸子植物 03 道管 04 師管 05 気孔 06 蒸散 07 光合成
2 08 消化酵素 09 柔毛 10 肺胞 11 赤血球 12 組織液
3 13 有性生殖 14 減数分裂 15 無性生殖
4 16 単子葉類 17 双子葉類 18 合弁花類 19 離弁花類
5 20 セキツイ動物 21 変温動物 22 恒温動物 23 節足動物 24 軟体動物 25 進化 26 相同器官
6 27 食物連鎖 28 生産者 29 消費者 30 分解者
7 31 けん 32 感覚神経 33 運動神経 34 反射
8 35 100倍
9 36 細胞膜 37 葉緑体 38 単細胞生物 39 多細胞生物 40 組織 41 器官

» 生物分野

植物のつくりとはたらき

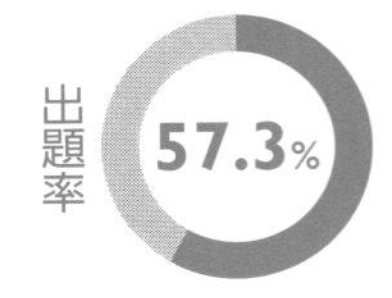

入試メモ 蒸散の実験に関する問題では，植物のどの部分から水蒸気が出ていくかを整理しよう。結果を比べて蒸散による水の減少量を計算する問題もよく出る。

1 花のつくり

出題率 22.9%

|1| **種子植物** … 花をさかせ，種子をつくってなかまをふやす。

- **被子植物** … 胚珠が子房の中にある。
  (例) アブラナ，ツツジ
- **裸子植物** … 胚珠がむき出しになっている。 (例) マツ，イチョウ
- **受粉** … 花粉がめしべの柱頭につくこと（裸子植物では花粉が雌花のりん片にある胚珠につくこと）

被子植物の花のつくり

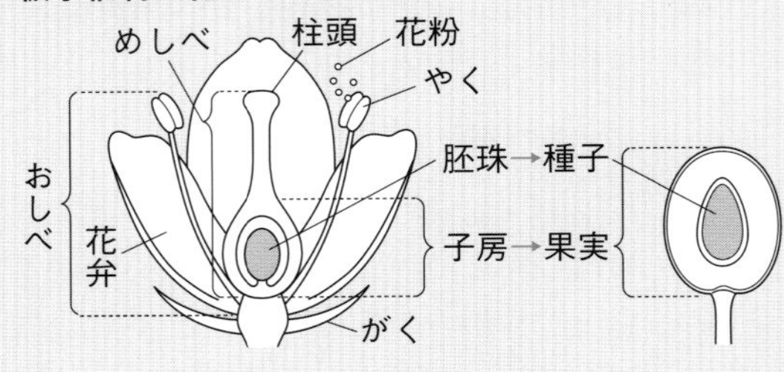

|2| **種子と果実** … 受粉後，胚珠は種子になり，子房は果実になる。

2 茎・葉・根のつくり

出題率 32.3%

|1| **植物体内での物質の移動**

- **道管** … 根から吸収した水や，水にとけた養分（無機養分）が運ばれる管。
- **師管** … 葉でつくられた栄養分（有機養分）が，水にとけやすい物質になって運ばれる管。
- **維管束** … 道管と師管が束になった部分。

茎のつくり　**葉のつくり**

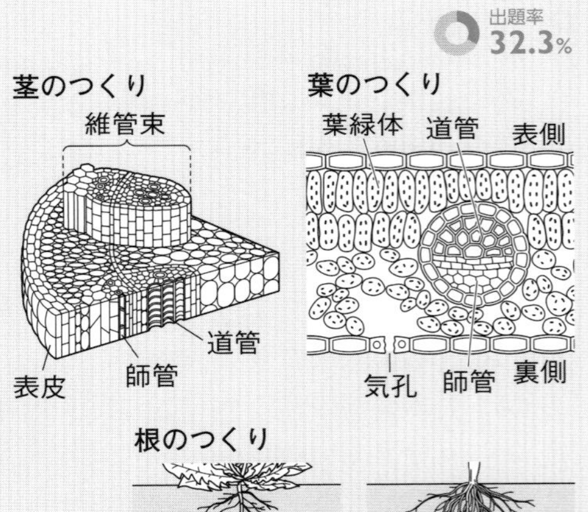

|2| **気孔** … おもに葉の表面にあるすきま。気体の出入り口としてはたらく。

注意 葉の表側よりも裏側にたくさんある。

|3| **蒸散** … 植物が，体内の水を水蒸気として体外に出す現象。主に気孔で起こる。

根のつくり

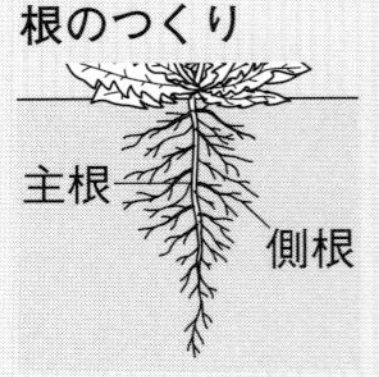

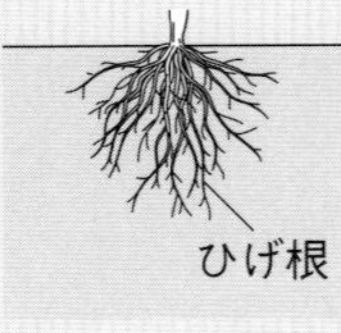

|4| **根毛** … 根の先端近くにある細い毛のような部分。

- 表面積が大きくなるので，水や水にとけた養分を効率よく吸収できる。

3 光合成と呼吸

|1| **光合成** … 植物が光のエネルギーを利用して，二酸化炭素と水から，デンプンなどの栄養分をつくり出すはたらき。同時に酸素もできる。葉緑体で行われる。

|2| **呼吸** … 酸素をとり入れ，二酸化炭素を出すはたらき。

注意 光の有無に関係なく，呼吸は一日中行われる。

実力アップ問題

解答・解説｜別冊p.18

正答率

1

↪1

由美さんは，エンドウの体全体と花のつくりを観察して，右のようなレポートにまとめた。次の問いに答えなさい。［宮崎県］

〔レポート〕(一部)

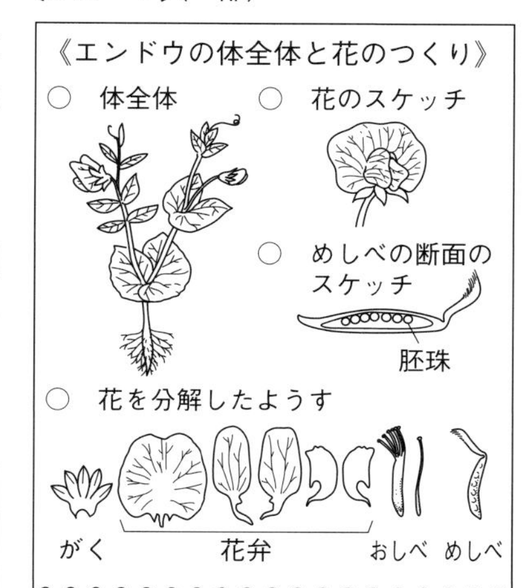

(1) めしべの先の部分は，花粉がつきやすくなっている。この部分を何というか，答えなさい。〔　　　　〕　95%

(2) めしべの断面の観察から，エンドウが被子植物であることがわかる。その理由を簡潔に書きなさい。　76%

〔　　　　〕

2

超重要

↪2

右の図は，ある植物の葉の断面を模式的に表したものである。

表皮

a

b

表皮

気孔

このうち，根から吸収した水が通る管について説明した文として最も適当なものを，次の**ア**～**エ**から1つ選び，記号で答えなさい。［愛知県］〔　　　〕

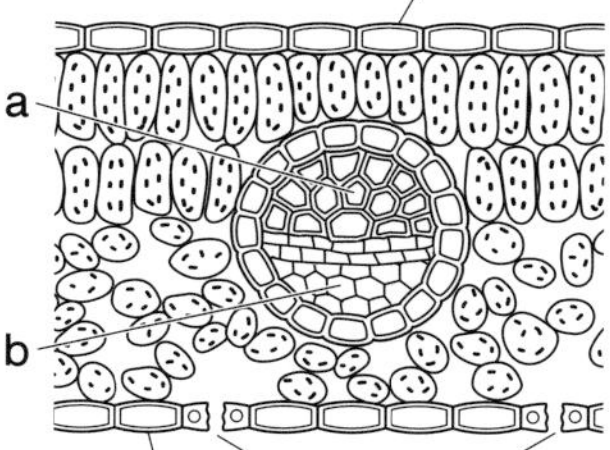

ア　根から吸収した水が通る管は図の**a**であり，師管という。

イ　根から吸収した水が通る管は図の**a**であり，道管という。

ウ　根から吸収した水が通る管は図の**b**であり，師管という。

エ　根から吸収した水が通る管は図の**b**であり，道管という。

3

差がつく

↪3

植物の葉のつき方を調べると，それぞれの植物によって特徴(とくちょう)があるが，図のヒマワリのように，上から見たときにたがいに葉が重なり合わないようについていることがわかった。この理由を簡潔に書きなさい。［和歌山県］

ヒマワリの葉のつき方

〔　　　　〕

正答率

4

↪2

蒸散について調べるために，葉の大きさや枚数，茎（くき）の太さがほぼ同じアジサイの枝を３本用意した。図のＡ～Ｃのように，水を入れた試験管に枝をさし，水面に少量の油を注いだのち，葉にワセリンをぬり，全体の質量を測定した。１時間置いたのち，再び質量を測定し，水の減少量を計算した。表は，その結果をまとめたものである。 ［愛媛県］

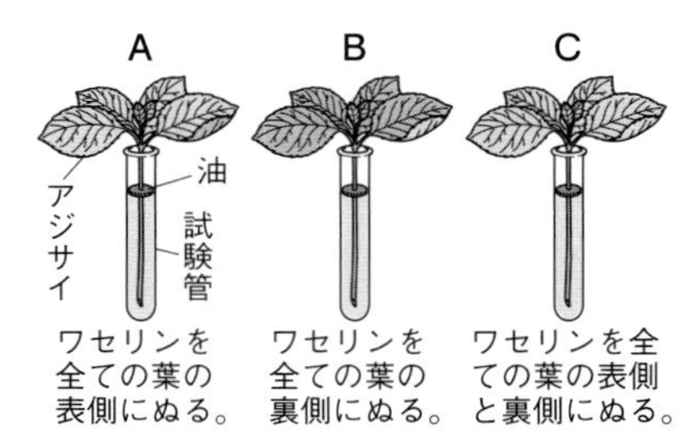

	A	B	C
水の減少量〔g〕	4.7	2.5	1.1

(1) 次の文の①にあてはまる適当な言葉を書きなさい。また，②の{　　}の中から適当なものを１つ選び，記号で答えなさい。 87%

①［　　　　　　］ ②［　　　　］

> 植物の葉を顕微鏡（けんびきょう）で観察すると，三日月形の細胞（さいぼう）に囲まれたすき間が見られ，蒸散は，主に，このすき間で起こる。［①］とよばれるこのすき間は，表の結果から，アジサイでは，葉の②{ア　表側　　イ　裏側}に多いことがわかる。

差がつく (2) 実験とほぼ同じアジサイの枝を１本用意し，ワセリンをぬらないで，この実験と同じ方法で１時間置くと，１時間の水の減少量は何ｇになるか。表の値を用いて計算しなさい。ただし，アジサイの茎からの蒸散による水の減少量は，表のＣの値とする。 38%

［　　　　　　ｇ］

思考力 (3) 下線部の操作を行わずに実験を行うと，水の減少量は，表の結果と比べてどのようになるか。「大きくなる」，「小さくなる」，「変わらない」のいずれかの言葉を書きなさい。また，そのようになる理由を，簡単に書きなさい。 73%

水の減少量［　　　　　　］

理由［　　　　　　］

5

↪3

みずきさんは，くもりの日も植物が光合成をしているのかという疑問をもち，試験管Ａ～Ｅを用いて，次の実験を行った。あとの問いに答えなさい。ただし，図は試験管の中のようすがわかるように模式的に表している。 ［山梨県］

〔実験〕

1 水をビーカーに入れ，その中にBTB溶液（ようえき）を少量入れると青色になった。この溶液に，息をふきこんで緑色にした。

2 ５本の試験管Ａ～Ｅを用意し，ほぼ同じ大きさの水草をＢ，Ｃ，Ｅの試験管にそれぞれ入れた。1で緑色にしたBTB溶液をすべての試験管にそれぞれ入れ，すぐにゴム栓（せん）でふたをした。

正答率

3 図のようにして，Cはくもりの日と同じような条件になるように，ガーゼで試験管の全体をおおった。また，DとEはアルミニウムはくで試験管の全体をおおった。５本の試験管を光が十分に当たる場所に数時間置いた後，試験管の中のBTB溶液の色を調べた。表は，その結果である。

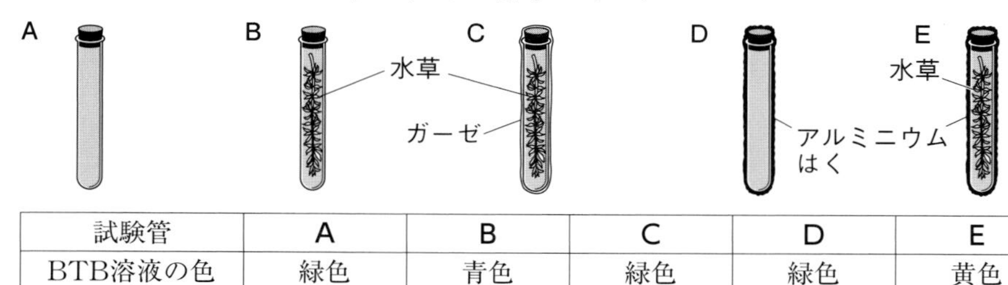

試験管	A	B	C	D	E
BTB溶液の色	緑色	青色	緑色	緑色	黄色

⑴ 次の文は，アルミニウムはくで試験管の全体をおおったものを使うことにより，どのようなことを確かめるかを述べたものである。□に入る適当な言葉を書きなさい。〔　　〕

85%

植物の光合成には，□を確かめる。

超重要 ⑵ 試験管B，C，Eの中で行われていた水草のはたらきとして，最も適当なものを次のア～ウからそれぞれ１つずつ選び，記号で答えなさい。ただし，同じ記号を使ってもよい。　B〔　　〕 C〔　　〕 E〔　　〕

80%

ア 光合成と呼吸　　**イ** 光合成のみ　　**ウ** 呼吸のみ

⑶ みずきさんは，実験結果からわかることを考えた。実験結果で，試験管CのBTB溶液の色が緑色になった理由として，最も適当なものを次の**ア**～**オ**から１つ選び，記号で答えなさい。〔　　〕

54%

ア 水草が二酸化炭素を吸収しただけであったから。

イ 水草が二酸化炭素を排出(はいしゅつ)しただけであったから。

ウ 水草が吸収した二酸化炭素の量が，排出した二酸化炭素の量よりも多かったから。

エ 水草が吸収した二酸化炭素の量が，排出した二酸化炭素の量よりも少なかったから。

オ 水草が吸収した二酸化炭素の量と，排出した二酸化炭素の量はほぼ同じであったから。

超重要 ⑷ 次の文は，光合成について述べた文章である。（　①　）にはあてはまる物質の名称(めいしょう)を，（　②　）にはあてはまる気体の名称を漢字２字で書きなさい。

①〔　　〕 ②〔　　〕

① 65%
② 94%

光合成は細胞の中にある葉緑体で行われ，（　①　）と二酸化炭素を材料としてデンプンなどがつくられている。このとき，（　②　）が発生している。

» 生物分野

動物の体のつくりとはたらき

出題率 46.9%

入試メモ　だ液によるデンプンの消化に関する実験がよく出題される。変化させている条件・変化させていない条件に着目しよう。

1 消化と吸収

出題率 28.1%

|1| **消化** … 食物は，**消化管**を通る間に分解され，小さな物質に変化する。

- **消化酵素**(こうそ) … **消化液**にふくまれ，養分を分解する。

　例 だ液にふくまれるアミラーゼ，胃液にふくまれるペプシン

|2| **養分の吸収** … **小腸**で吸収される。

- 小腸には多数の柔毛(じゅうもう)があり，表面積が大きくなっている。

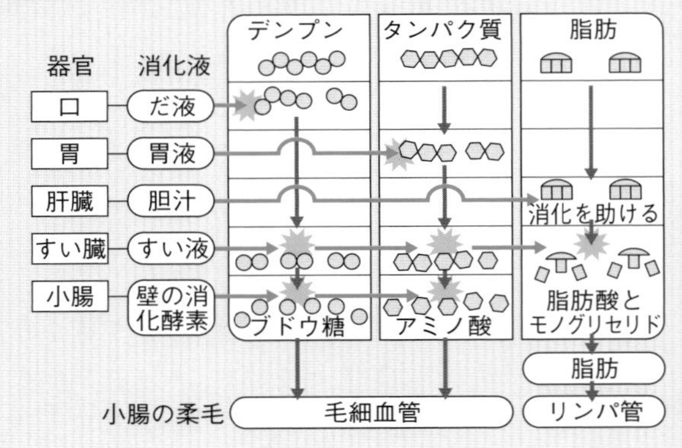

|3| **だ液のはたらきの実験**

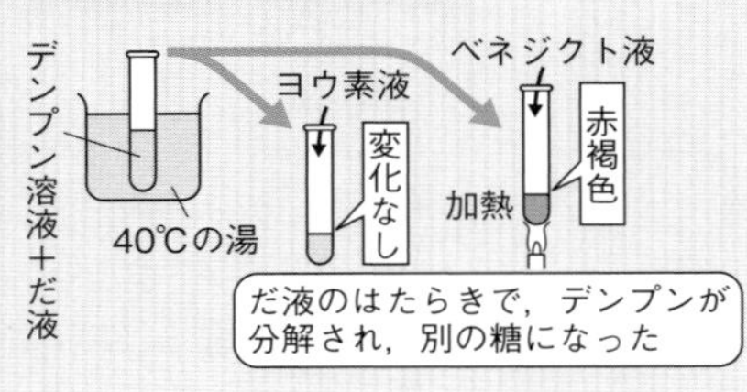

2 呼吸と循環(じゅんかん)

出題率 27.1%

|1| **呼吸** … **肺**で，空気中の酸素と血液中の二酸化炭素が交換(こうかん)される。

- 肺には多数の肺胞(はいほう)があり，表面積が大きくなっている。

|2| **血液の成分**

- **赤血球** … ヘモグロビンという赤い物質をふくみ，酸素を全身に運ぶ。
- **白血球** … ウイルスなどの病原体を分解する。
- **血小板** … 出血したときに血液を固める。
- **血しょう** … 養分や不要な物質を運ぶ。

|3| **組織液** … 血しょうが血管からしみ出したもの。**物質の交換のなかだち**をする。

|4| **細胞(さいぼう)呼吸** … 細胞では，酸素を使って養分を分解し，**エネルギー**をとり出す。

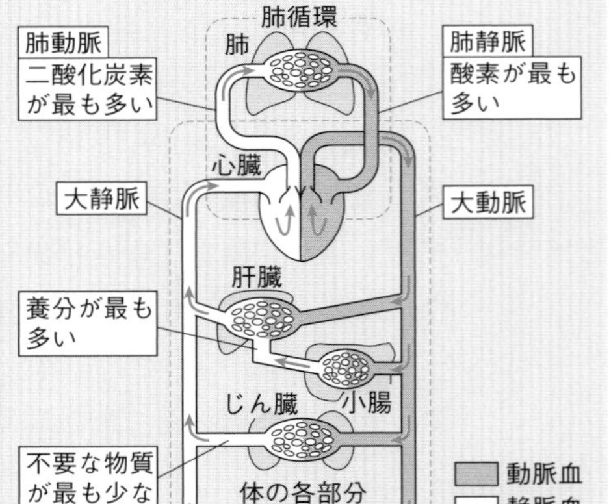

3 排出(はいしゅつ)

出題率 10.4%

|1| **肝臓**(かんぞう) … 有害なアンモニアを，無害な尿素(にょうそ)に変える。

|2| **じん臓** … 血液中の不要な物質や，余分な水分をこしとり，**尿**をつくる。

実力アップ問題

解答・解説｜別冊p.18

正答率

1

↪ I

だ液のはたらきを調べるために，次の実験を行った。あとの問いに答えなさい。

［青森県］

実験.

手順1．試験管A～Dにデンプン溶液を20 cm³ずつ入れ，A，C，Dにだ液を，Bに水をそれぞれ1 cm³加えた。

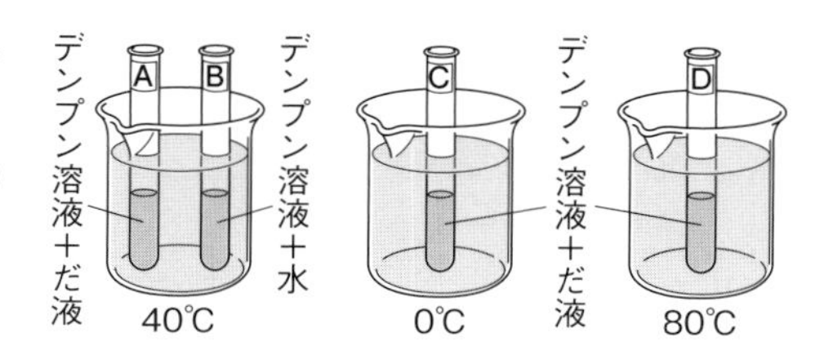

手順2．Aは40℃で，Cは0℃で，Dは80℃で20分間保った。同時に，あることを確かめるために，Bも40℃で20分間保ち，Aと比べることにした。

手順3．A～Dから，それぞれ5 cm³の溶液をとり出し，それらの溶液にヨウ素液を加え，色の変化を見た。

手順4．A～Dから，さらに5 cm³の溶液をとり出し，［①］を加えて［②］し，色の変化を見た。

次の表は手順3，4の結果をまとめたものである。

	Aの溶液	Bの溶液	Cの溶液	Dの溶液
手順3	変化なし	青紫色になった	うすい青紫色になった	青紫色になった
手順4	赤かっ色になった	変化なし	うすい赤かっ色になった	変化なし

超重要 (1) あることとは何か。デンプン，だ液の2つの語を用いて書きなさい。　67%

［　　　　　　　　　　　　　　　　］

差がつく (2) ［①］，［②］に入る適切な語を書きなさい。　43%

①［　　　　］ ②［　　　　］

難 (3) 下の文章は，実験の結果から，だ液のはたらきと温度の関係について考察したものである。文章中の［あ］～［う］に入る数値と記号の組み合わせとして適切なものを，次のア～カから1つ選び，記号で答えなさい。　［　　］　34%

> だ液のはたらきは，0℃では40℃のときより弱く，80℃では失われると考えた。これを確かめるためには，試験管C，Dに残った溶液を［あ］℃で20分間保ち，ヨウ素液を加え，色の変化を見る。考えが正しければ［い］の溶液は青紫色に変化し，［う］の溶液は色に変化がない。

ア　あ0　いC　うD　　イ　あ40　いC　うD　　ウ　あ80　いC　うD
エ　あ0　いD　うC　　オ　あ40　いD　うC　　カ　あ80　いD　うC

生物分野

正答率

2

超重要

↪ 1

82%

右の図は，ヒトの小腸のつくりを模式的に表したものである。図のように，ヒトの小腸の壁(かべ)にはたくさんのひだがあり，消化された養分が，その表面にある柔毛(じゅうもう)から吸収されている。小腸の壁にひだや柔毛があることは，消化された養分を吸収するうえでどのような利点があるか。簡潔に書きなさい。 [奈良県]

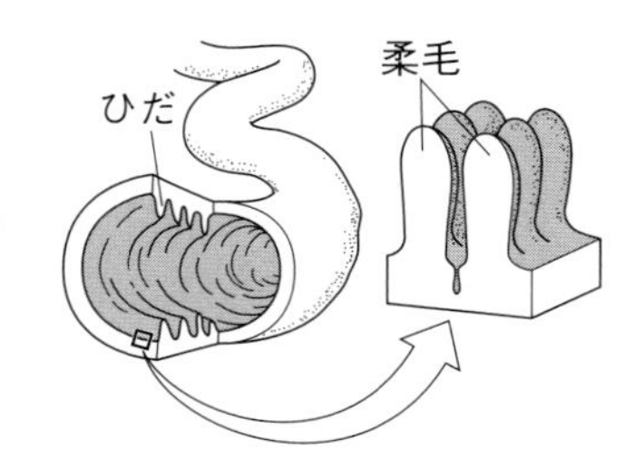

[　　　　　　　　　　]

3

↪ 2

ヒトの体の中の酸素の流れについて，次の問いに答えなさい。 [群馬県]

(1) 右の図は，ヒトの肺のモデル装置を示したものである。

① 肺は胃や小腸などとは異なり，自ら運動することができない。その理由を簡潔に書きなさい。

[　　　　　　　　　　]

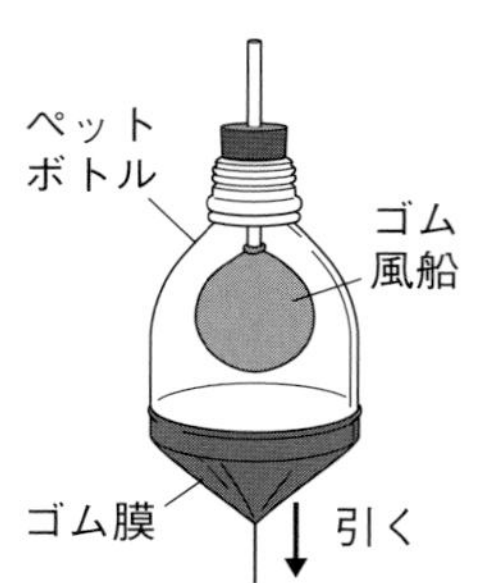

② 図のペットボトルの下部につけたゴム膜(まく)を手で下に引くと，肺に見たてたゴム風船がふくらんだ。ペットボトルの下部につけたゴム膜は，ヒトの体の何にあたるか，書きなさい。

[　　　　　　]

差がつく (2) 次の文は，ヒトの肺に入った酸素が，全身の細胞(さいぼう)に運ばれるまでの流れについてまとめたものである。文中の（ ① ）～（ ③ ）にあてはまる語を，それぞれ書きなさい。

① [　　　　] ② [　　　　] ③ [　　　　]

> 肺に入った酸素は，気管支の先端(せんたん)にある（ ① ）で毛細血管の中の血液にとりこまれる。酸素を多く含(ふく)んだ血液は（ ② ）とよばれ，この血液が，ポンプのはたらきをする器官である（ ③ ）から送り出されることで，全身の細胞にまで酸素が運ばれる。

(3) 細胞は，運ばれてきた酸素を使ってどのようなはたらきを行っているか，「養分」という語を用いて，簡潔に書きなさい。

[　　　　　　　　　　]

正答率

4

超重要 ↪2

次の**ア**～**エ**は，ヒトの血液の成分について述べたものである。その内容が誤っているものを1つ選び，記号で答えなさい。［大阪府］ 〔　　〕 79%

ア　赤血球は，肺でとり入れた酸素を全身の細胞へ運ぶ。
イ　白血球は，体の中に入ってきた細菌(さいきん)などの異物をとらえて体を守る。
ウ　血小板は，出血をしたときに血液を固めて出血を止める。
エ　血しょうは，血管の外に出ることなく体内を循環(じゅんかん)する。

5

↪1,3

私たちは，水分をとって，体内の有害な物質を尿(にょう)として体外に排出(はいしゅつ)している。これについて，次の問いに答えなさい。［岡山県］

(1)　ヒトの体内への水の吸収について説明した次の文の□にあてはまる適当な器官の名称(めいしょう)を書きなさい。 〔　　〕 70%

水分は，おもに□で吸収され，残りの水分は大腸で吸収される。

(2)　尿や尿素(にょうそ)についての説明として適当なものを，次の**ア**～**エ**からすべて選び，記号で答えなさい。 〔　　〕 77%

ア　尿はすい臓でつくられる。
イ　尿は一時的にぼうこうにためられる。
ウ　尿素は肝臓(かんぞう)でつくられる。
エ　尿素はアンモニアより毒性が強い。

6

↪1,2,3

右の図は，ヒトの体内での血液循環(じゅんかん)を表した模式図である。次の問いに答えなさい。［富山県］

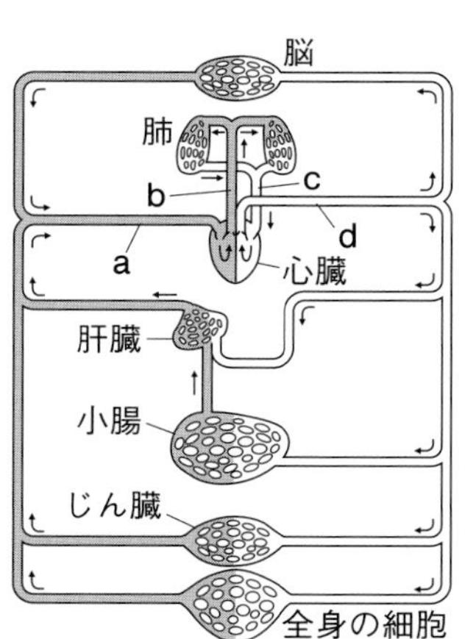

(1)　血液が心臓から肺以外の全身を回って心臓にもどる経路を何というか，書きなさい。 〔　　〕

差がつく (2)　右の表は，肺，小腸，じん臓の各器官を通過した後の，血液に含まれている物質**ア**～**ウ**の量の変化をまとめたものである。物質**ア**～**ウ**は，酸素，二酸化炭素，養分のいずれかである。物質**ア**と物質**イ**は何か，それぞれ書きなさい。

	肺	小腸	じん臓
物質**ア**	増える	減る	減る
物質**イ**	減る	増える	減る
物質**ウ**	減る	増える	増える

物質ア〔　　〕
物質イ〔　　〕

(3)　図において，静脈血の流れる動脈はどれか。a～dから1つ選び，記号で答えなさい。 〔　　〕

生物分野

» 生物分野

生物のふえ方と遺伝

出題率 45.8%

入試メモ　有性生殖では，減数分裂によって染色体の数が半分になることに注意。親がもつ遺伝子が子にどのように伝わるかもおさえておこう。

1 体細胞分裂

出題率 14.6%

|1| **細胞分裂**…1個の細胞が分かれて，2個の細胞になること。体をつくる細胞が行う細胞分裂を**体細胞分裂**という。

|2| **生物の成長**…体細胞分裂で数がふえた細胞が，それぞれ大きくなることで成長する。

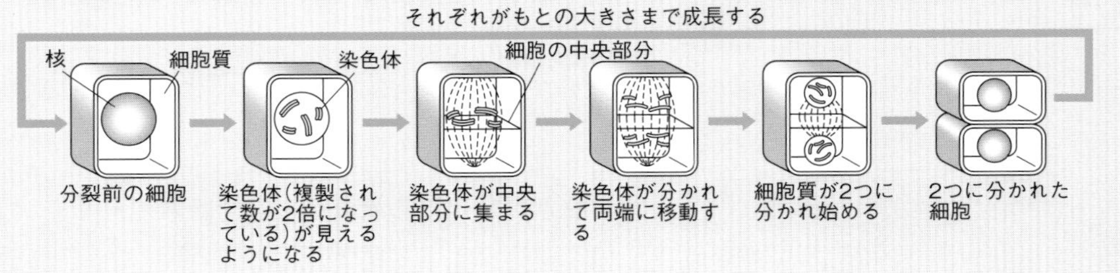

2 有性生殖と無性生殖

出題率 28.1%

|1| **有性生殖**…雌雄の**生殖細胞**の**受精**による生殖。

- **減数分裂**…生殖細胞をつくるときに行われる特別な細胞分裂。染色体の数が半分になる。
- 被子植物の有性生殖…**卵細胞**と**精細胞**が受精する。
- 動物の有性生殖…**卵**と**精子**が受精する。

|2| **無性生殖**…受精を行わず，親の体の一部から新しい個体ができる生殖。**栄養生殖**など。

被子植物の有性生殖

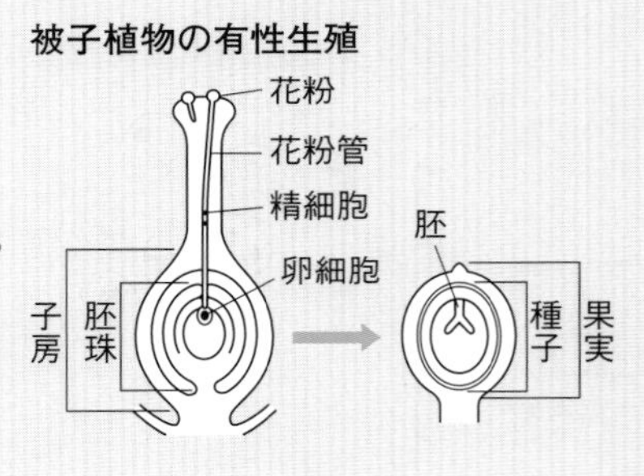

3 遺伝

出題率 17.7%

|1| **遺伝子**…核内の染色体にあり，生物の**形質**を決めるもとになる。

- 有性生殖…両親の遺伝子を半分ずつ受けつぐ。➡親と子の形質が異なることがある。
- 無性生殖…親とまったく同じ遺伝子をもつ。➡親と子の形質はまったく同じになる。

|2| **子に現れる形質**…**対立形質**をもつ**純系**どうしをかけ合わせたとき，子は，親のいずれか特定の一方と同じ形質を現す。

- 子に現れた形質を**顕性形質**といい，現れなかった形質を**潜性形質**という。

|3| **分離の法則**…対になる遺伝子は，減数分裂のときに，別々の生殖細胞に分かれて入る。

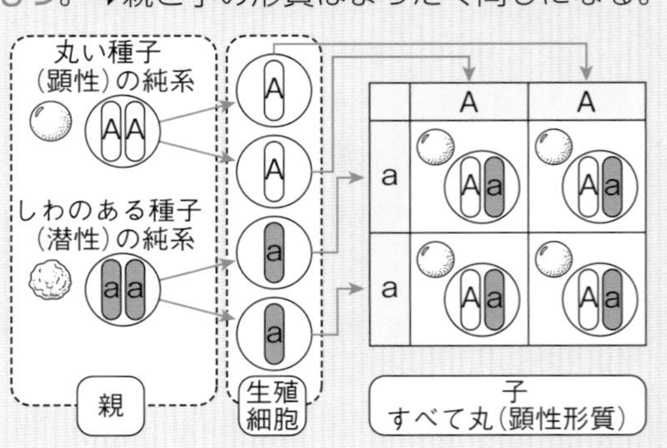

実力アップ問題

解答・解説｜別冊p.19

正答率

1

↪ I

中学生の純さんは，理科の授業で植物の根の成長について観察したあと，植物のつるの成長について興味をもち，エンドウを材料として同じ方法で観察した。次は，純さんがまとめたレポートの一部である。あとの問いに答えなさい。　［岡山県］

【方法】 1．エンドウのつるの一部を切り取り，(あ)約60℃のうすい塩酸に数分間入れる。そのあと，水でよくすすぐ。

2．右図のA～Cの各部分(3 mm)を切り取り，スライドガラスにのせ，ろ紙で余分な水分を取る。

拡大　B　A　C

3．えつき針で各部分をほぐし，酢酸オルセイン溶液を一滴落として，数分間置き，カバーガラスをかける。

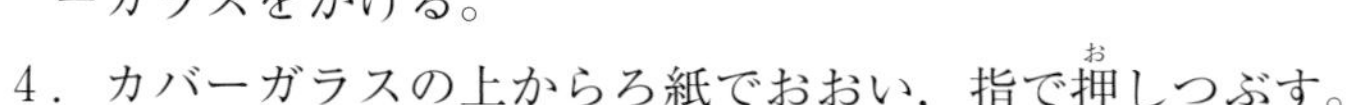

4．カバーガラスの上からろ紙でおおい，指で押しつぶす。

5．完成したプレパラートをステージにのせ，顕微鏡で観察する。

【結果】 図のA～Cの各部分を同じ倍率で観察して，スケッチをそれぞれ完成させた。多くの細胞で，核と葉緑体を観察できた。細胞の大きさにはちがいが見られた。

Aのスケッチ

a　b　c　d　0.02mm

Bのスケッチ

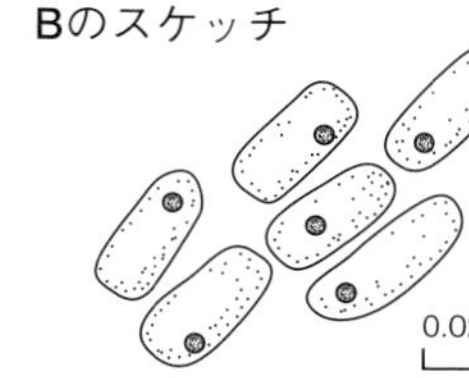

Cのスケッチ

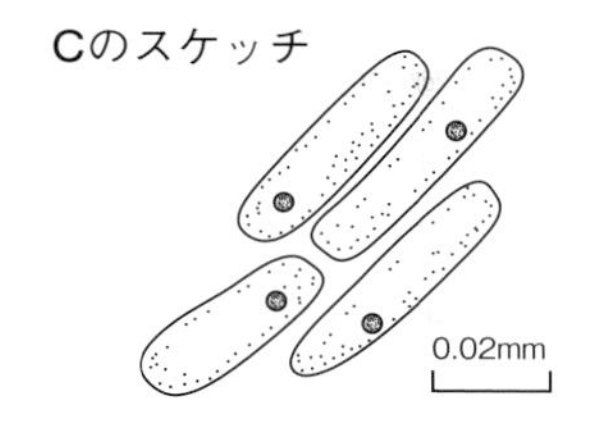

【考察】 結果から，エンドウのつるは，［(い)］ことで成長する。

(1) 下線部(あ)の操作の目的として最も適当なものを，次のア～エから1つ選び，記号で答えなさい。　〔　　〕　93%

ア　細胞1つ1つを離れやすくするため。　イ　細胞内の水分を減らすため。

ウ　核などを赤紫色に染めるため。　エ　細胞に栄養分を与えるため。

(2) 【結果】のAのスケッチについて，①，②に答えなさい。

① 細胞内に見られるひも(糸)状のつくりを何というか。　〔　　〕　① 85%

超重要　② a～dで示した細胞を細胞分裂が進行する順に並べ，記号で答えなさい。ただし，細胞分裂の進行の順は，aの細胞を始まりとする。　② 92%

〔 a →　　→　　→　　〕

差がつく　(3) レポートの内容を踏まえて，【考察】の［(い)］にあてはまる適当な言葉を書きなさい。　36%

〔　　〕

生物分野

正答率

2

↪2

ある被子植物の花粉管がのびるようすを調べるために，次の観察を行った。あとの問いに答えなさい。 [山梨県]

〔観察〕ある物質が質量パーセント濃度8％でふくまれる寒天溶液を固めたものに，花粉を散布した。しばらくおいた後，顕微鏡で観察すると，花粉から花粉管がのびていた。右の図は，これをスケッチしたものである。

(1) 〔観察〕で，下線部の物質として，最も適当なものを次のア～ウから1つ選び，記号で答えなさい。 〔　　　〕 50%

ア 砂糖(ショ糖)　**イ** 食塩(塩化ナトリウム)

ウ 重曹(炭酸水素ナトリウム)

超重要 (2) 次の［　　］は，〔観察〕で見られた花粉管と被子植物の有性生殖について述べた文章である。(①)，(②)にあてはまる語句をそれぞれ書きなさい。 ① 70%　② 81%

①〔　　　　〕②〔　　　　〕

> 被子植物では，花粉がめしべの柱頭につくと，花粉管がのびていく。花粉管が，子房の中の(①)に達すると，(①)の中にある卵細胞の核と花粉管の中にある(②)の核が合体して，受精卵(受精した卵細胞)となる。受精卵は，細胞分裂をくり返して，胚になる。

難 (3) この植物の受精卵1個にふくまれる染色体の数をa，卵細胞1個にふくまれる染色体の数をbとすると，aとbの数量の関係はどのようになるか。最も適当なものを次のア～ウから1つ選び，記号で答えなさい。また，それを選んだ理由を，「減数分裂」と「受精」という2つの語句を使い，染色体の数にふれて書きなさい。 12%

ア $a=b$　**イ** $a=\frac{1}{2}b$　**ウ** $a=2b$

記号〔　　　〕

理由〔　　　　　　　　〕

3

↪2

無性生殖にあてはまるものを，次のア～エから1つ選び，記号で答えなさい。 [鳥取県] 〔　　　〕

ア ヒメダカは，精子と卵が受精してできた受精卵から新しい個体をつくる。

イ ヒキガエルは，オタマジャクシが成長することで，成体となる。

ウ スギは，風に運ばれた花粉が，むき出しの胚珠につくことによってできた種から新しい個体をつくる。

エ オランダイチゴは，親の体からのびた茎(ほふく茎)の先端で，葉や根が成長し，その茎がちぎれることで，親から分離した新しい個体をつくる。

正答率

4

↪3

エンドウには，子葉が黄色の種子と緑色の種子があり，黄色が顕性(けんせい)形質で緑色が潜性(せんせい)形質である。遺伝の規則性を調べるために，エンドウを使って，次の実験1，2を順に行った。あとの問いに答えなさい。　[栃木県]

実験1　子葉が黄色である純系の花粉を，子葉が緑色である純系のめしべに受粉させて多数の子をつくった。図はこのことを模式的に表したものである。ただし，子の子葉の色は示していない。

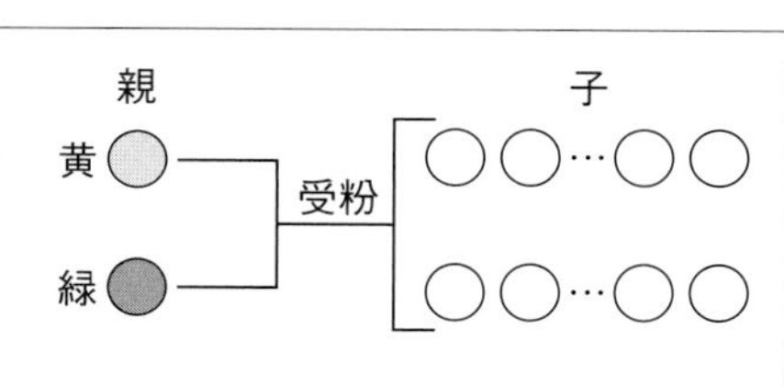

実験2　実験1でできた子を育て，自家受粉させて多数の孫をつくった。

差がつく (1)　実験1において，子にあたる種子についての説明として正しいものを，次のア～エから1つ選び，記号で答えなさい。　〔　　　〕　49%

ア　子葉が黄色の種子と緑色の種子は1：1の割合でできた。
イ　子葉が黄色の種子と緑色の種子は2：1の割合でできた。
ウ　子葉が黄色の種子と緑色の種子は3：1の割合でできた。
エ　すべて子葉が黄色の種子になり，緑色の種子はできなかった。

(2)　次の□内の文章は，実験2でできた孫にあたる種子の子葉の色と遺伝子について述べたものである。①にあてはまる最も簡単な整数比を書きなさい。また，②にあてはまる数を，あとの**ア**～**エ**から1つ選び，記号で答えなさい。　① 75%　② 9%

孫にあたる種子では，子葉が黄色の種子と緑色の種子は（　①　）の割合でできる。また，孫にあたる種子が8000個できるとすると，そのうち子葉を緑色にする遺伝子をもつ種子は約（　②　）個であると考えられる。

① **黄色：緑色**＝〔　　：　　〕　②〔　　　〕

ア　2000　　**イ**　3000　　**ウ**　4000　　**エ**　6000

5

↪3

染色体に含(ふく)まれる遺伝子について述べた文として正しいものを，次の**ア**～**エ**から1つ選び，記号で答えなさい。[長崎県]　〔　　　〕　80%

ア　遺伝子の本体はDNAである。
イ　遺伝子が変化することはない。
ウ　同じ親からつくられる生殖細胞はどれも同じ遺伝子をもっている。
エ　各個体のもつ遺伝子がすべて異なる生物の集団をクローンという。

生物分野

» 生物分野

植物の分類

出題率 42.7%

入試メモ　単子葉類と双子葉類は，子葉の数・根のつくり・茎の維管束の配置・葉脈のようすをセットで整理して覚えておこう。

1 裸子植物

出題率 13.5%

|1| **裸子植物**… 種子植物のうち，胚珠がむき出しになっている，マツ，イチョウなどのなかま。

- **雌花**には**胚珠**があり，**雄花**には**花粉のう**がある。

注意　受粉後に胚珠が種子になるが，子房がないので果実はできない。

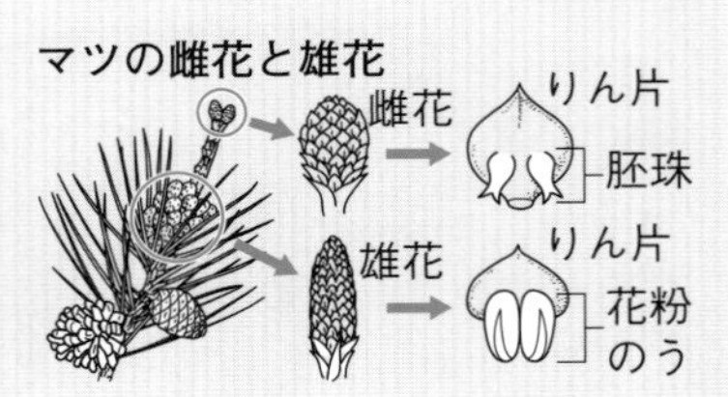

2 種子をつくらない植物

出題率 15.6%

|1| **シダ植物**… イヌワラビやゼンマイ，スギナなどのなかま。

- からだのつくり… 根・茎・葉の区別がある（維管束がある）。

イヌワラビ
葉の裏
葉
茎
根
胞子のう
胞子

|2| **コケ植物**… ゼニゴケやスギゴケなどのなかま。

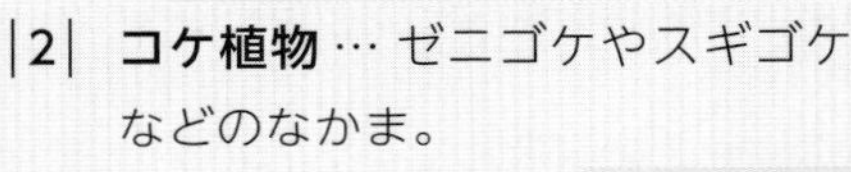

- からだのつくり… 根・茎・葉の区別がない（維管束がない）。

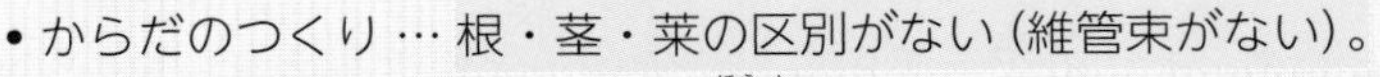

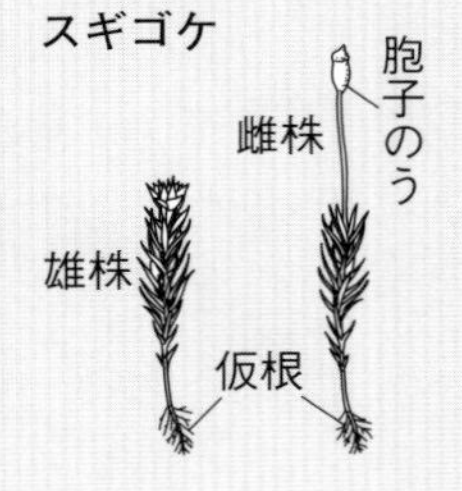

注意　シダ植物もコケ植物も，**胞子のう**でつくられた**胞子**でふえる。

3 植物の分類

出題率 38.5%

|1| **単子葉類と双子葉類**… 被子植物は，単子葉類と双子葉類に分けられる。

|2| **合弁花類と離弁花類**… 双子葉類は，花弁がくっついている合弁花類と，花弁が1枚1枚離れている離弁花類に分けられる。

|3| **植物の分類**

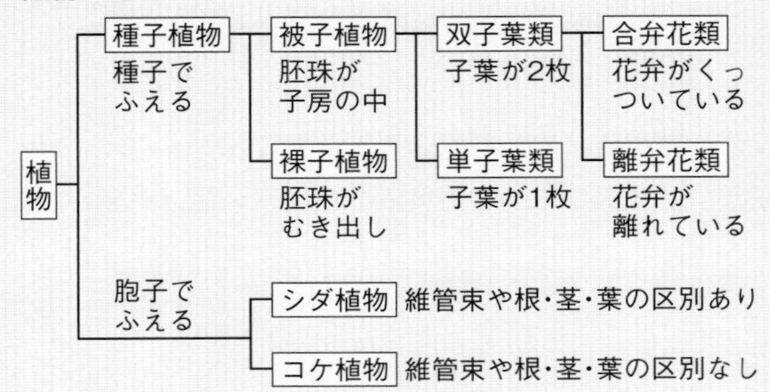

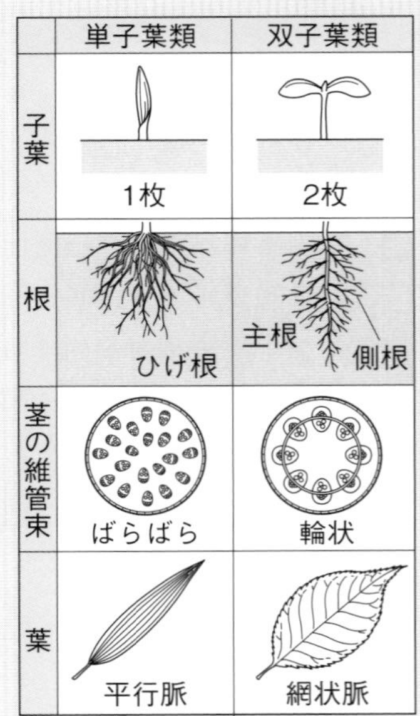

	単子葉類	双子葉類
子葉	1枚	2枚
根	ひげ根	主根　側根
茎の維管束	ばらばら	輪状
葉	平行脈	網状脈

実力アップ問題

解答・解説｜別冊p.20

正答率

1

↪1

図1はアブラナの花，図2はマツの花とりん片を模式的に示したものである。アブラナの花のPは，マツのりん片のどの部分にあたるか，図2に該当箇所を黒くぬりつぶして示しなさい。［富山県］

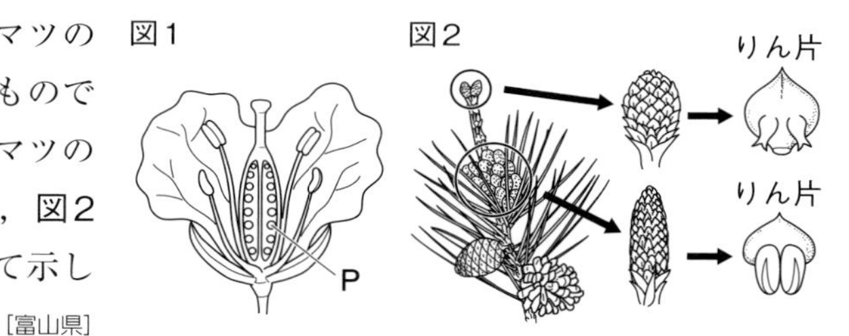

2

↪2

シダ植物とコケ植物について述べた文として適切なものを，次のア～エから1つ選び，記号で答えなさい。［新潟県］　〔　　　〕　79%

ア　シダ植物は，種子をつくる。

イ　シダ植物には，維管束がある。

ウ　コケ植物は，光合成をしない。

エ　コケ植物には，根・茎・葉の区別がある。

3

↪3

表は，植物をその特徴（とくちょう）からなかま分けしたものである。［兵庫県］

	花が咲（さ）かない		花が咲く			
				D		
	A	B	C	単子葉類	双子葉類	
					E	F
植物の例	ゼニゴケ スギゴケ	ゼンマイ ①	イチョウ マツ	ツユクサ ②	エンドウ アブラナ	タンポポ ③

差がつく (1)　表のA～Fについて説明した文として適切なものを，次のア～エから1つ選び，記号で答えなさい。　〔　　　〕　61%

ア　種子ではなく胞子でふえるのは，Aのみである。

イ　CとDには維管束があるが，AとBにはない。

ウ　CとDでは葉脈の通り方が異なり，Dの葉脈は網目（あみめ）状に通る。

エ　EとFは花弁のつき方による分類であり，Fは合弁花類である。

差がつく (2)　表の①～③に入る植物の組み合わせとして適切なものを，次のア～エから1つ選び，記号で答えなさい。　〔　　　〕　51%

ア　①スギナ　②ササ　③サクラ

イ　①スギナ　②ササ　③ツツジ

ウ　①ササ　②スギナ　③サクラ

エ　①ササ　②スギナ　③ツツジ

正答率

4

↪ 1,3

アブラナやイネなどの10種類の植物をいろいろな特徴(とくちょう)をもとになかま分けすると，図1のようにA～Eの5つのグループに分けることができる。あとの問いに答えなさい。 ［石川県］

図1

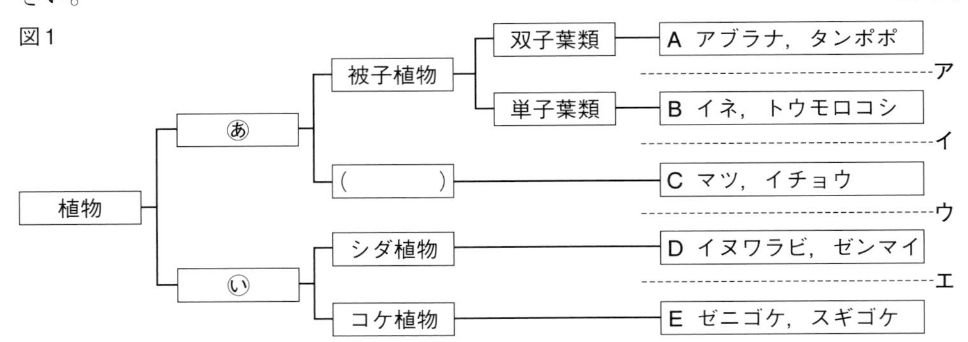

超重要 (1) 図1の(　　)にあてはまる名称(めいしょう)を書きなさい。 〔　　　　〕

(2) これらの植物は，図1の**ア**～**エ**のいずれかで，維管束(いかんそく)があるものとないものの上下2つのグループに分けることができる。その区切りはどこか，記号で答えなさい。 〔　　〕

(3) 双子葉類(そうしようるい)のアブラナとタンポポは，花の特徴によってそれぞれ別のなかまに分けることができる。このとき，アブラナは何というなかまに分けられるか，書きなさい。 〔　　　　〕

思考力 (4) 下の文は，図2の植物がどのなかまであるかを，図1にそって判断したものである。文中の①，③には図2に見られる植物の特徴を，②には図1のあまたはいのいずれかの記号を，④には図1のA～Eのいずれか1つの記号をそれぞれ書き，文を完成させなさい。

図2

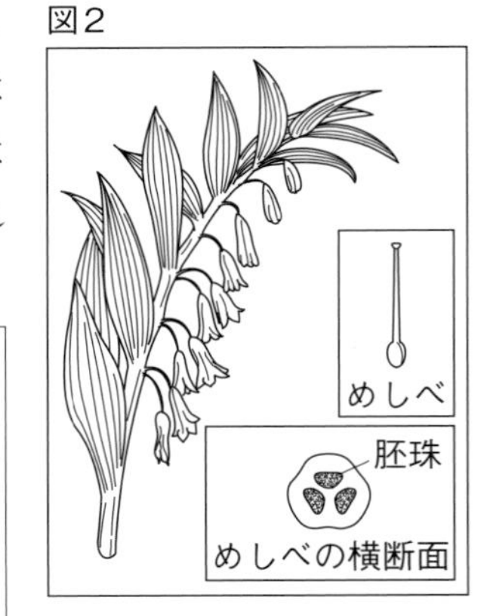

> この植物は，まず(　①　)という特徴によって［ ② ］のなかまに分類できる。さらに，(　③　)という特徴から［ ④ ］のなかまであると判断できる。

① 〔　　　　　　　　　　〕

② 〔　　　　〕

③ 〔　　　　　　　　　　〕

④ 〔　　　　〕

正答率

5 次のうち，合弁花類はどれか，1つ選んで記号で答えなさい。［栃木県］〔　　　〕

↪3

ア サクラ　**イ** アブラナ　**ウ** アサガオ　**エ** チューリップ

6 ゼニゴケ，イヌワラビ，マツ，ユリ，アブラナを，特徴A～Dをもとに分類したところ，右の図のようになった。［愛媛県］

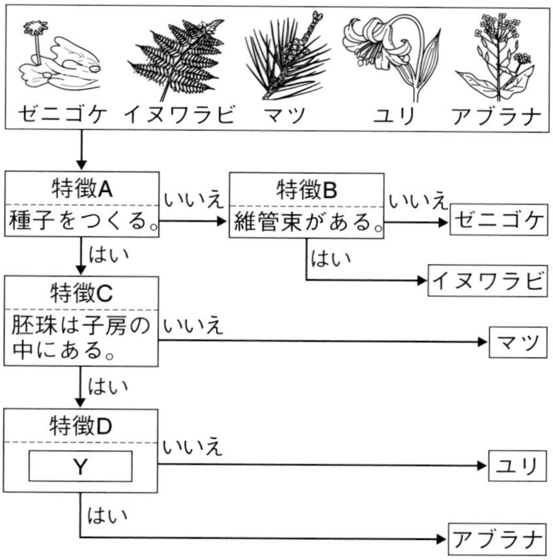

↪1,2,3

(1) ゼニゴケやイヌワラビは，種子をつくらず，［X］のうの中でつくられる［X］でふえる。Xにあてはまる適当な言葉を書きなさい。〔　　　〕 83%

(2) ゼニゴケについて述べたものとして，最も適当なものを次のア～エから1つ選び，記号で答えなさい。〔　　　〕 69%

ア 体に根，茎（くき），葉の区別がある。

イ 必要な水分などを体の表面から吸収する。

ウ 葉緑体をもたず，光合成を行わない。

エ ひげ根を使って体を地面に固定している。

差がつく (3) 次の文の①，②の{　}の中から，それぞれ適当なものを1つずつ選び，記号で答えなさい。 51%

> マツとユリの花のうち，雌花（めばな）と雄花（おばな）があるのは①{**ア** マツ　**イ** ユリ}であり，その雄花には②{**ウ** 胚珠（はいしゅ）　**エ** 花粉のう}がある。

①〔　　　〕②〔　　　〕

(4) 図のYにあてはまる特徴として，最も適当なものを次の**ア**～**エ**から1つ選び，記号で答えなさい。〔　　　〕 53%

ア 子葉は1枚である。

イ 主根と側根をもつ。

ウ 茎の維管束が散らばっている。

エ 葉脈は平行脈である。

» 生物分野

動物のなかまと生物の進化

出題率 40.6%

入試メモ　セキツイ動物の分類がよく出題される。動物の特徴から，5つのグループに分類できるようにしておこう。

1　セキツイ動物の分類

出題率 29.2%

|1| **セキツイ動物**…背骨をもつ動物。**魚類**，**両生類**，**ハチュウ類**，**鳥類**，**ホニュウ類**の５つに分けられる。

|2| **なかまのふやし方**

- **卵生**…卵を産む。
- **胎生**…母親の子宮内である程度育った子が生まれる。

	魚類	両生類	ハチュウ類	鳥類	ホニュウ類
なかまのふやし方	卵生（卵に殻がない）		卵生（卵に殻がある）		胎生
呼吸器官	えら	子はえら 親は肺と皮膚	肺		
体温	変温動物			恒温動物	
体表	うろこ	しめった皮膚	うろこ	羽毛	毛
動物の例	フナ，メダカ	イモリ，カエル	トカゲ，カメ	ニワトリ，ペンギン	ヒト，ウサギ

※ハチュウ類と鳥類の卵には，乾燥を防ぐための殻がある。

|3| **体温の変化**

- **変温動物**…まわりの温度の変化にともなって体温が変化する動物。
- **恒温動物**…まわりの温度が変化しても体温がほぼ一定に保たれる動物。

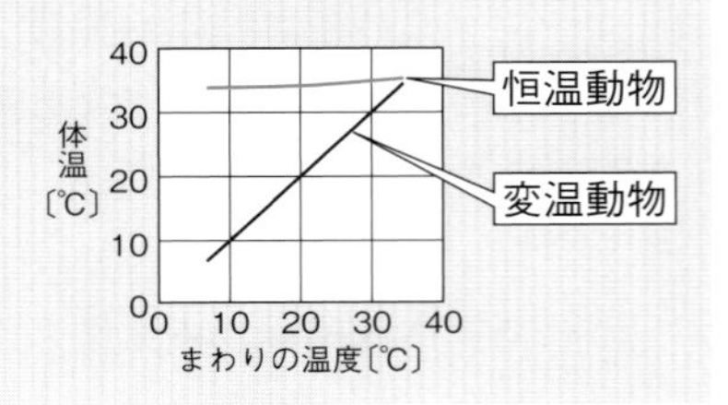

2　無セキツイ動物の分類

出題率 18.8%

|1| **無セキツイ動物**…背骨をもたない動物。節足動物や軟体動物などに分けられる。

|2| **節足動物**…体が**外骨格**におおわれ，体とあしに節がある動物。

|3| **軟体動物**…内臓が**外とう膜**でおおわれている動物。

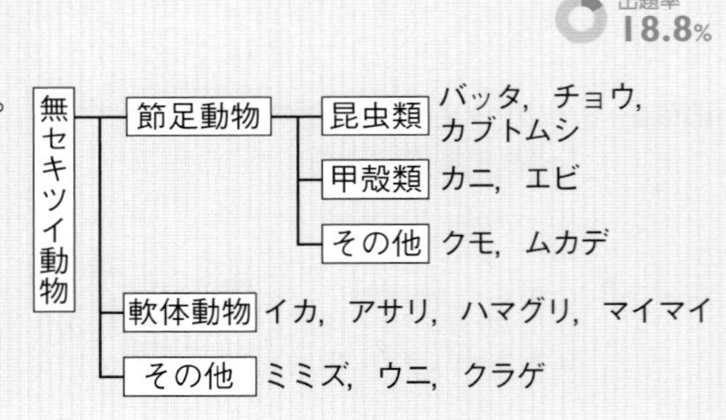

3　進化

出題率 14.6%

|1| **進化**…生物が長い年月をかけて代を重ねる間に変化すること。

|2| **進化の証拠**

- **相同器官**…現在の形やはたらきは異なるが，もとは同じ器官であったと考えられるもの。
- **シソチョウ（始祖鳥）**…羽毛があるなどの**鳥類**の特徴と，口に歯，つばさの先に爪があるなどの**ハチュウ類**の特徴を合わせもつ。

相同器官（ホニュウ類の前あし）

コウモリ　クジラ　ヒト

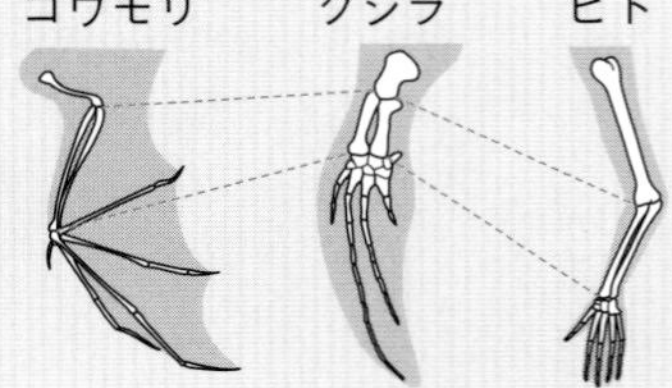

実力アップ問題

解答・解説｜別冊p.21

正答率

1

↪1

次の表は，セキツイ動物であるイモリ，ウサギ，トカゲ，ハト，メダカの特徴を調べてまとめたものである。このことに関して，あとの問いに答えなさい。［新潟県］

動物＼特徴	呼吸器官	体温	子のうみ方	体の表面
A	肺	気温によって変化	卵生	うろこ
B	X	気温によって変化	卵生	粘液(ねんえき)でおおわれた皮膚(ひふ)
C	肺	気温によらず一定	卵生	羽毛
D	肺	気温によらず一定	胎生	毛
E	えら	気温によって変化	卵生	うろこ

(1) 表中のDにあてはまる動物として，最も適当なものを，イモリ，ウサギ，トカゲ，ハト，メダカのうちから1つ選び，書きなさい。 〔　　　　〕　94%

超重要 (2) 表中のXにあてはまる呼吸器官として，最も適当なものを，次のア～エから1つ選び，記号で答えなさい。 〔　　　　〕　89%

ア えら

イ 肺

ウ 幼生はえら，成体は肺と皮膚

エ 幼生は肺と皮膚，成体はえら

(3) 次の文は，体温による動物の分類について述べたものである。文中の（ ① ），（ ② ）に最もよくあてはまる語句をそれぞれ書きなさい。 ① 88%　② 80%

> 表中のA，B，Eのように，気温によって体温が変化する動物を（ ① ）動物といい，C，Dのように，気温によらず体温を一定に保つしくみをもつ動物を（ ② ）動物という。

①〔　　　　〕 ②〔　　　　〕

(4) ハチュウ類について，次の問いに答えなさい。

① 表中のA～Eのうち，ハチュウ類に分類される動物はどれか。その記号を書きなさい。 〔　　　　〕　① 75%

差がつく ② 両生類と比較(ひかく)して，ハチュウ類は陸上生活に適している。その理由を，「卵」，「体の表面」という語句を用いて書きなさい。　② 37%

〔　　　　〕

正答率

2 ↪2

イカとカニの体のつくりを詳しく観察し，その結果を下の表にまとめた。

［岩手県］

	体表	節の有無
イカ	やわらかい	体とあしに，節がない
カニ	かたい	体とあしに，節がある

(1) 次の文は，イカの分類について述べたものである。文中の（　①　）にあてはまる言葉を書きなさい。また，あとの**ア**～**エ**のうちから，（　②　）にあてはまる動物を1つ選び，記号で答えなさい。

> イカは，外とう膜をもつことから，無セキツイ動物の中でも（　①　）に分類される。（　①　）のなかまには，（　②　）がふくまれる。

①［　　　　　　］②［　　　　］

ア　ウニ　　**イ**　カブトムシ　　**ウ**　クモ　　**エ**　ハマグリ

(2) カニは，体全体がかたい殻でおおわれている。この殻にはどのようなはたらきがあるか。殻の名称を明らかにして，はたらきの1つを簡単に書きなさい。

［　　　　　　　　　　　　　　　　　　　　　　　　　　］

3 ↪3

図は前あしのはたらきをもつ，コウモリの翼，クジラのひれ，ヒトの腕について，それぞれの骨格を示したものである。

［岐阜県］

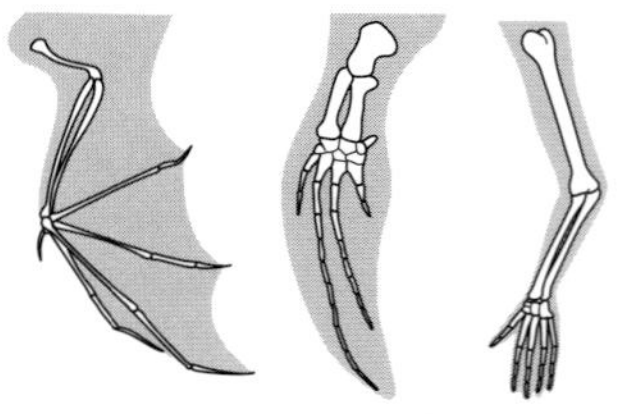

超重要

(1) コウモリ，クジラ，ヒトは，生活場所が異なり，前あしのはたらきが異なる。このように，現在の形やはたらきは異なっていても，もとは同じ器官であったと考えられるものを何というか。

［　　　　　　　　］

(2) 約1億5000万年前の地層から始祖鳥の化石が発見された。始祖鳥は，その体のつくりから，鳥類とあるグループの両方の特徴をもつと考えられる。そのグループとして最も適切なものを，次の**ア**～**エ**から1つ選び，記号で答えなさい。

［　　　　］

ア　ホニュウ類　　**イ**　ハチュウ類　　**ウ**　両生類　　**エ**　魚類

» 生物分野

生物どうしのつながり

出題率 35.4%

入試メモ 生物の数量のつり合い，分解者のはたらき，炭素の循環がよく出題される。また，地球温暖化についてもよく問われるので，注意が必要。

1 食物連鎖

出題率 31.3%

|1| **生態系** … ある地域に生息する生物と，水や空気などの環境を１つのまとまりとしてとらえたもの。

|2| **食物連鎖** … 生物どうしの**食べる・食べられる**という関係によるつながり。

- 生態系の生物全体で，食物連鎖が網の目のようになっているつながりを**食物網**という。

|3| **生物の数量的な関係** … 食べる生物より食べられる生物の数量のほうが多く，ピラミッド形で表される。一時的な増減があっても，長期的にはつり合いが保たれる。

生物の数量のつり合い

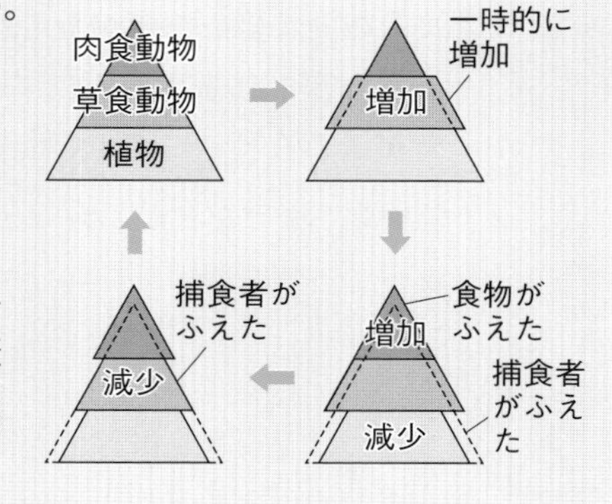

|4| **生産者** … **無機物から有機物をつくる**生物。

|5| **消費者** … ほかの生物を食べて有機物をとり入れる生物。

|6| **分解者** … 生物の死がいやふんなどの**有機物を無機物に分解する**生物。土の中の小動物や，菌類，細菌類などの微生物。

菌類 … カビやキノコなど
細菌類 … 乳酸菌や大腸菌など

2 物質の循環

出題率 7.3%

|1| **物質の循環** … 炭素や酸素は，光合成や呼吸，食物連鎖などを通して，自然界を循環している。

|2| **炭素の循環** … 光合成や呼吸では無機物（二酸化炭素）として移動し，食物連鎖では有機物として移動している。

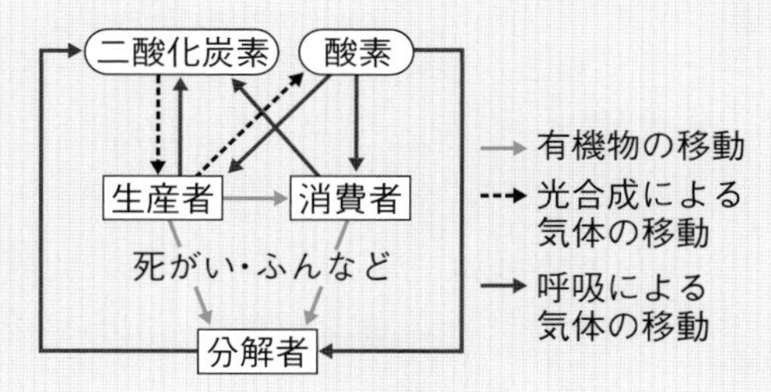

3 環境問題

出題率 6.5%

|1| **自然環境の調査**

- 大気の汚染調査 … 自動車の交通量が多い場所のマツは，汚れている気孔の数が多い。
- 川の水質調査 … 多く見られる**指標生物**の種類で判断する。

|2| **地球温暖化** … 化石燃料の大量消費などによって大気中の二酸化炭素の割合が増加し，温室効果によって地球の平均気温が上昇すること。

- **温室効果** … 宇宙に放出される熱の一部を地表へもどす効果。温室効果のある二酸化炭素，メタン，水蒸気などの気体を，**温室効果ガス**という。

実力アップ問題

解答・解説｜別冊p.21

正答率

1 ある生態系における自然界のつり合いについて考えた。［長野県］

↪1

(1) 生物の食べる，食べられるという鎖(くさり)のようにつながった一連の関係を何というか，書きなさい。 91%

〔　　　　　〕

差がつく (2) 右の図は，ある生態系における生物の数量的な関係をピラミッド形で表したものである。この生態系において，ワシ，タカなどがふえると，その後一時的に昆虫(こんちゅう)などがふえる。その理由を，食べる，食べられるの関係にふれて，「ワシ，タカなどがふえると」に続けて簡潔に説明しなさい。 55%

ワシ，タカなど
小鳥など
昆虫など
植物

〔ワシ，タカなどがふえると　　　　　〕

2 微生物のはたらきを調べるために，森の中の落ち葉や土を使って手順１～５の実験を行い，あとの結果を得た。右の図は実験の一部を示したものである。［鹿児島県］

↪1,2

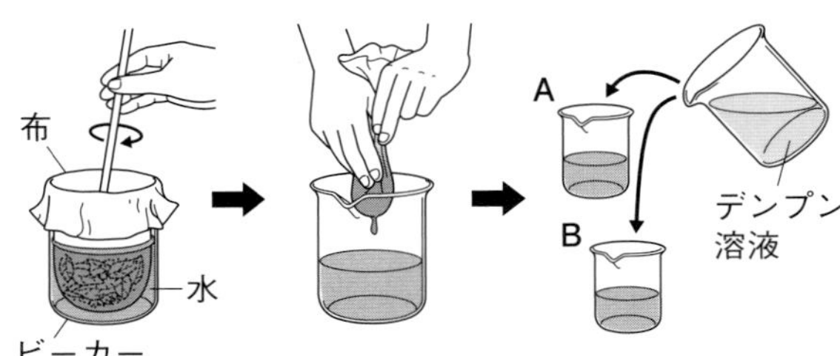

手順１．ビーカーの中で布を広げ，落ち葉や土を入れる。そこに，水を入れてよくかき回し，布でこす。

手順２．手順１のろ液をビーカー**A**と**B**に同量ずつ入れ，ビーカー**A**はそのままふたをし，ビーカー**B**は沸(ふっ)とうさせてからふたをする。

手順３　しばらくしてから，ビーカー**A**と**B**に同量のデンプン溶液(ようえき)を加え，ふたをして密閉し，室温で３日間放置する。

手順４．ビーカー**A**と**B**の中の気体について，二酸化炭素の体積の割合を気体検知管で調べる。

手順５．ビーカー**A**と**B**の溶液をそれぞれ試験管にとり，ヨウ素液を加えて，液の色の変化を調べる。

> 結果　二酸化炭素の体積の割合は，ビーカー**A**がビーカー**B**より大きかった。また，ヨウ素液を加えた後の液の色は，ビーカー**B**のみ変化した。

思考力 (1) 手順２で，ビーカーにふたをするのはなぜか。

〔　　　　　〕

正答率

(2) 次は，実験の結果から考えられることについてまとめたものである。(①)，(②)にあてはまる言葉を書きなさい。

> ビーカーAでは，微生物(びせいぶつ)のはたらきで(①)が分解されたと考えられる。また，ビーカーAの二酸化炭素の体積の割合がビーカーBより大きかったことから，微生物は，(②)を行うことにより生命を維持(いじ)していると考えられる。

①〔　　　　〕②〔　　　　〕

3

↪ 1,2

右の図は，生態系における炭素の循環(じゅんかん)について模式的に表したものである。矢印⟶，矢印⇨は，炭素をふくむ物質の流れを示している。次の問いに答えなさい。

[山梨県]

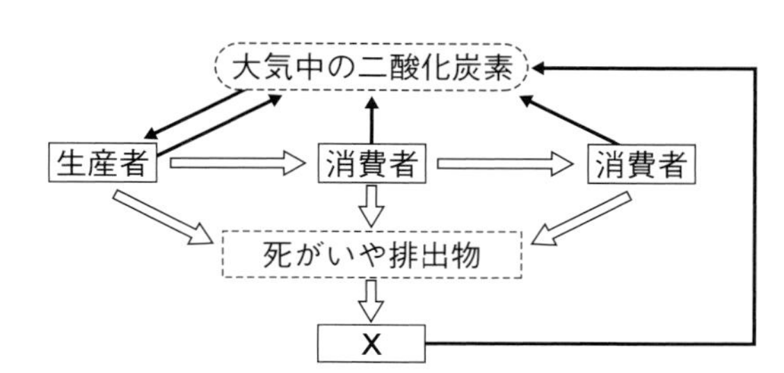

超重要 (1) 図のXは，生産者や消費者に対し，そのはたらきから何とよばれるか。その名称(めいしょう)を書きなさい。〔　　　　〕 85%

(2) 図の生産者として，最も適当なものを次のア～エから1つ選び，記号で答えなさい。〔　　〕 90%

ア 肉食動物　**イ** 草食動物　**ウ** 菌類(きんるい)　**エ** 植物

(3) 次の文は，図の炭素をふくむ物質の流れについて述べたものである。①，②にあてはまるものを，それぞれア，イから1つずつ選び，記号で答えなさい。 65%

①〔　　〕②〔　　〕

> 図の矢印⟶は，炭素をふくむ① {**ア** 有機物　**イ** 無機物} の流れを示し，矢印⇨は，炭素をふくむ② {**ア** 有機物　**イ** 無機物} の流れを示している。

4

超重要
↪ 2,3

生態系における物質に含(ふく)まれる炭素の循環において，二酸化炭素は重要な物質である。近年，大気中の二酸化炭素が増加しているが，その原因として，最も適当なものを，次のア～エから1つ選び，記号で答えなさい。[長崎県]〔　　〕 83%

ア 森林の増加　**イ** 外来種の増加
ウ 化石燃料の大量消費　**エ** オゾン層の破壊(はかい)

生物分野

» 生物分野

感覚と運動のしくみ

出題率 30.2%

入試メモ 刺激や命令の伝わり方を考える問題がよく出る。意識して起こす反応と反射のそれぞれについて，刺激や命令の信号が伝わる経路を覚えよう。

1 感覚器官

出題率 14.6%

|1| **骨と筋肉** … 骨につく筋肉は両端が**けん**になっていて，**関節**をまたいで別々の骨についている。

|2| **感覚器官** … 外界から刺激を受けとる器官。

(例) 目，耳，鼻，舌，皮膚

|3| **目** … **光**の刺激を受けとる。

- **虹彩** … 目に入る光の量を調節する。
- **レンズ（水晶体）** … 光を屈折させる。
- **網膜** … 刺激を受けとる細胞がある。

|4| **耳** … **音**の刺激を受けとる。

- **鼓膜** … 音（空気の振動）をとらえる。
- **耳小骨** … 鼓膜の振動をうずまき管に伝える。
- **うずまき管** … 刺激を受けとる細胞がある。

目

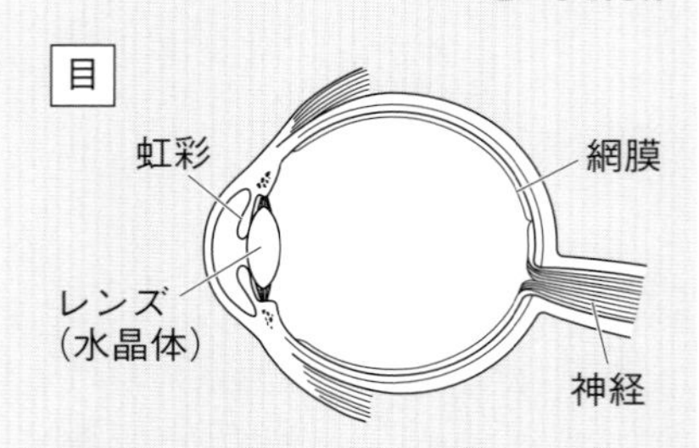

耳

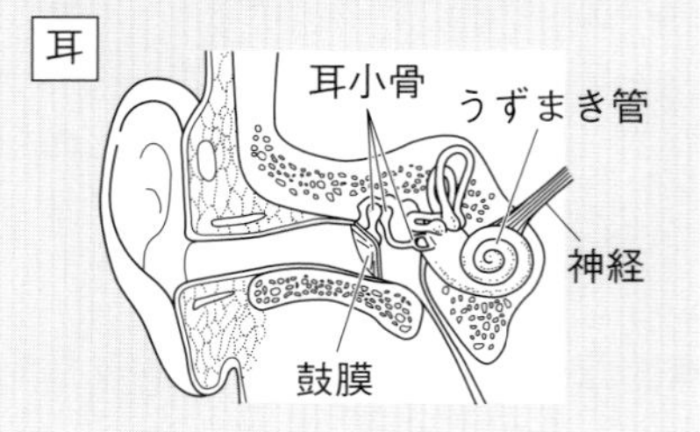

2 神経系

出題率 21.9%

|1| **神経系** … 脳やせきずいからなる**中枢神経**と，そこから枝分かれして全身に広がる**末しょう神経**がある。

- **感覚神経** … 末しょう神経のうち，感覚器官からの信号を脳やせきずいに伝える神経。
- **運動神経** … 末しょう神経のうち，脳やせきずいからの信号を筋肉へ伝える神経。

|2| **意識して起こす反応** … 命令の信号は脳から出される。

- **刺激や命令の伝わる経路** (例) 右手をにぎられたので，にぎり返すとき

刺激→**感覚器官**→**感覚神経**→せきずい→脳→せきずい→**運動神経**→**筋肉**→反応

注意 脳に近い目や耳からの信号はせきずいを通らずに，脳に直接伝わる。

3 反射

出題率 14.6%

|1| **反射** … 刺激に対して**無意識**に起こる反応。

(例)
- 熱いものにふれて，思わず手を引っこめる。
- 明るさによってひとみの大きさが変わる。
- 口に食物を入れるとだ液が出る。

|2| **反射のしくみ** … 感覚器官からの信号は脳を通らないため，反応までの時間が短い。

- **刺激や命令の伝わる経路** (例) 熱いものにふれて，思わず手を引っこめるとき

刺激→**感覚器官**→**感覚神経**→せきずい→**運動神経**→**筋肉**→反応

実力アップ問題

解答・解説 | 別冊p.22

正答率

1

差がつく

↪1

42%

右の図は，ヒトの肩とうでの骨を模式的に表したものである。図のようにうでを曲げるとき，縮む筋肉の両端のけんは，どの部分についているか。図のア～エのうち，最も適当なものを１つ選び，記号で答えなさい。[愛媛県]　〔　　　〕

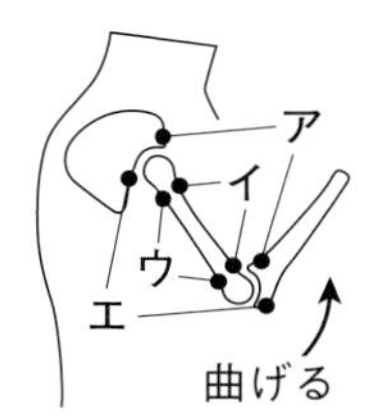

2

↪1

右の図は，ヒトの耳を模式的に示したものである。各部のはたらきについて述べた文のうち，誤っているものを次のア～エから１つ選び，記号で答えなさい。[沖縄県]

〔　　　〕

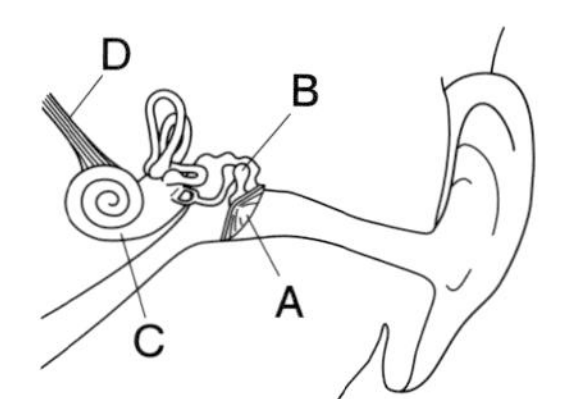

ア　Aは鼓膜で，空気の振動をBへ伝える。
イ　Bは耳小骨で，Aからの振動をCへ伝える。
ウ　Cはうずまき管で，脳からの音の情報をBへ伝える。
エ　Dは神経で，Cからの音の情報を脳へ伝える。

3

↪1,2

ヒトが刺激を受けとってから，反応するまでにかかる時間を調べるために，次の実験を行った。あとの問いに答えなさい。[鳥取県]

実験

操作１．図１のように，Bさんはものさしを支え，Aさんはものさしの０の目盛りのところにふれないように指をそえ，ものさしを見た。

操作２．図２のように，Bさんがものさしから指を離し，Aさんは，ものさしが落ちるのを見たら，すぐにものさしをつかんだ。

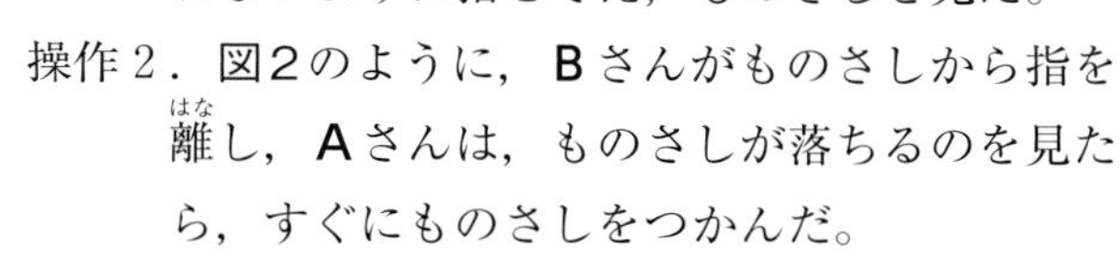

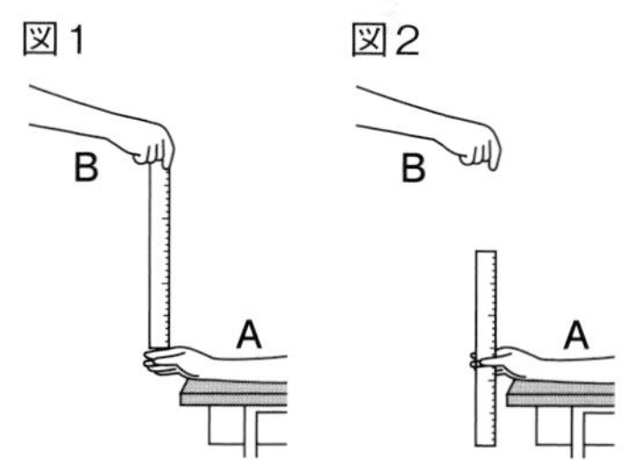

操作３．Aさんがものさしをつかんだ位置の目盛りを読み，数値を記録した。

操作４．操作１から操作３までを５回くり返した。

(1)　ヒトがものを見るとき，目のどの部分で光の刺激を受けとっているか，最も適切なものを，次のア～エから１つ選び，記号で答えなさい。　〔　　　〕　64%

ア　網膜　　**イ**　レンズ　　**ウ**　視神経　　**エ**　虹彩

(2)　次の経路は，実験において，目が刺激を受けとり，筋肉が反応するまでの刺激や命令の伝わり方を示したものである。経路の(　　)にあてはまる語を，下のア～エからそれぞれ１つずつ選び，記号で答えなさい。　33%

①〔　　　〕②〔　　　〕③〔　　　〕④〔　　　〕

経路

刺激 ➡ 目 →（ ① ）→（ ② ）→（ ③ ）→（ ④ ）→ 筋肉 ➡ 反応

ア　運動神経　　**イ**　感覚神経　　**ウ**　脊髄　　**エ**　脳

正答率

超重要 (3) 次の表は実験の結果である。また，グラフは，ものさしが落ちた距離（きょり）とものさしが落ちるのに要する時間との関係を示したものである。この実験において，ものさしが落ちるのを見てからつかむまでにかかる時間は何秒か，表の平均値とグラフをもとに答えなさい。〔　　　　　秒〕 74%

回	1回目	2回目	3回目	4回目	5回目	平均値
距離	11.5cm	9.8cm	10.4cm	12.1cm	11.2cm	11.0cm

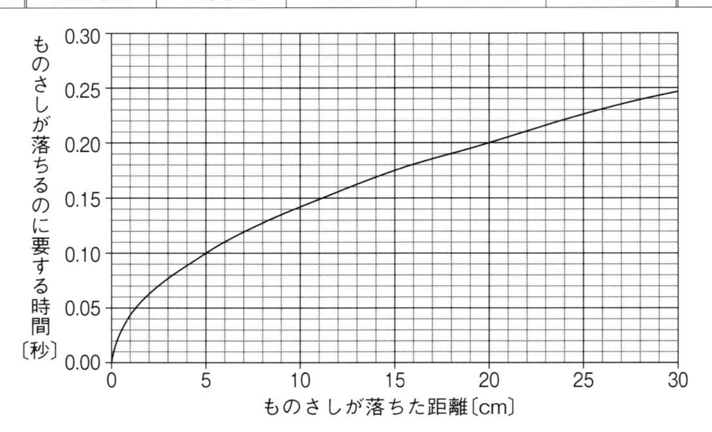

4

↪ 1,2,3

太郎さんは，明るい部屋で手鏡を見ながらひとみの大きさを観察した。次に，部屋を暗くして，ひとみの大きさの変化を観察した。右の図1は，明るい部屋でのひとみの大きさを示したものである。また，右の図2は，暗い部屋でのひとみの大きさを示したものである。〔香川県〕

図1

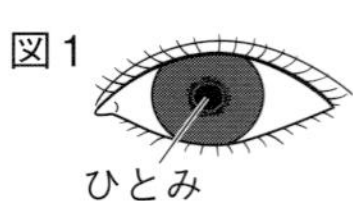

図2

ひとみ

(1) この実験において，明るい部屋を暗くしたことで，ひとみの大きさが大きくなった。このように，部屋の明るさによって，ひとみの大きさが大きくなったり，小さくなったりするのはなぜか。その理由を「光」の言葉を用いて簡単に書きなさい。

〔　　　　　　　　　　　　　　　　　　　　　　〕

超重要 (2) ひとみの大きさの変化のように，刺激に対して無意識に起こる反応は何とよばれるか。その名称を書きなさい。〔　　　　　〕

差がつく (3) ひとみの大きさの変化とは異なり，意識をしたうえでの反応を次の**ア**～**エ**から1つ選び，記号で答えなさい。〔　　〕

ア 猫（ねこ）が飛び出してきたので，すぐに自転車のブレーキをかけた。

イ 熱いやかんにさわったとき，思わず手を引っ込（こ）めた。

ウ いきなりボールが飛んできたので，とっさに目を閉じた。

エ 煙（けむり）が目に入ってきたので，自然に涙（なみだ）が出た。

» 生物分野

生物の観察と器具の使い方

出題率 26.0%

入試メモ　顕微鏡（けんびきょう）は倍率の求め方，操作手順のほか，対物レンズの倍率を変えたときの視野の範囲（はんい）と明るさの変化もよく問われるので注意しよう。

1　身近な生物の観察

出題率 3.1%

|1| **スケッチのしかた**

- 細い線と小さな点ではっきりとかく。
- 線を重ねがきしたり，影（かげ）をつけたりしない。
- 対象とするものだけをかく。

よい例

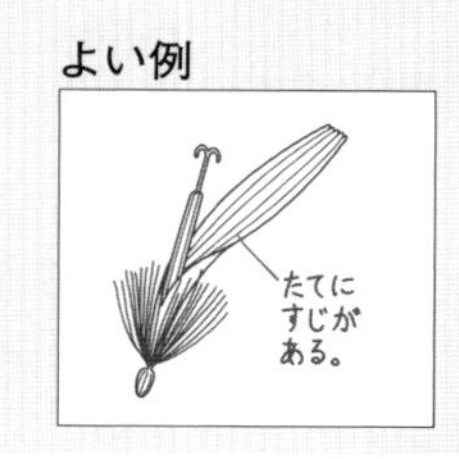

悪い例

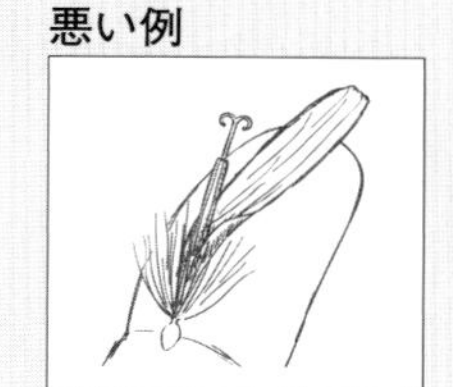

2　ルーペの使い方

出題率 7.3%

|1| **ルーペの使い方** … 目に近づけて持つ。

観察物が動かせるとき

観察物が動かせないとき

注意　目を痛めるので，ルーペで太陽を見てはいけない。

3　顕微鏡の使い方

出題率 17.7%

|1| **顕微鏡の倍率**

倍率＝接眼レンズの倍率×対物レンズの倍率

|2| **顕微鏡の操作手順**

①**接眼レンズ**→**対物レンズ**の順にとりつける。

②**反射鏡**を動かして視野全体を明るくする。

③ステージにプレパラートをのせ，**横から見ながら**調節ねじを回し，対物レンズとプレパラートを近づける。

④接眼レンズをのぞきながら調節ねじを③とは逆向きに回して，対物レンズとプレパラートを**遠ざけながら**，ピントを合わせる。

ステージ上下式顕微鏡

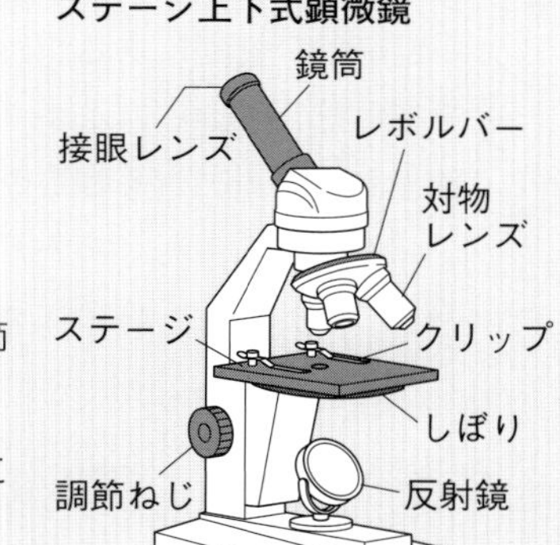

|3| **視野と明るさ** … 対物レンズを**高倍率**にすると，

- 対物レンズとプレパラートの距離（きょり）➡**近くなる**。
- 視野の範囲➡**せまくなる**。
- 視野の明るさ➡**暗くなる**。

プレパラートの動かし方

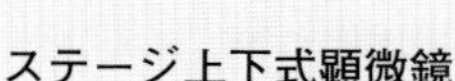

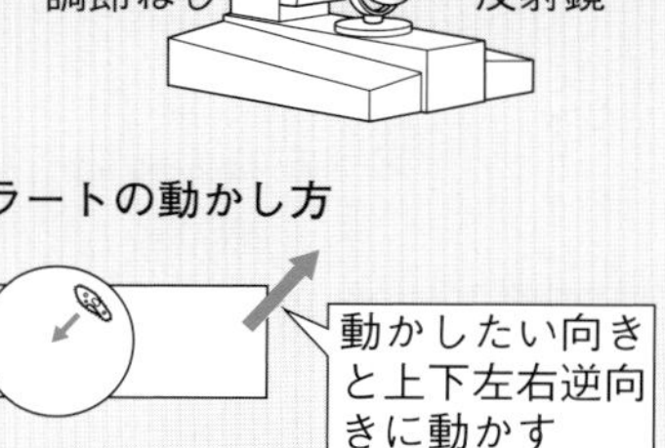

|4| **双眼実体顕微鏡**（そうがんじったいけんびきょう） … プレパラートをつくる必要がなく，観察物を20～40倍程度で立体的に観察することができる。

実力アップ問題

解答・解説 | 別冊 p.22

正答率

1

↪1

91%

花子さんは，タンポポを観察して，右のような観察カードをつくった。理科で観察を行うときのスケッチのしかたとして適切なものはどれか。次の**ア**～**エ**から1つ選び，記号で答えなさい。［宮崎県］

〔　　　〕

〔観察カード〕(一部)

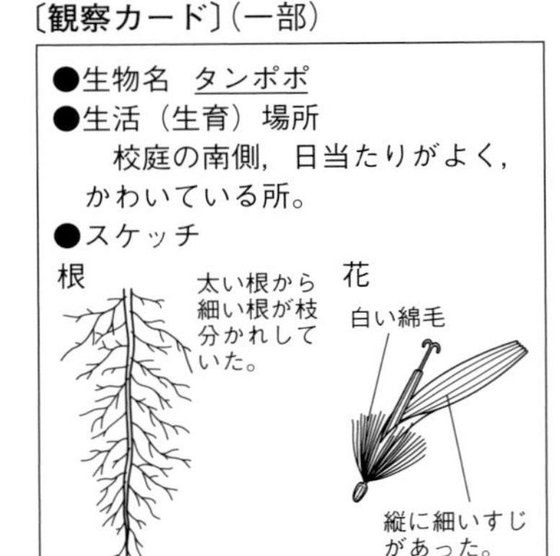

ア　輪かくの線を重ねがきする。

イ　影(かげ)をつけて立体的にする。

ウ　細い線と小さな点ではっきりとかく。

エ　ぬりつぶして色のちがいを表す。

2

超重要

↪2

76%

片方の手にツバキの葉を1枚持ち，もう一方の手に持ったルーペで葉脈を観察するとき，最も適切なピントの合わせ方を，次の**ア**～**エ**から1つ選び，記号で答えなさい。［栃木県］

〔　　　〕

ア　ルーペを目から遠ざけて持ち，葉は動かさず，ルーペを前後に動かす。

イ　ルーペを目から遠ざけて持ち，ルーペは動かさず，葉を前後に動かす。

ウ　ルーペを目に近づけて持ち，顔は動かさず，葉を前後に動かす。

エ　ルーペを目に近づけて持ち，葉は動かさず，顔を前後に動かす。

3

↪3

ともこさんは，身近な生物を調べるために，次の観察Ⅰ，Ⅱを行った。このことについて，あとの問いに答えなさい。［高知県］

観察Ⅰ．校庭にあるツツジの花を1つとり，そのつくりを，観察器具を用いて観察した。

観察Ⅱ．池の水を採取し，スライドガラスに1滴(てき)とり，カバーガラスをかけ，プレパラートをつくった。これを顕微鏡(けんびきょう)で観察した。

24%

(1)　次の文は，観察Ⅰを行うときに用いた下線部の観察器具について，使い方の手順を述べたものである。このときに用いた観察器具の名称(めいしょう)を書きなさい。

> ①　観察したいものが見やすくなるように，ステージの黒い面か白い面かを選ぶ。
> ②　左右の接眼レンズの間隔(かんかく)を，自分の目の間隔に合うように調節し，左右の視野が重なって1つに見えるようにする。
> ③　鏡筒(きょうとう)を上下させて，右目でピントを合わせる。
> ④　視度調節リングを回して，左目でピントを合わせる。

〔　　　　　　　〕

正答率

(2) 観察Ⅱでは，まずプレパラート全体を観察するために，顕微鏡の視野が最も広くなるように操作した。このとき用いた接眼レンズと対物レンズの組み合わせとして正しいものを，次の**ア**～**エ**から１つ選び，記号で答えなさい。 〔　　　〕

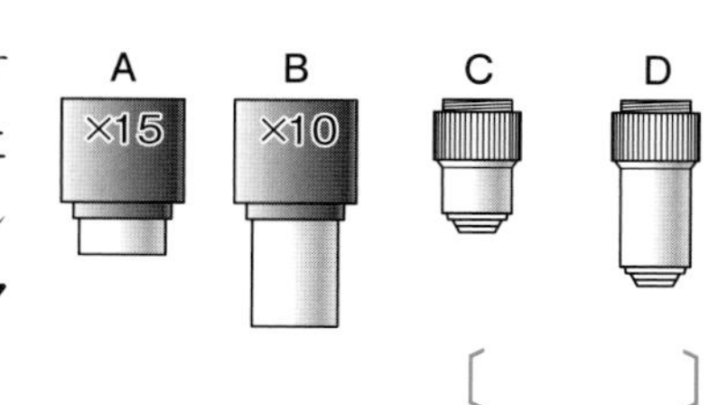

ア　接眼レンズ－A　対物レンズ－C　**イ**　接眼レンズ－A　対物レンズ－D
ウ　接眼レンズ－B　対物レンズ－C　**エ**　接眼レンズ－B　対物レンズ－D

50%

(3) 観察Ⅱで用いた顕微鏡について，ピントの合わせ方を示した文として正しいものを，次の**ア**～**エ**から１つ選び，記号で答えなさい。 〔　　　〕

ア　接眼レンズをのぞきながら，プレパラートと対物レンズをじょじょに遠ざける。次に，顕微鏡を横から見ながら，プレパラートと対物レンズを近づけ，ピントを合わせる。

イ　接眼レンズをのぞきながら，プレパラートと対物レンズをじょじょに近づける。次に，顕微鏡を横から見ながら，プレパラートと対物レンズを遠ざけ，ピントを合わせる。

ウ　顕微鏡を横から見ながら，プレパラートと対物レンズを遠ざける。次に，接眼レンズをのぞきながら，プレパラートと対物レンズをじょじょに近づけ，ピントを合わせる。

エ　顕微鏡を横から見ながら，プレパラートと対物レンズを近づける。次に，接眼レンズをのぞきながら，プレパラートと対物レンズをじょじょに遠ざけ，ピントを合わせる。

65%

超重要 (4) 観察Ⅱでは，ミカヅキモが見えた。このミカヅキモについてさらに詳(くわ)しく観察するために，接眼レンズの倍率を15倍，対物レンズの倍率を20倍にした。このときの顕微鏡の倍率は何倍か。 〔　　　倍〕

74%

4

差がつく ↪3

次の図は，顕微鏡でゾウリムシを観察したときの視野とプレパラートを示した模式図である。視野の左上に見えているゾウリムシを視野の中央に動かしたいとき，プレパラートをどの方向に動かせばよいか。**ア**～**エ**から，最も適当なものを１つ選び，記号で答えなさい。[岩手県] 〔　　　〕

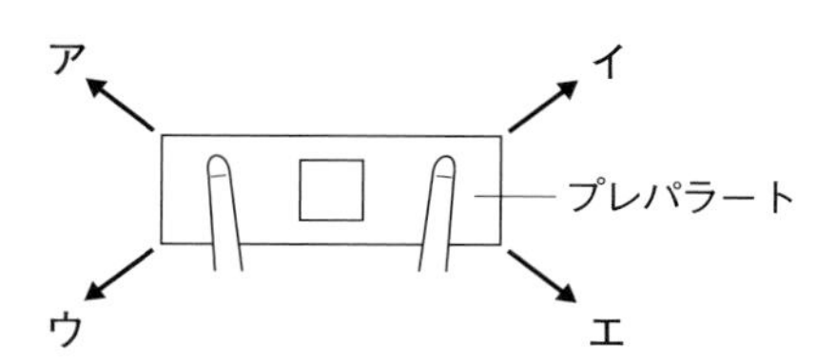

» 生物分野

生物と細胞

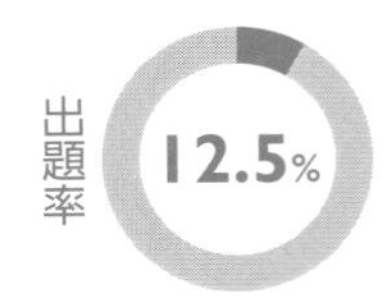

入試メモ　細胞のつくりでは，動物と植物の細胞のちがいをおさえよう。植物の細胞に特徴的なつくりとそのはたらきはよく問われる。

1　細胞のつくり

出題率 8.3%

|1| **動物と植物の細胞に共通するつくり**

- **核**…細胞に1個ある丸いもの。酢酸オルセイン液や酢酸カーミン液などの染色液によく染まる。
- **細胞質**…核のまわりの部分。
- **細胞膜**…細胞質のいちばん外側にあるうすい膜。

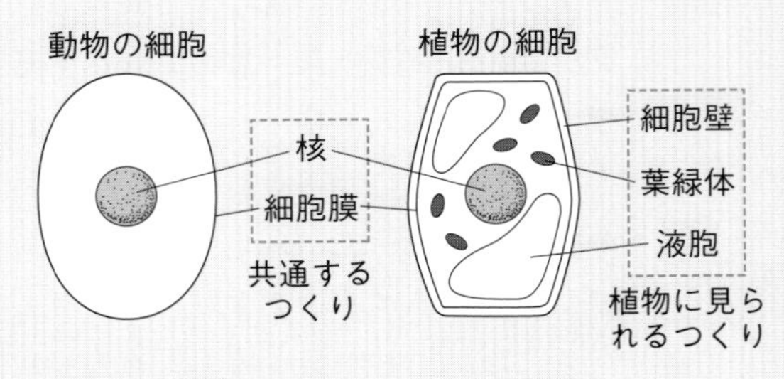

|2| **植物の細胞に特徴的なつくり**

- **細胞壁**…細胞膜の外側にある仕切り。細胞の形を維持し，植物の体を支える。
- **葉緑体**…緑色の小さな粒。光合成を行う。
- **液胞**…細胞の活動でできた物質や水が入っている。

注意　細胞質は核と細胞壁以外の部分で，植物では葉緑体や液胞も細胞質にふくまれる。

2　単細胞生物と多細胞生物

出題率 3.1%

|1| **単細胞生物**…体が**1つの細胞**からできている生物。　例 アメーバ，ゾウリムシ

- 運動や養分のとり入れなど，すべてを1つの細胞だけで行う。

|2| **多細胞生物**…体が**多くの細胞**からできている生物。　例 ミジンコ，ヒト，アブラナ

3　組織・器官・個体

出題率 3.1%

|1| **組織**…形やはたらきが同じ細胞が集まったもの。

例 表皮組織，筋組織

|2| **器官**…いくつかの種類の組織が集まって特定のはたらきをもつ部分。

例 葉，茎，根，心臓，小腸

|3| **個体**…いくつかの器官が集まってつくられる，1個の生命体。

例 1株のツバキ，1人のヒト

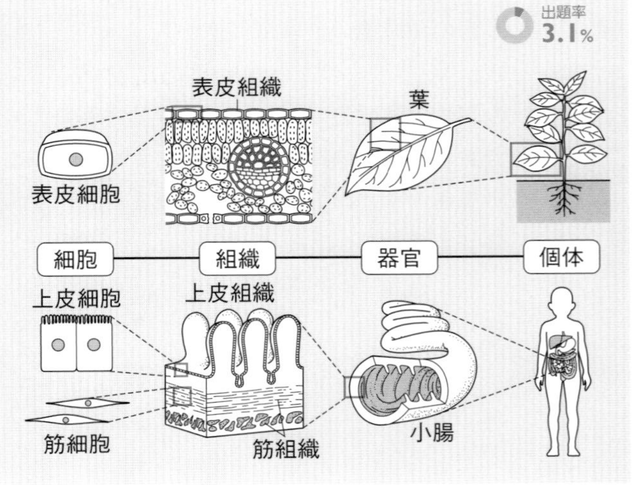

実力アップ問題

解答・解説｜別冊p.23

正答率

1

↪1

細胞のつくりを調べるために，オオカナダモの葉の細胞とヒトのほおの内側の細胞を観察した。次の［　　］内は，その観察の手順と結果である。［福岡県］

【手順】

① オオカナダモの葉を1枚とり，スライドガラスにのせ，酢酸カーミン液を1滴落として，3分間ほどおく。

② 図1のように，柄つき針とピンセットを使ってカバーガラスを<u>片方からゆっくりと</u>かぶせ，プレパラートをつくる。

図1

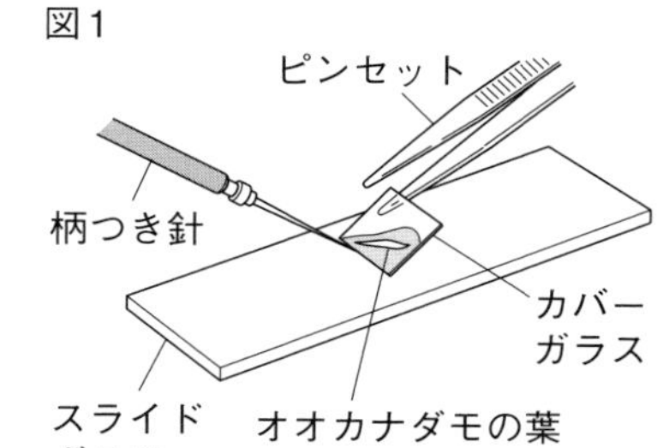

③ ほおの内側を綿棒でこすりとり，綿棒を別のスライドガラスにこすりつけ，酢酸カーミン液を1滴落として，1分間ほどおく。

④ ②と同じようにして，プレパラートをつくる。

⑤ ②と④で作成したプレパラートを顕微鏡で観察し，それぞれスケッチする。

【結果】

	オオカナダモの葉の細胞	ヒトのほおの内側の細胞
細胞のスケッチ	図2 (A)	図3
気づいたこと	・細胞は，細長い形できれいに並んでいた。 ・細胞の中には，赤く染まった部分があった。	・細胞は，丸みをおびていた。 ・細胞の中には，赤く染まった部分があった。

(1) 下線部のように操作を行うと観察しやすくなる理由を，簡潔に書きなさい。　82%

［　　　　　　　　　　　　　　　　］

(2) オオカナダモの葉の細胞とヒトのほおの内側の細胞で，酢酸カーミン液で赤くよく染まった部分を，図2中と図3中で，すべてぬりつぶしなさい。　89%

超重要 (3) 図2のAで示す部分は，植物の細胞だけに見られる。この部分を何というか。また，Aで示す部分のはたらきとして最も適切なものを，次のア～エから1つ選び，記号で答えなさい。　71%

名称［　　　　］ **はたらき**［　　　　］

ア 細胞の呼吸を行う。　**イ** 養分をつくる。

ウ 植物の体を支える。　**エ** 物質をたくわえる。

生物分野

正答率

■□47%

2 差がつく ↪1

右の表は，３種類の身近な植物と動物のある部位の細胞(さいぼう)をそれぞれ細胞**A**，**B**，**C**として観察し，核(かく)や葉緑体などの存在が確認できるかをまとめたものである。表中の○は存在が確認できることを，×は確認できないことを示している。この表から判断できることとして最も適するものを次の**ア**～**エ**から１つ選び，記号で答えなさい。[神奈川県]

	細胞A	細胞B	細胞C
核	○	○	○
葉緑体	○	×	×
細胞膜(まく)	○	○	○
細胞壁(へき)	○	×	○

〔　　　〕

ア　細胞**A**だけが植物細胞である。
イ　細胞**A**と細胞**B**は動物細胞である。
ウ　細胞**A**と細胞**C**は植物細胞である。
エ　細胞**B**と細胞**C**は動物細胞である。

3 差がつく ↪1

葉緑体の特徴(とくちょう)として，最も適当なものを次の**ア**～**オ**から１つ選び，記号で答えなさい。[沖縄県・改]　〔　　　〕

ア　植物の細胞だけにあり，細胞の形の維持(いじ)や植物の体を支える。
イ　呼吸を行い，エネルギーをとり出す。
ウ　物質の分泌(ぶんぴつ)にかかわる。
エ　細胞の活動にともなってできた物質や色素が入っている。成長した細胞ほど大きい。
オ　植物の細胞だけにあり，酸素をつくる。

4 ↪2

体が１つの細胞からできている生物を単細胞生物という。次の**ア**～**エ**から単細胞生物を１つ選び，記号で答えなさい。[徳島県]　〔　　　〕

ア　ゾウリムシ　　**イ**　ミジンコ
ウ　アブラナ　　**エ**　ムラサキツユクサ

5 ↪3

■□26%

次の文は，動物や植物の個体のつくりについて述べたものである。(　①　)，(　②　)にあてはまる語を書きなさい。[高知県]

①〔　　　　　〕②〔　　　　　〕

同じ形やはたらきをもったたくさんの細胞が集まったものを(　①　)という。いくつかの種類の(　①　)が組み合わさり，特定の形とはたらきをもつ部分を(　②　)という。個体は，さまざまな(　②　)が集まって構成されている。

地学分野

出るとこチェック 地学分野

次の問題を解いて，重要用語を覚えているか確認しよう。

1 地球の運動と天体の動き →p.118

□01 天体が1日に1回，東から西へと地球のまわりを回っているように見える見かけの動き。 (　　　　)

□02 天体が真南にくること。 (　　　　)

□03 星の同時刻に見える位置が1日に約1°ずつ東から西へとずれていき，1年でもとの位置にもどるように見える見かけの動き。 (　　　　)

2 気象観測と天気の変化 →p.122

□04 まわりより気圧が高いところ。 (　　　　)

□05 まわりより気圧が低いところ。 (　　　　)

□06 付近で積乱雲が発達し，強い雨がせまい範囲(はんい)に短い間降る前線。 (　　　　)

□07 付近で乱層雲や高層雲ができ，弱い雨が広い範囲に長い間降る前線。 (　　　　)

3 大地の変化 →p.126

□08 堆積物(たいせきぶつ)がおし固められてできた岩石。 (　　　　)

□09 地層が堆積した当時の環境(かんきょう)を知ることができる化石。 (　　　　)

□10 地層が堆積した年代を知ることができる化石。 (　　　　)

□11 地層におし縮めるような大きな力がはたらいてできた，地層の曲がり。 (　　　　)

4 太陽系と銀河系 →p.130

□12 太陽の表面に見られる黒い斑点(はんてん)。 (　　　　)

□13 太陽を中心とする天体の集まり。 (　　　　)

□14 表面が岩石でできていて，密度が大きい惑星(わくせい)。 (　　　　)

□15 おもに水素などの軽い物質からできていて，密度が小さい惑星。 (　　　　)

□16 月のように，惑星のまわりを公転する天体。 (　　　　)

□17 太陽のように，自ら光を出す天体。 (　　　　)

□18 数億～数千億個の恒星(こうせい)の集まり。 (　　　　)

5 天体の見え方と日食・月食 →p.134

□19 太陽の全体，または一部が月にかくれて見えなくなる現象。 (　　　　)

□20 月の全体，または一部が地球の影(かげ)に入る現象。 (　　　　)

6 空気中の水蒸気の変化 →p.138

□21 1 m^3の空気にふくむことのできる水蒸気の最大質量。 (　　　　)

□ 22　空気中の水蒸気が冷やされて，水滴(すいてき)に変わり始めるときの温度。　(　　　　)
□ 23　地表付近の空気が冷やされて，空気中の水蒸気が水滴に変わったもの。　(　　　　)

7 大気の動きと日本の天気 →p.141

□ 24　大陸と海洋の温度差によって生じる，季節に特徴(とくちょう)的な風。　(　　　　)
□ 25　陸と海の温度差によって生じる，海岸付近にふく風。　(　　　　)
□ 26　晴れた日の昼，海から陸に向かってふく風。　(　　　　)
□ 27　晴れた日の夜，陸から海に向かってふく風。　(　　　　)
□ 28　中緯度(ちゅういど)帯の上空にふいている強い西風。　(　　　　)
□ 29　冬にユーラシア大陸で発達し，日本の天気に大きな影響(えいきょう)を与(あた)える気団。　(　　　　)
□ 30　夏に日本をおおうことが多く，日本の天気に大きな影響を与える気団。　(　　　　)

8 火をふく大地 →p.144

□ 31　地下にある岩石が，高温のためにどろどろにとけたもの。　(　　　　)
□ 32　マグマが冷え固まってできた岩石。　(　　　　)
□ 33　マグマが地表や地表付近で急速に冷えて固まってできた岩石。　(　　　　)
□ 34　マグマが地下の深いところでゆっくり冷えて固まってできた岩石。　(　　　　)

9 ゆれる大地 →p.148

□ 35　地震(じしん)が最初に発生した地下の場所。　(　　　　)
□ 36　震源の真上にある地表の地点。　(　　　　)
□ 37　地震のゆれのうち，P波によって伝えられる，はじめの小さいゆれ。　(　　　　)
□ 38　地震のゆれのうち，S波によって伝えられる，後からくる大きなゆれ。　(　　　　)
□ 39　P波とS波がそれぞれ届くまでの時間の差。　(　　　　)
□ 40　0から7の10段階に分けられる，地震によるゆれの大きさを表す階級。　(　　　　)
□ 41　地震そのものの規模の大きさを表す数値。　(　　　　)
□ 42　地下の岩盤(がんばん)に大きな力がはたらくことで生じるずれ。　(　　　　)
□ 43　今後もくり返し活動する可能性がある断層。　(　　　　)

出るとこチェックの答え

1　01 日周運動　02 南中　03 年周運動（星の年周運動）
2　04 高気圧　05 低気圧　06 寒冷前線　07 温暖前線
3　08 堆積岩　09 示相化石　10 示準化石　11 しゅう曲
4　12 黒点　13 太陽系　14 地球型惑星　15 木星型惑星　16 衛星　17 恒星　18 銀河
5　19 日食　20 月食
6　21 飽和水蒸気量　22 露点　23 霧
7　24 季節風　25 海陸風　26 海風　27 陸風　28 偏西風　29 シベリア気団　30 小笠原気団
8　31 マグマ　32 火成岩　33 火山岩　34 深成岩
9　35 震源　36 震央　37 初期微動　38 主要動　39 初期微動継続時間　40 震度　41 マグニチュード　42 断層　43 活断層

» 地学分野

地球の運動と天体の動き

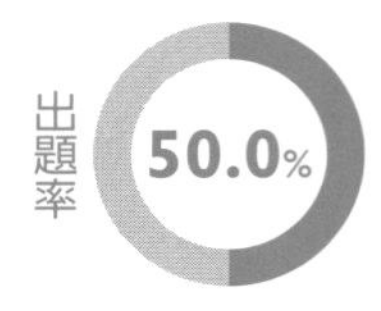

入試メモ　透明(とうめい)半球を用いた太陽の動きを調べる観察がねらわれやすい。日の出の時刻を求める計算問題はよく出題されるので，解き方を確認しておこう。

1　太陽の日周運動

出題率 20.8%

|1| **太陽の日周運動** … 太陽は，1日に1回，東から西へと地球のまわりを回っているように見える。

- 日周運動は，地球が1日に1回，**地軸**(ちじく)を中心に西から東へ**自転**するために起こる。

|2| **南中** … 天体が真南にくること。天体が南中したときの高度を南中高度という。

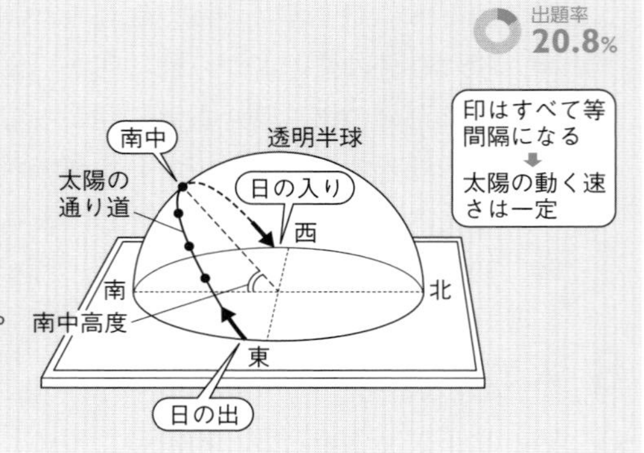

2　星の日周運動

出題率 15.6%

|1| **星の日周運動** … 星は，1日に1回，東から西へと地球のまわりを回っているように見える。

- 北の空では北極星を中心に反時計回りに回転する。
- 1時間に約15°の速さで移動する。

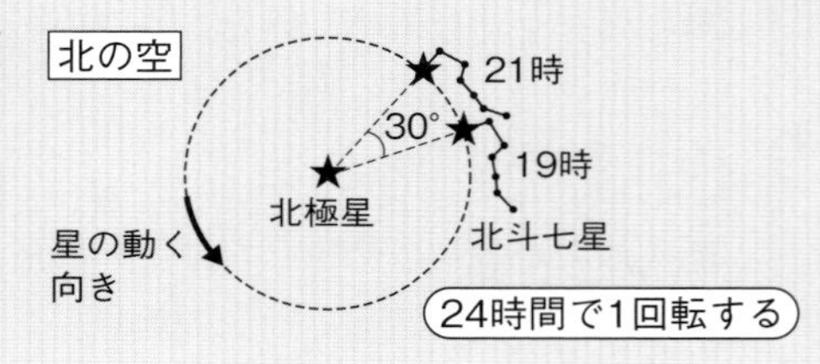

3　太陽や星の年周運動

出題率 39.6%

|1| **星の1年の動き** … 同時刻に見える星の位置が1日に約1°ずつ東から西へずれていき，1年でもとの位置にもどるように見える。

- 同時刻に見える星の位置は，1か月で約30°東から西へ変化する。

|2| **太陽の1年の動き** … 星座の間を西から東へ動き，1年でもとの位置にもどるように見える。

- 太陽が星座の間を動く見かけの通り道を黄道という。

|3| **季節と星座** … 地球から見て太陽の方向にある星座は見えない。

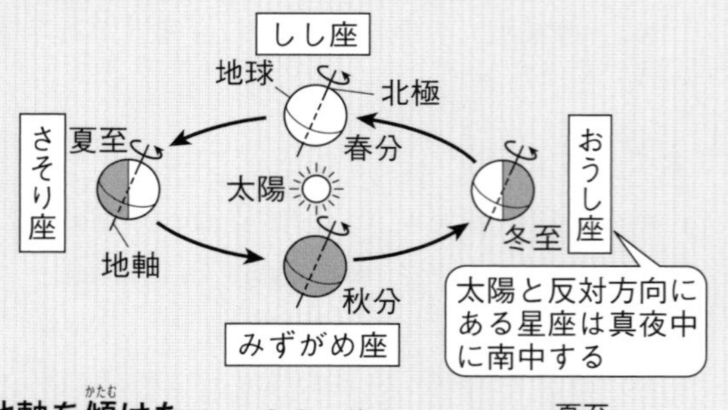

|4| **季節の変化** … 季節の変化は，地球が**地軸を傾**(かたむ)**けたまま**公転しているために起こる。

①太陽の南中高度➡夏は高く，冬は低い。

②昼の長さ➡夏は長く，冬は短い。

注意　春分・秋分の日の昼と夜の長さはほぼ同じ。

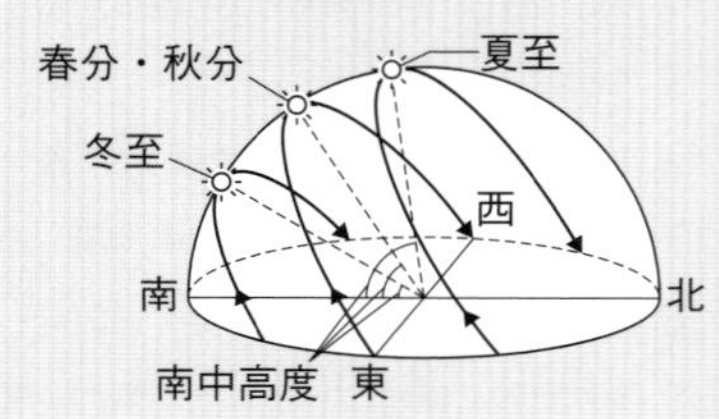

実力アップ問題

正答率

1 ↪1

太陽の動きを調べるために，青森県のある場所で，ある日の9時から15時まで，1時間ごとに太陽の位置を透明半球に•で記録し，それらをなめらかな曲線で結んだ。右の図は，その結果を表したものであり，Oは透明半球の中心，X，Yは，曲線を延長して透明半球のふちと交わる点，Zは太陽高度の最も高かった点，Pは直線ACと直線XYの交点である。次の問いに答えなさい。

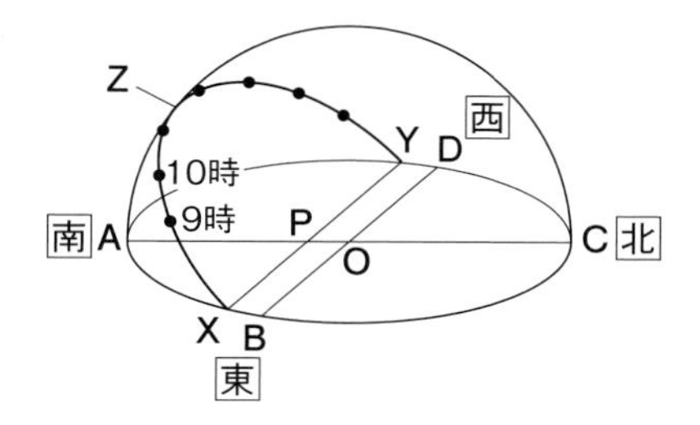

［青森県］

(1) 太陽の南中高度は，どの角度で表されるか，図中の記号を用いて書きなさい。 50%

［∠　　　　］

差がつく (2) 1時間ごとの•どうしの間隔(かんかく)は2.8cmで，9時に記録した•とXの間隔は6.3cmであった。日の出の時刻は何時何分か，求めなさい。［　　時　　分］ 33%

2 ↪2

福岡県のある地点で，11月22日の午後7時から午後11時まで2時間ごとに3回，カシオペヤ座と北極星を観察し，それぞれの位置を記録した。図の**ア**～**ウ**は，そのときの観察記録である。ただし，**ア**～**ウ**は，観察した時刻の順に並んでいるとは限らない。

［福岡県］

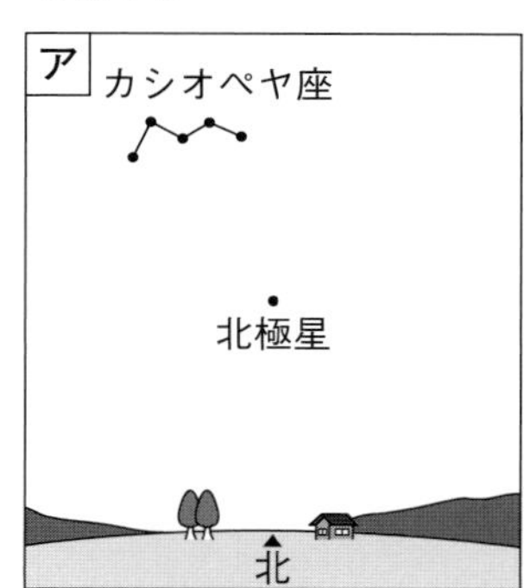

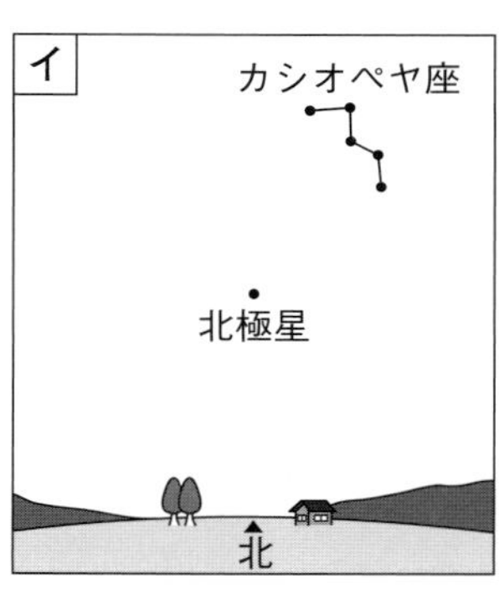

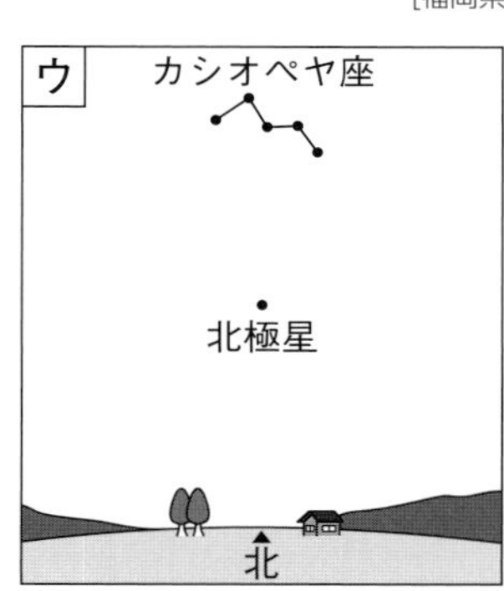

差がつく (1) 図の**ア**～**ウ**を，観察した時刻の早いほうから順に並べ，記号で答えなさい。 57%

［　　→　　→　　］

(2) この観察で見られたカシオペヤ座の動きのように，1日の間で時間がたつとともに動く，星の見かけ上の運動を，星の何というか。［星の　　　］ 82%

思考力 (3) この観察をしている間，北極星の位置がほぼ変わらないように見えた理由を，簡潔に書きなさい。 61%

［　　　　　　　　］

地学分野

正答率

3

↪3

右の図は，地球が地軸を傾けたまま太陽のまわりを回っているようすを模式的に表したものであり，A～Dは日本の春分，夏至，秋分，冬至のいずれかの日の位置を示している。次の問いに答えなさい。ただし，地軸の傾きを23.4°とする。［山梨県］

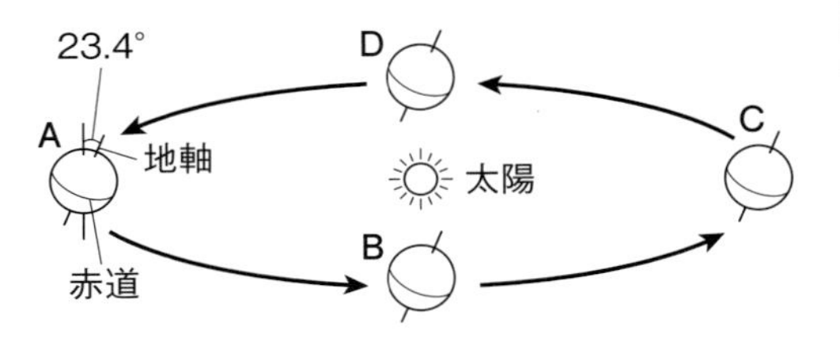

超重要 (1) 図で，日本の春分の日は，どの位置になるか。A～Dから最も適当なものを1つ選び，その記号を書きなさい。〔　　　〕　82%

難 (2) 北半球では，太陽の南中高度が冬至の日に最も低くなり，夏至の日に最も高くなる。日本の北緯35°の地点では，冬至の日から夏至の日までに，南中高度は何度変化するか，求めなさい。〔　　　°〕　30%

4

↪1,3

透明半球を用いて太陽の動きを観察した。あとの問いに答えなさい。［岐阜県］

〔観察〕 春分の日に，水平な場所に置いた厚紙に透明半球と同じ大きさの円をかき，その円の中心Oで直角に交わる2本の線を東西南北に正しく合わせた後，かいた円に透明半球のふちを合わせて固定した。さらに，午前7時から午後5時まで1時間ごとに，図1のように，サインペンの先の影が円の中心Oにくるようにして透明半球に印をつけて，太陽の位置を記録した。

図1

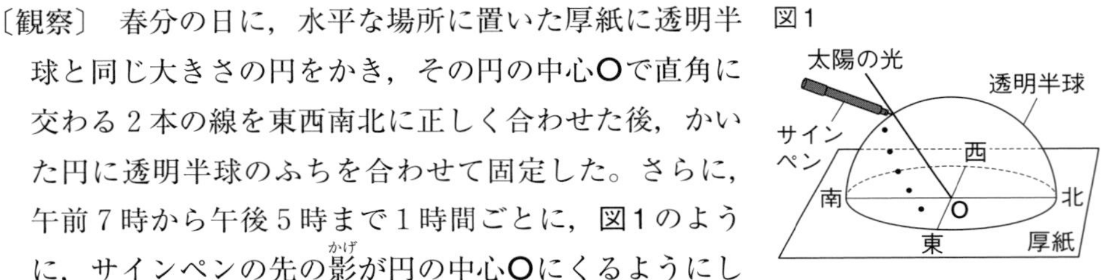

その後，印をつけた点をなめらかな線で結び，さらに線の両端を透明半球のふちまで延長し，図2のような太陽の軌跡をかいた。次に軌跡に紙テープを当て，1時間ごとの太陽の位置を記録した印を写しとり，となり合う印と印の間隔を測ったところ，長さはすべて等しかった。

図2

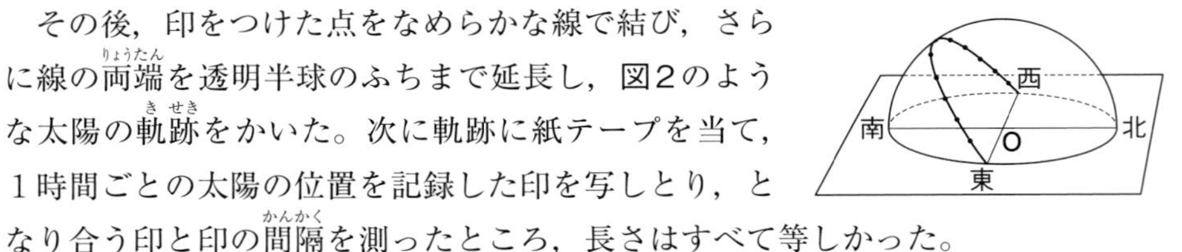

超重要 (1) 次の文中の①～③にあてはまるものを，あとのア～カから1つずつ選び，記号で答えなさい。①〔　　　〕②〔　　　〕③〔　　　〕　①86%　②72%　③92%

> 観察で，太陽の位置を記録した，となり合う印と印の間隔の長さはすべて等しく，透明半球上を太陽が東から西へ動いているように見える。これは，地球が［①］を中心として，［②］の方向へ，1時間あたり［③］という一定の割合で回転しているからである。

ア 太陽　**イ** 地軸　**ウ** 東から西
エ 西から東　**オ** 15°　**カ** 30°

正答率

(2) 観察と同じ地点で，夏至の日の太陽の動きを観察すると，透明半球上の太陽の軌跡はどうなるか。最も適切なものを次の**ア**～**エ**から１つ選び，記号で答えなさい。 〔　　　〕

64%

ア

天頂 西 南 北 O 東

イ

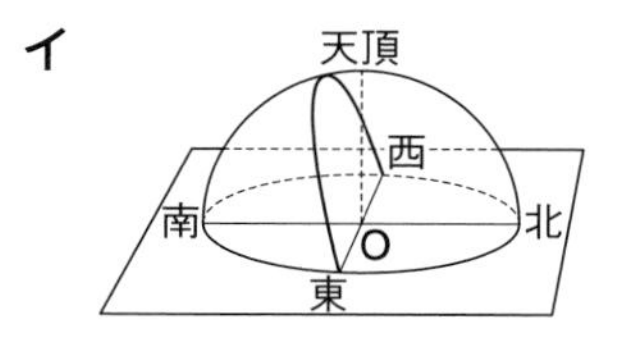

ウ

天頂 西 南 北 O 東

エ

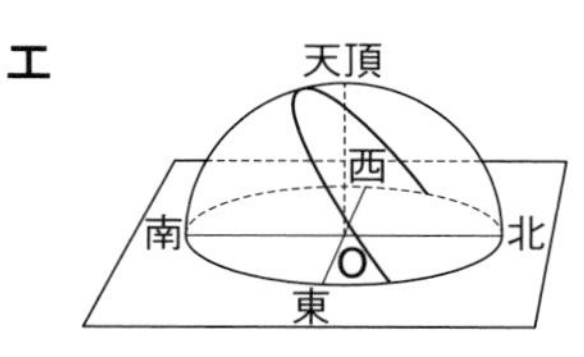

(3) 季節によって南中高度が変化する理由として最も適切なものを，次の**ア**～**エ**から１つ選び，記号で答えなさい。 〔　　　〕

65%

ア 地球が，公転面に対して一定の角度で地軸を同じ方向に傾けたまま公転しているため。

イ 地球が，公転面に対して一定の角度で地軸を同じ方向に傾けたまま自転しているため。

ウ 地球が，公転面に対する地軸の角度を変化させながら公転しているため。

エ 地球が，公転面に対する地軸の角度を変化させながら自転しているため。

5

↪2,3

右の図は，１月下旬（げじゅん）の19時に青森県のある地点で，北の空のカシオペヤ座と北極星を，南の空のオリオン座を観察し，それぞれスケッチしたものである。２時間後の21時に再び観察したところ，南の空ではオリオン座が南中していた。次の問いに答えなさい。 [青森県]

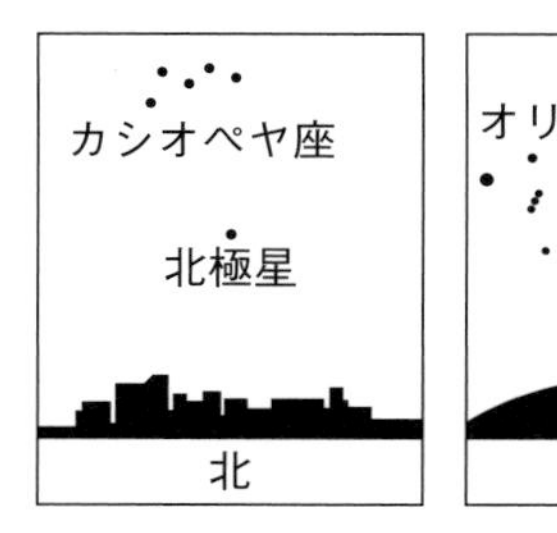

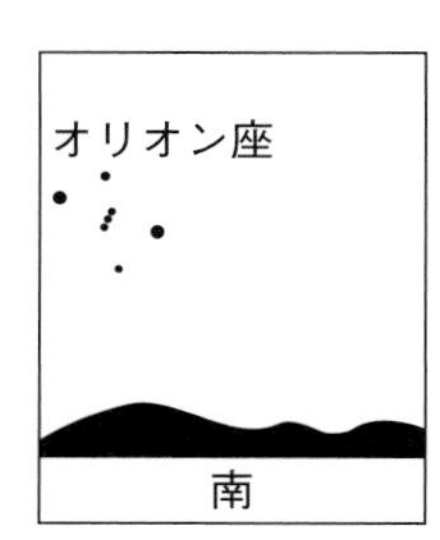

(1) 北の空を同じ日の21時に観察したときのスケッチとして最も適切なものを，次の**ア**～**エ**から１つ選び，記号で答えなさい。 〔　　　〕

35%

ア

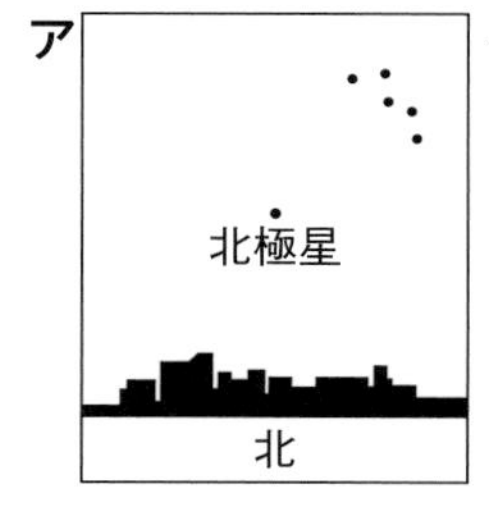

イ

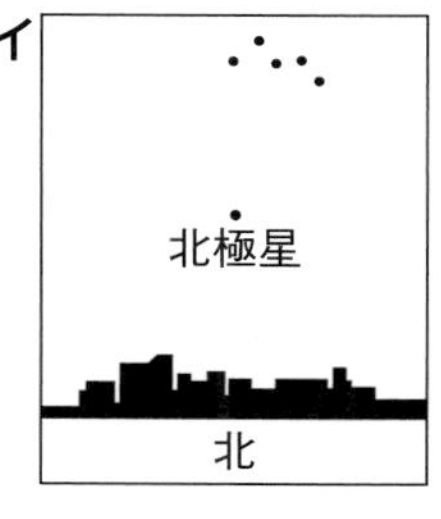

ウ

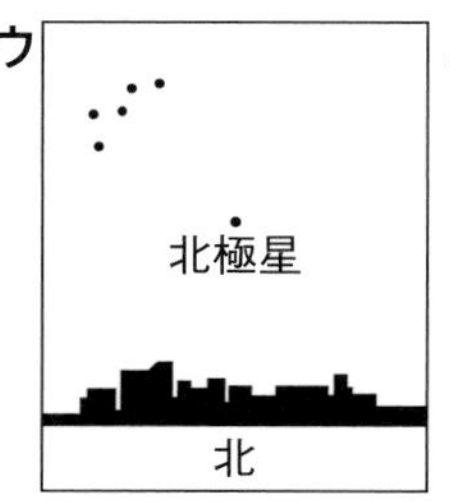

エ

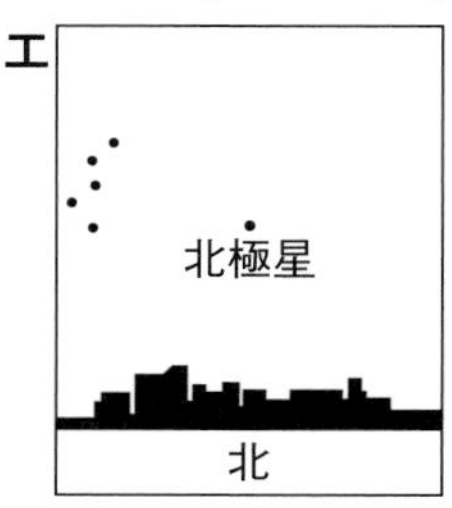

差がつく (2) 30日後の２月下旬にオリオン座が南中するのはおよそ何時か，書きなさい。

28%

〔　　　　　　時〕

地学分野

» 地学分野

気象観測と天気の変化

出題率 43.8%

入試メモ　天気図記号に関する問題や，乾湿計を読みとって湿度を求める問題がねらわれやすい。確実に得点できるように，くり返し解いて慣れておこう。

1　気象観測

出題率 27.1%

|1| 気象観測

- **天気** … 雨や雪などが降っていないときは，雲量で判断する。
- **湿度** … 乾湿計の乾球と湿球の示す温度の差を読みとり，湿度表を使って求める。
- **風向** … 風のふいてくる方向を16方位で表す。
- **風力** … 風の強さを0～12の13段階で表す。

天気	快晴	晴れ	くもり	雨	雪
雲量	0～1	2～8	9～10	—	—
記号	○	⌽	◎	●	⊗

天気図記号の表し方

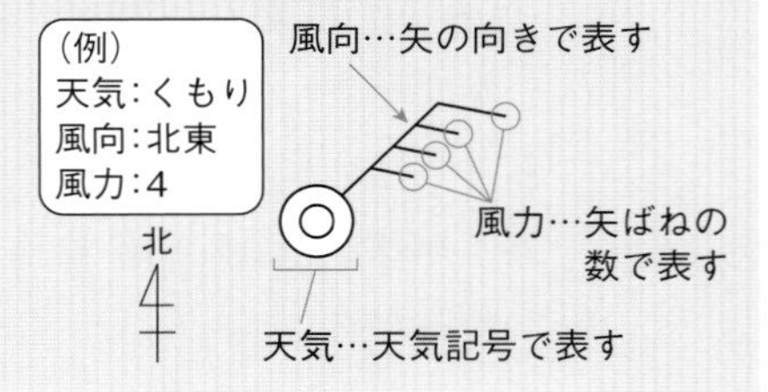

|2| 天気と温度・湿度の変化

- 晴れの日➡気温が上がると湿度が下がる。
- くもりや雨の日➡気温と湿度の変化が小さい。

2　気圧と風

出題率 17.7%

|1| 等圧線 … 気圧が等しい地点を結んだ曲線。

- 1000 hPaを基準にして4 hPaごとに引く。

|2| 気圧と風 … 風は，気圧の高いところから低いところへ向かってふく。

- 等圧線の間隔がせまい場所ほど風が強い。

|3| 高気圧 … まわりより気圧が高いところ。中心部では晴れることが多い。

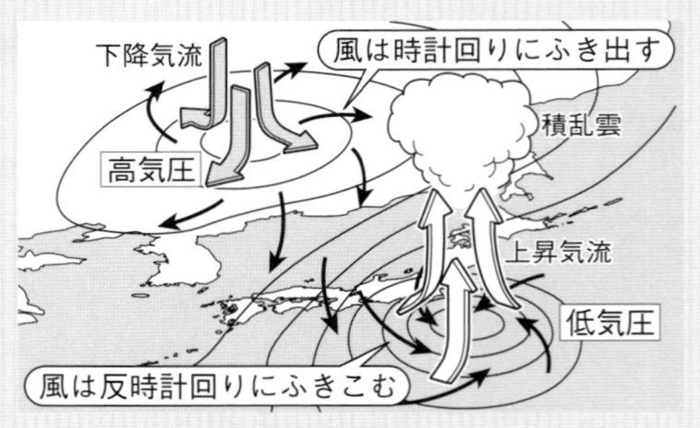

|4| 低気圧 … まわりより気圧が低いところ。中心部ではくもりや雨になることが多い。

3　前線と天気

出題率 22.9%

|1| 寒冷前線 … 前線付近では積乱雲が発達し，強い雨がせまい範囲に短い間降る。

- 通過後は，北寄りの風に変わり，気温が下がる。

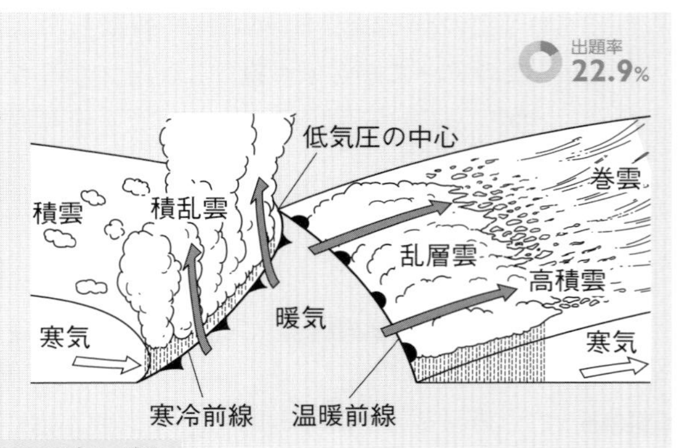

|2| 温暖前線 … 乱層雲や高層雲ができ，弱い雨が広い範囲に長い間降る。

- 通過後は，南寄りの風に変わり，気温が上がる。

実力アップ問題

解答・解説｜別冊p.24

正答率

1
超重要
↪1

下の表は，ある地点において観測された気象要素の結果を示したものである。この地点の風向，風力，天気を，天気図に使用する記号で右の図中にかきなさい。［熊本県］

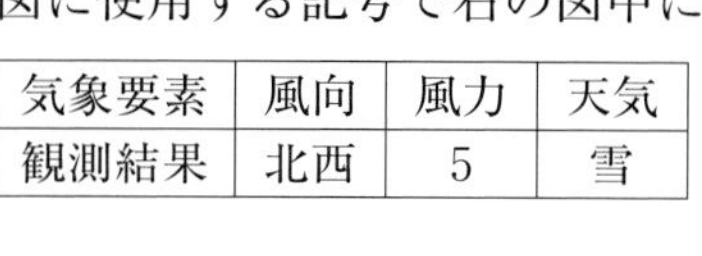

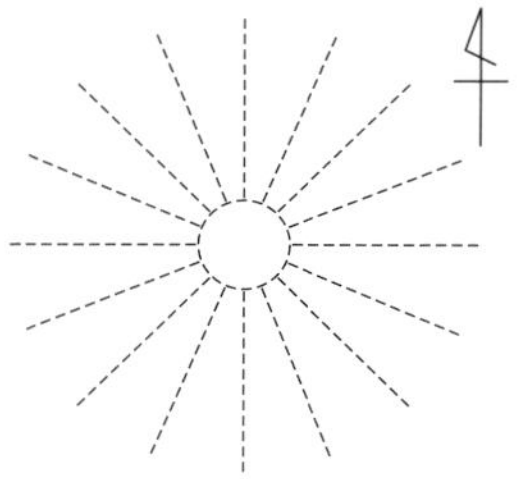

気象要素	風向	風力	天気
観測結果	北西	5	雪

2
差がつく
↪1

61%

理科室の湿度を乾湿計と湿度表を用いて測定した。右の表は，湿度表の一部である。次の図は，そのときの理科室の乾湿計の一部を示したものである。このときの湿度は何%か。［広島県］

〔　　　　　　　%〕

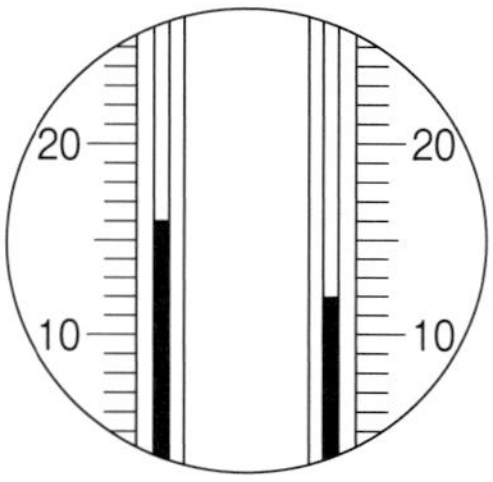

乾球の示度〔℃〕	乾球と湿球の示度の差〔℃〕 1	2	3	4	5
17	90	80	70	61	51
16	89	79	69	59	50
15	89	78	68	58	48
14	89	78	67	57	46
13	88	77	66	55	45
12	88	76	65	53	43
11	87	75	63	52	40
10	87	74	62	50	38

3
↪2

右の図は，日本付近の天気図の一部である。次の問いに答えなさい。［青森県］

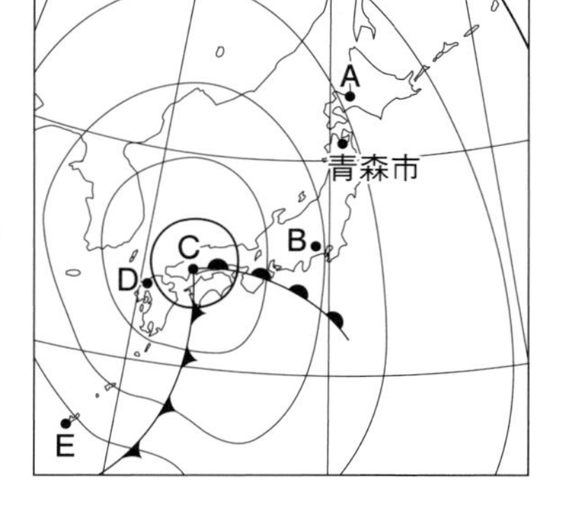

46%

(1)　図の地点A～Eの中から，青森市より気圧が低い地点をすべて選び，記号で答えなさい。

〔　　　　　　〕

51%

(2)　図の地点C付近における大気の動く向きを表したものとして最も適切なものを，次のア～エから1つ選び，記号で答えなさい。ただし，⇨は上下方向，➡は水平方向の大気の動く向きを表すものとする。〔　　　〕

ア

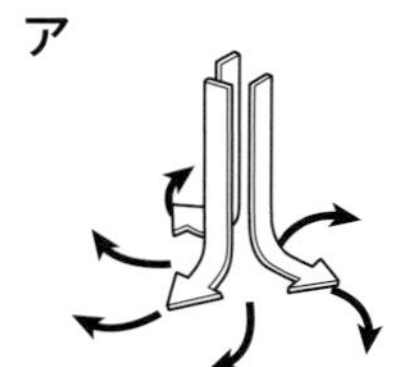

イ

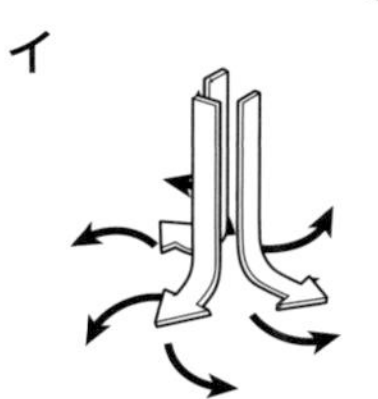

ウ

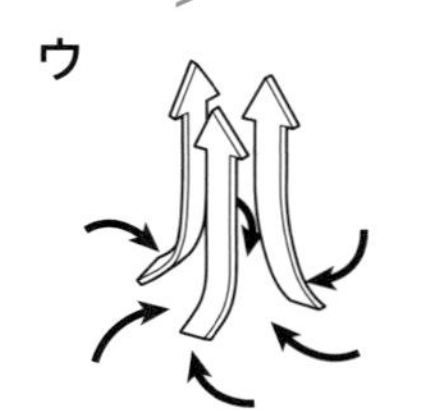

エ

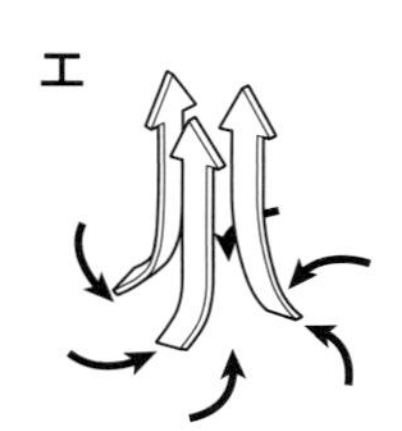

正答率

4 ↪2

右の図は，ある年の２月21日９時における日本付近の天気図を示したものである。これについて，次の問いに答えなさい。　[香川県]

(1)　図中に**X**で示した等圧線は，何hPaを示しているか。

〔　　　　　　hPa〕

思考力 (2)　図中に**A**，**B**で示したそれぞれの地点のうち，風が強いと考えられるのはどちらか。１つ選び，記号で答えなさい。また，この天気図からそう判断した理由を「等圧線」の言葉を用いて簡単に書きなさい。

記号〔　　　　〕 **理由**〔　　　　　　　　　　　　　　　　　　〕

5 ↪3

右の図は，日本のある地点**X**に中心がある温帯低気圧のつくりを模式的に表したものである。　[兵庫県]

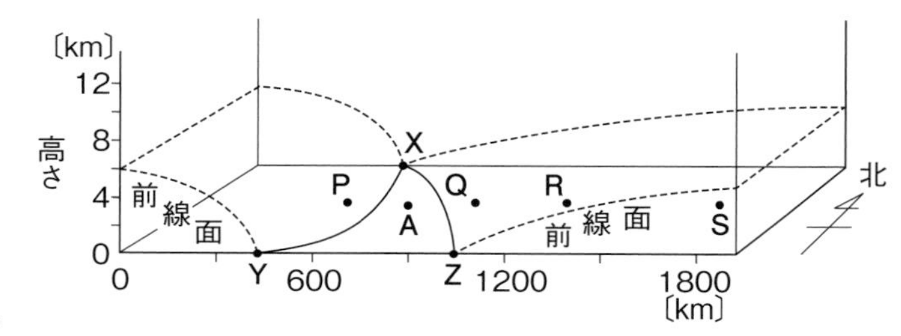

(1)　**X**—**Y**，**X**—**Z**は，前線を表している。**X**—**Z**が表す前線を何というか，書きなさい。　51%

〔　　　　〕

(2)　地点**P**～**S**の上空に観測される雲の種類の組み合わせとして適切なものを，次の**ア**～**エ**から１つ選び，記号で答えなさい。〔　　　〕　40%

	地点P	地点Q	地点R	地点S
ア	積乱雲	乱層雲	巻雲	高積雲
イ	乱層雲	積乱雲	巻雲	高積雲
ウ	積乱雲	乱層雲	高積雲	巻雲
エ	乱層雲	積乱雲	高積雲	巻雲

(3)　このあと地点**A**を前線が通過したときの，地点**A**の気象の変化を説明した文として適切なものを，次の**ア**～**エ**から１つ選び，記号で答えなさい。〔　　　〕　48%

ア　気温が下がり，北寄りの風がふく。

イ　気温が下がり，南寄りの風がふく。

ウ　気温が上がり，強いにわか雨が降る。

エ　気温が上がり，弱い雨が降る。

正答率

6

↪ 1,3

ある年の２月14日に東京のある地点Pで気象観測を行った。図１は，午前11時から午後11時までの気温，湿度(しつど)，風向の変化を表したものであり，この時間帯の平均気温は9.5℃であった。図２は，この日の午前11時の天気図である。あとの問いに答えなさい。 ［富山県］

図１

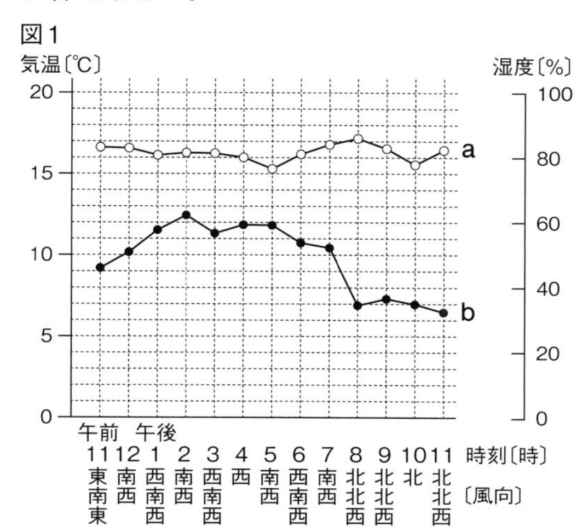

図２

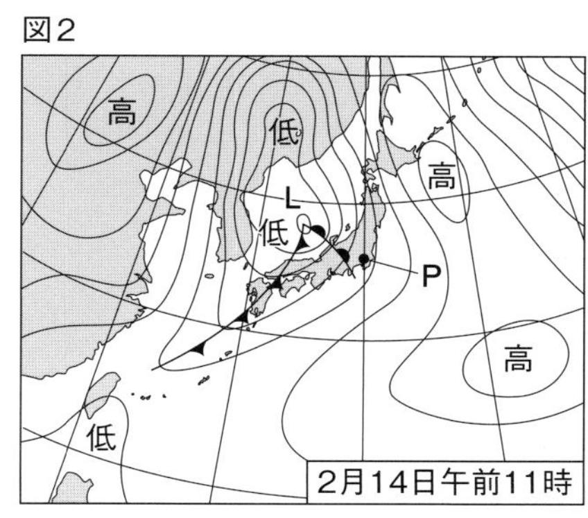

(1) 図１において，グラフa，bは，一方が気温の変化を表し，もう一方が湿度の変化を表している。気温の変化を表しているグラフはa，bのどちらか，記号で答えなさい。 ［　　］

(2) 図２のように，低気圧Lは温暖前線と寒冷前線をともなっていた。温暖前線付近のようすを表した図をA，Bから，温暖前線を表す記号をア，イからそれぞれ選び，記号で答えなさい。 図［　　］ 記号［　　］

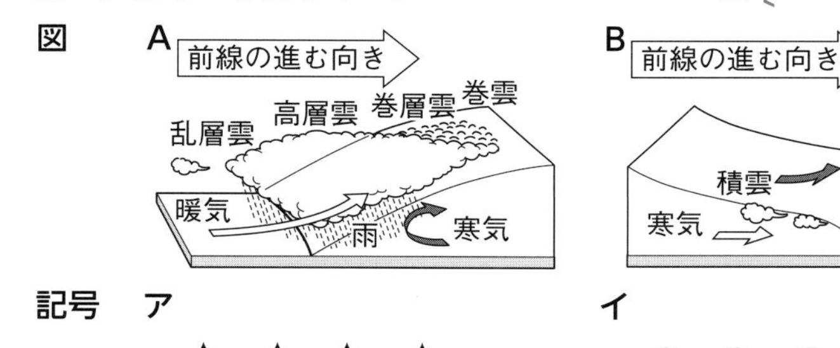

差がつく (3) 低気圧Lにともなう前線は，この日のうちに地点Pを通過している。寒冷前線が地点Pを通過した時間帯として最も適切なものはどれか。次のア～オから１つ選び，記号で答えなさい。 ［　　］

ア 午後２時～３時　**イ** 午後３時～４時　**ウ** 午後６時～７時
エ 午後７時～８時　**オ** 午後８時～９時

» 地学分野

大地の変化

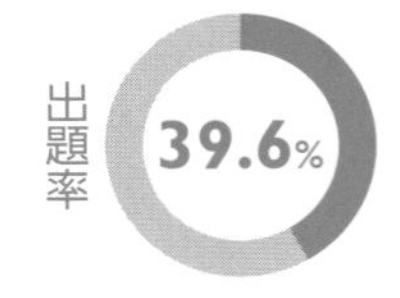

入試メモ　れき，砂，泥の粒の大きさのちがいから，地層がどのように堆積したかを問う問題がよく出る。柱状図から地層の傾きを問う問題もねらわれやすい。

1　地層のでき方と堆積岩

出題率 25.0%

|1| **地層のでき方**… **風化**した岩石が，流れる水のはたらきによって**侵食**，**運搬**され，海底などに**堆積**することでできる。

- 細かい粒ほど遠くに運ばれやすいため，河口近くにれきや砂，沖合に泥が堆積する。

|2| **堆積岩**… 堆積物がおし固められてできた岩石。

	れき岩	砂岩	泥岩	石灰岩	チャート	凝灰岩
堆積物	れき	砂	泥	生物の死がいなど	生物の死がいなど	火山灰，軽石など
粒の大きさや特徴	粒の直径は2mm以上	粒の直径は2～0.06mm	粒の直径は0.06mm以下	塩酸をかけると気体が発生する	塩酸をかけても気体が発生しない	粒が角ばっていることが多い

2　化石

出題率 20.8%

|1| **化石**… 生物の死がいやあし跡，巣穴などが土砂にうめられ，地層の中に残ったもの。

- **示相化石**… 地層が堆積した当時の**環境**を知ることができる化石。

　例 サンゴ➡あたたかくて浅い海　　シジミ➡河口や湖

- **示準化石**… 地層が堆積した**年代**を知ることができる化石。

地質年代	古生代	中生代	新生代
示準化石	フズリナ，三葉虫	アンモナイト，恐竜	ビカリア，ナウマンゾウ

3　大地の変化

出題率 22.9%

|1| **大地の変化**

- **しゅう曲**… 地層に**おし縮めるような大きな力**がはたらいてできた，地層の曲がり。
- **隆起**… 土地が大きな力を受けて上昇すること。
- **沈降**… 土地が大きな力を受けて下降すること。

|2| **地層の観察**

- **柱状図**… ある地点の地層のようすを１本の柱の形にして表したもの。
- **かぎ層**… 地層の広がりを知る手がかりになる層。

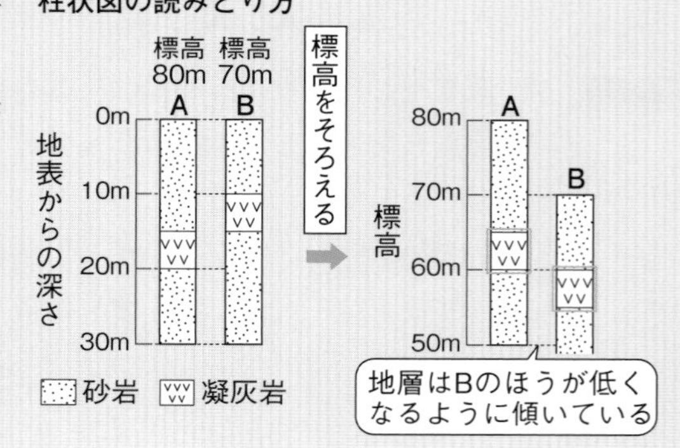

実力アップ問題

解答・解説｜別冊 p.25

正答率

1

↪1

海底で堆積してできた地層が，がけで見られた。この地層を右の図のようにスケッチし，特徴を調べた。

［長野県］

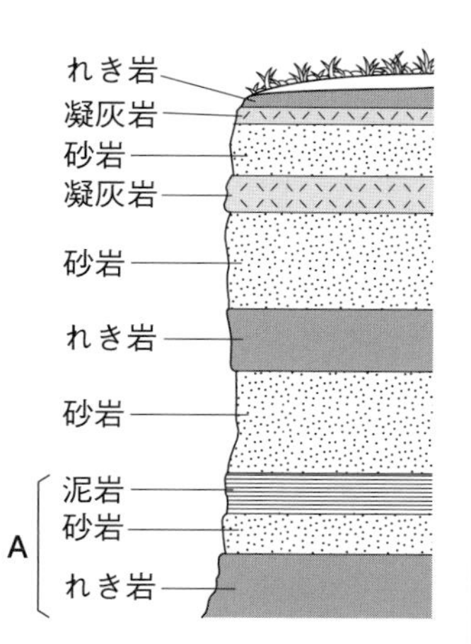

超重要 (1) 図の地層が連続してつくられている間に，この場所の近くで火山が噴火したのは，少なくとも何回か，書きなさい。　〔　　　　回〕

85%

難 (2) Aの地層がつくられている間に，この場所と陸地との距離はしだいに遠くなっていったと考えられる。そう考えた理由を，粒の大きさと粒が運ばれる距離との関係にふれて，簡潔に説明しなさい。ただし，この地層の上下の逆転や断層は見られないものとする。

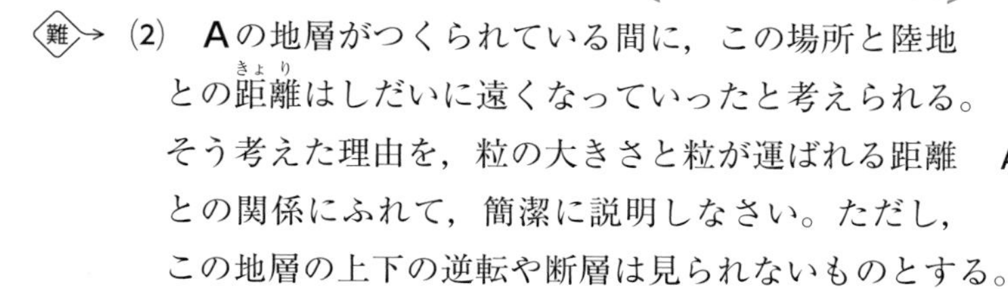

〔　　　　〕

28%

2

↪2

次のア～エのうち，フズリナや三葉虫の化石を含む地層が堆積した年代はどれか。1つ選び，記号で答えなさい。［栃木県］　〔　　　　〕

ア 新生代　　イ 中生代

ウ 古生代　　エ 古生代より前の年代

3

↪3

ある地域のA～Cの3地点でボーリング調査を行った。図1は，その3地点と標高を表した地図で，図2は，A～Cの各地点における地下の地層の重なりを表した図である。次の問いに答えなさい。ただし，この地域には断層はなく，地層は一定の角度で傾いているものとする。

図1

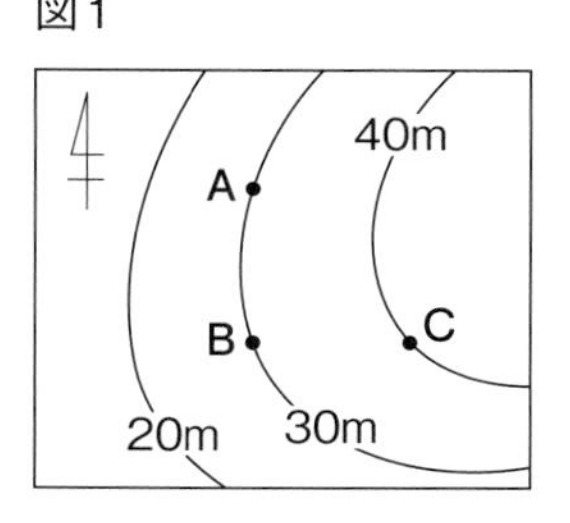

図2

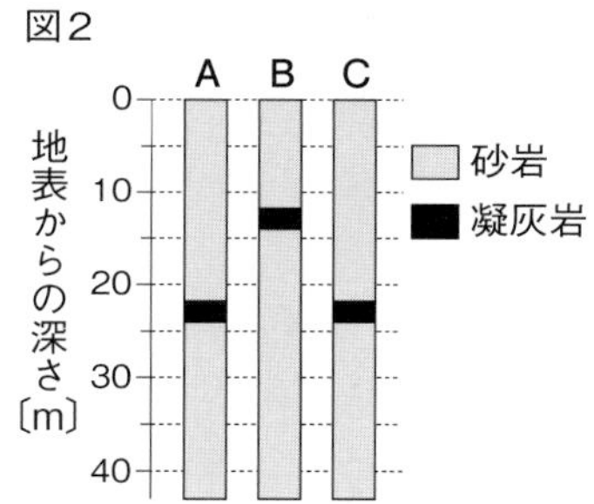

［宮城県］

(1) 地層の重なりを，図2のように表した図を何というか，答えなさい。　〔　　　　〕

32%

差がつく (2) この地域では，凝灰岩の地層はどの方向にいくほど低くなっていると考えられるか，次のア～エから1つ選び，記号で答えなさい。　〔　　　　〕

39%

ア 北　　イ 南　　ウ 東　　エ 西

正答率

4

↪2,3

恵子さんは，山形県内のある場所で地層の観察を行い，貝の化石が含まれた岩石を見つけ，興味をもち，調べた。右の図は，貝の化石が含まれた岩石の一部をスケッチしたものである。次の問いに答えなさい。

[山形県]

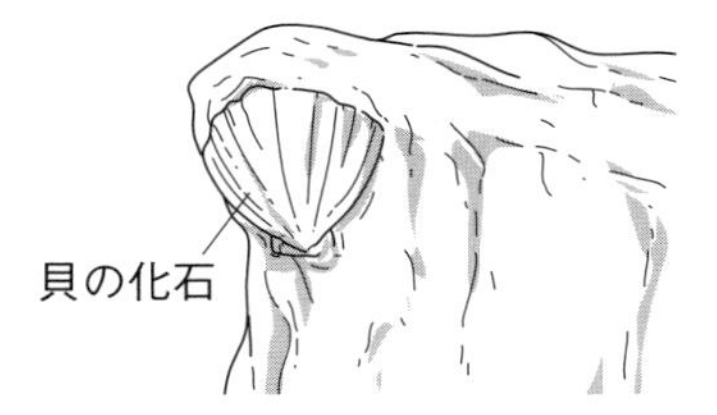

(1) 図のような貝の化石のほかに，化石として適切なものを，次の**ア**～**オ**からすべて選び，記号で答えなさい。 〔　　　　〕 57%

ア 生物がすんでいた穴のあと　**イ** 溶岩が流れたあと
ウ 恐竜のあしあと　**エ** 鉄鉱石
オ 石炭

(2) 次は，恵子さんが調べてまとめたものである。[a]，[b]にあてはまる言葉の組み合わせとして適切なものを，あとの**ア**～**エ**から１つ選び，記号で答えなさい。 80%

> 図の貝の化石は，ホタテガイの化石であることがわかった。生物が生息した当時の環境を示す化石は[a]化石とよばれる。
> 貝の化石が含まれた岩石を見つけた場所の標高は，約600mであった。また，同じ地層からホタテガイの化石が多く見つかったことから，観察した場所は，昔は海であり，長い時間をかけて標高約600mまで[b]したのだろう。

〔　　　　〕

ア a－示準　b－隆起　**イ** a－示準　b－沈降
ウ a－示相　b－隆起　**エ** a－示相　b－沈降

5

↪1,3

ある地点で地質調査が行われた。図１は，調査地域の地形を模式的に表したもので，地点A～Dはボーリング調査を行った地点を示している。図２は，それぞれの地点で得られた結果をもとに作成した柱状図である。

[愛媛県]

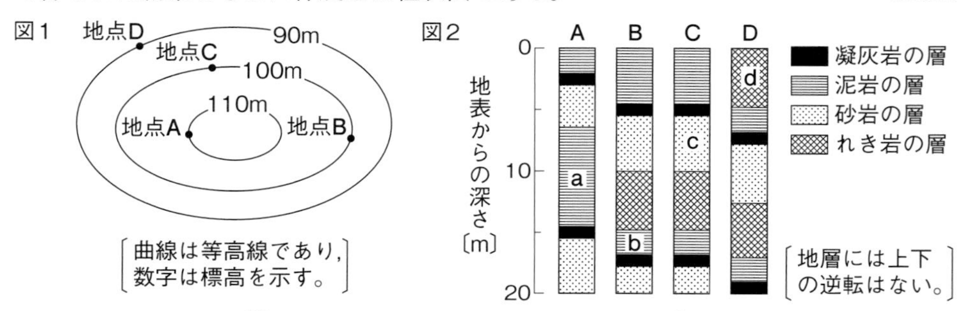

超重要 (1) 岩石をつくる，泥，砂，れきの区別をするときは，粒の[　　]を基準とする。[　　]にあてはまる，最も適当な言葉を書きなさい。 〔　　　　〕 93%

正答率

(2) この地域のれき岩のれきには，石灰岩とチャートが含まれていた。石灰岩とチャートは，ある薬品を数滴(てき)かけるとどちらか一方だけに反応が起こるので，見分けることができる。その薬品名を書きなさい。また，どちらの岩石にどのような反応が起こるか，簡単に書きなさい。 **薬品名**〔　　　　〕

岩石と反応〔　　　　〕

48%

思考力 (3) 図2のa～dの各層を，堆積(たいせき)した順に並べるとどうなるか。適当なものを，次の**ア**～**エ**から1つ選び，記号で答えなさい。ただし，この地域には断層がなく，地層は水平に重なって広がっている。〔　　　〕

ア b→a→c→d　**イ** b→d→c→a
ウ d→c→a→b　**エ** d→a→c→b

46%

6

↪ 1,2,3

右の図は，ある地点で観察できる地層を模式的に示したものである。［長崎県］

砂
泥
C
B
A

(1) 図の**A**の部分は大きく波うっている。このような地層の状態を何というか。また，大きく波うったときに**A**の部分にはたらいた力の向きとして，最も適当なものを，次の**ア**～**エ**から1つ選び，記号で答えなさい。ただし，矢印の向きは，はたらいた力の向きを示し，力の大きさはすべて同じであるものとする。 **名称**(めいしょう)〔　　　〕 **記号**〔　　　〕

ア　**イ**　**ウ**　**エ**

58%

差がつく (2) 図の**B**の部分からはサンゴの化石が見つかっており，サンゴは地層ができた当時の環境を知ることのできる示相化石の1つとされる。このことから，**B**の部分ができた当時の環境について考えられることを説明しなさい。

〔　　　　〕

48%

差がつく (3) 図の**C**の部分は川から海に運ばれてきた堆積物によってつくられている。**C**の部分の泥の層ができた当時の環境について，砂の層ができた当時の環境と比べながら述べた次の文の(①)，(②)に適する語句を下の語群から選び，文を完成させなさい。 ①〔　　　〕 ②〔　　　〕

59%

> 泥は，砂と比べて粒が(①)ため，泥と砂では海に流れ込(こ)んだときの沈(しず)む速さが異なる。このことから，観察した地点は泥の層ができた当時のほうが砂の層ができた当時よりも河口から(②)海底だったと考えられる。

語群.〔小さい　大きい　近い　遠い〕

地学分野

» 地学分野

太陽系と銀河系

出題率 38.5%

入試メモ 黒点や黒点の観察からわかることについて記述させる問題がよく出る。太陽の特徴(とくちょう)をきちんと理解しておこう。

1 太陽の表面

出題率 7.3%

|1| **黒点** … 太陽の表面に見られる黒い斑点(はんてん)。

- 黒く見えるのは，周囲より温度が低いため。

|2| **太陽の観察からわかること**

①黒点が移動する。➡太陽は自転している。

②黒点が太陽の周辺部に移動すると，形が縦長になる。

➡太陽は球形である。

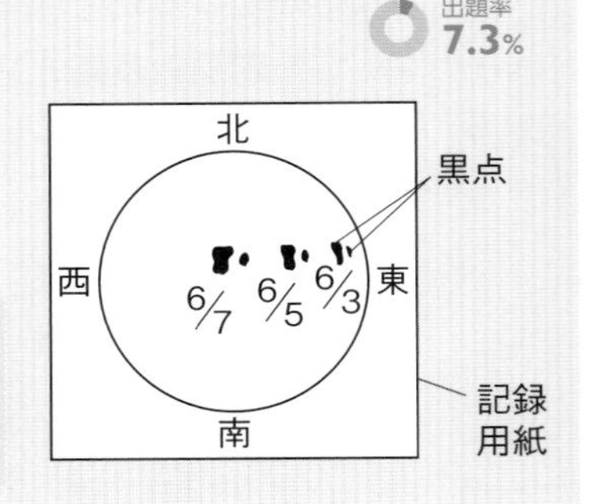

2 太陽系

出題率 27.1%

|1| **太陽系** … 太陽を中心とする天体の集まり。

|2| **惑星**(わくせい) … 恒星(こうせい)のまわりを公転している天体。**太陽系には８つの惑星が存在する。**

注意 ８つの惑星は，ほぼ同じ平面上で，同じ向きに太陽のまわりを公転している。

①**地球型惑星** … 小型で密度が大きい惑星。表面は岩石でできている。

②**木星型惑星** … 大型で密度が小さい惑星。水素などの軽い物質からできている。

|3| **惑星以外の天体**

①**衛星** … 惑星のまわりを公転する天体。 例 月

②**小惑星** … おもに火星と木星の間で，太陽のまわりを公転している小さな天体。

③**太陽系外縁**(がいえん)**天体** … 海王星より外側を公転する天体。 例 冥王星(めいおうせい)

④**すい星** … 氷やちりが集まってできた天体。太陽に近づくと尾(お)をつくることがある。

3 銀河系

出題率 9.4%

|1| **恒星** … 太陽のように自ら光を出す天体。

|2| **星団** … 恒星の小規模な集団。

|3| **銀河** … 数億～数千億個の恒星などの集まり。

- 太陽系が属する銀河を**銀河系**という。

真横から見た銀河系

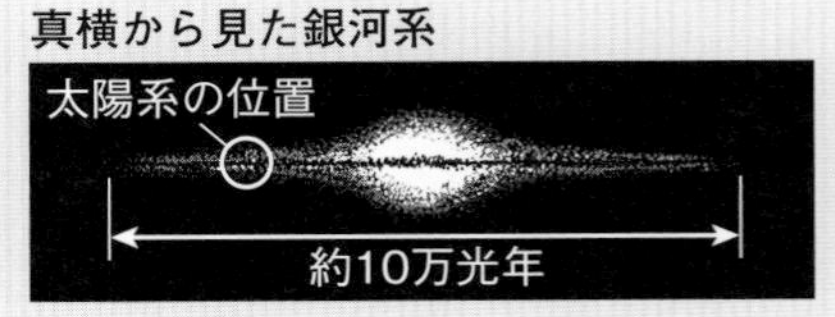

実力アップ問題

解答・解説｜別冊 p.26

正答率

1

京平さんは，太陽の表面のようすを調べるために，図1のような太陽投影板(とうえいばん)をとりつけた天体望遠鏡を用いて，同じ時刻と場所で日を変えて2回観察を行った。太陽投影板に映った太陽の像と記録用紙にかかれた円が，同じ大きさではっきり見えるように調整してから，太陽の表面を観察したところ，太陽の表面には黒いしみのようなものが見られた。図2は，それぞれの日に見られた黒いしみのようなものの位置と形をスケッチしたものである。次の問いに答えなさい。　［京都府］

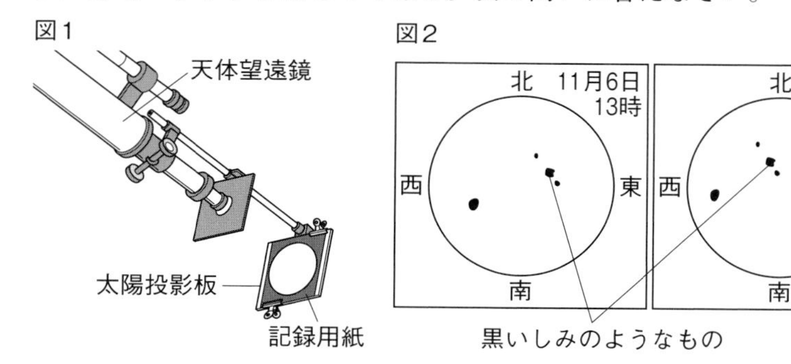

(1) 太陽の表面にある黒いしみのようなものを何というか，漢字2字で書きなさい。また，太陽の表面にある黒いしみのようなものの特徴として適当なものを，次の**ア**～**エ**から2つ選び，記号で答えなさい。

名称(めいしょう)〔　　　　〕　特徴〔　　　　〕

ア　まわりに比べて温度が高い。
イ　まわりに比べて温度が低い。
ウ　時間が経過すると数が変化する。
エ　時間が経過しても数が一定である。

超重要 (2) 次のまとめは，京平さんが太陽の表面を観察した結果から，わかったことをまとめたものの一部である。まとめの中の［ a ］，［ b ］に入るものとして最も適当なものを，下の**ア**～**カ**からそれぞれ1つずつ選び，記号で答えなさい。

> まとめ.
> 　スケッチしているとき，記録用紙にかかれた円と一致(いっち)していた太陽の像は，記録用紙の西の方向へずれていった。これは，おもに［ a ］ために起こると考えられる。また，11月6日と11月8日で，黒いしみのようなものは，異なる場所に移動していた。これはおもに［ b ］ために起こると考えられる。

a〔　　　〕　b〔　　　〕

ア　地球が自転している　　**イ**　地球が公転している
ウ　地球が球形である　　**エ**　太陽が自転している
オ　太陽が公転している　　**カ**　太陽が球形である

地学分野

正答率

2 ↪2

ある地点で金星と木星を観察した。右の図はこの日の金星と木星の見えた位置を模式的に示したものである。次の問いに答えなさい。 [群馬県]

木星・・金星

(1) 金星や木星のように，太陽のまわりを公転している８つの大きな天体を何というか，書きなさい。 〔　　　　　〕

(2) 木星はおもにガスでできているのに対して，金星はおもに岩石でできている。金星のようにおもに岩石でできている天体を，次の**ア**～**エ**からすべて選び，記号で答えなさい。 〔　　　　　〕

ア 水星　　**イ** 火星　　**ウ** 土星　　**エ** 地球

3 差がつく ↪2

太陽系の惑星(わくせい)について正しく述べたものはどれか。最も適切なものを次の**ア**～**エ**から１つ選び，記号で答えなさい。[石川県] 〔　　　〕

ア 金星は木星よりも公転周期が長い。

イ 天王星は地球よりも質量，密度ともに大きい。

ウ 水星は海王星よりも質量が小さく，密度は大きい。

エ 土星は主に岩石でできていて，火星は厚いガスや氷におおわれている。

4 ↪2 76%

太陽系の天体のうち，細長いだ円軌道(きどう)で太陽のまわりを回り，太陽に近づくとガスとちりの尾(お)が見える天体を何というか。最も適切なものを，次の**ア**～**エ**から１つ選び，記号で答えなさい。[埼玉県] 〔　　　〕

ア すい星　　**イ** 衛星　　**ウ** 惑星　　**エ** 銀河

5 ↪3

オリオン座などの星座をつくる星は恒星(こうせい)である。恒星に関して述べた文として誤っているものを，次の**ア**～**エ**から１つ選び，記号で答えなさい。 [京都府]

〔　　　〕

ア 恒星は，自ら光り輝(かがや)く天体である。

イ 恒星は，銀河系の外にも存在する。

ウ オリオン座をつくる恒星の地球からの距離(きょり)は，それぞれ異なる。

エ 地球から見たときに明るく見える恒星ほど，明るさを表す等級の数値が大きい。

正答率

6

↪ 1,2

沖縄県内のある中学校の科学部が行った観察についての文章を読み，あとの問いに答えなさい。 [沖縄県]

ある年の夏至の日に，図1の装置を用いて太陽に関して観察を行った。また，その週末には夕方から夜間にかけて惑星を観測する合宿を行うことになったため，事前学習として観測予定の3つの惑星と地球について，表面の特徴(とくちょう)，自転周期，公転周期をまとめた表を作成した。

図1

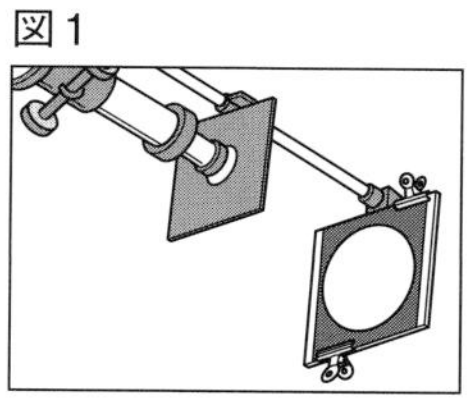

	表面の特徴	自転周期〔日〕	公転周期〔年〕
土星	主に水素とヘリウムからなる大気でできている。氷の破片などでできた巨大な（ ① ）をもつ。	0.44	29.46
火星	表面に（ ② ）が流れた痕跡がある。太陽系最大の火山やクレーター，極に凍っている部分などがある。	1.03	1.88
地球	生物にとって必要な（ ② ）が大量に存在している。	1.00	1.00
金星	大気に（ ③ ）が大量に含まれているため，表面の平均気温が400℃以上となっている。	243	0.62

超重要 (1) 図1の装置を利用して観察を行った結果，図2のスケッチのとおり太陽の表面に黒点Xが観察された。数日後再度観察しスケッチを行ったものが図3である。この結果から，部員のAさんは「太陽が球体である」ことに気づいた。その理由を答えなさい。

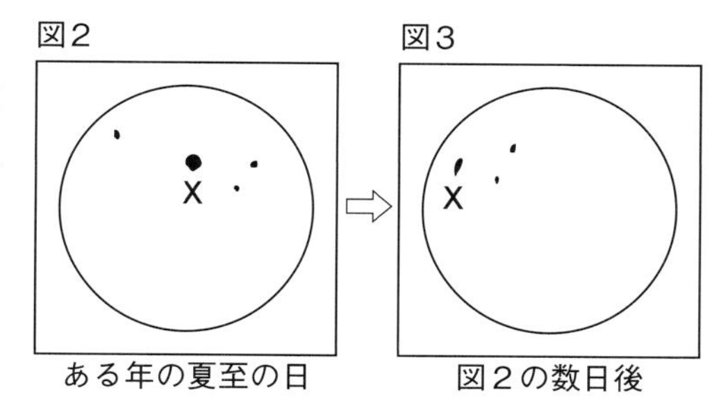

ある年の夏至の日　図2の数日後

〔 黒点Xが 　　　　から。〕

(2) 表の（ ① ）～（ ③ ）にあてはまる名称(めいしょう)または物質をそれぞれ答えなさい。

①〔　　　　〕 ②〔　　　　〕 ③〔　　　　〕

思考力 (3) 太陽系の惑星は，大きさや平均密度の違い(ちが)により地球型惑星と木星型惑星の2つのグループに分けられる。縦軸(じく)に直径，横軸に密度とし，直径と密度の関係図を作成した。地球型惑星と木星型惑星の分布の範囲(はんい)をそれぞれ表したとき，最も適当なものを次の**ア**～**エ**から1つ選び，記号で答えなさい。 〔　　　〕

地球型惑星：○　木星型惑星：●

ア

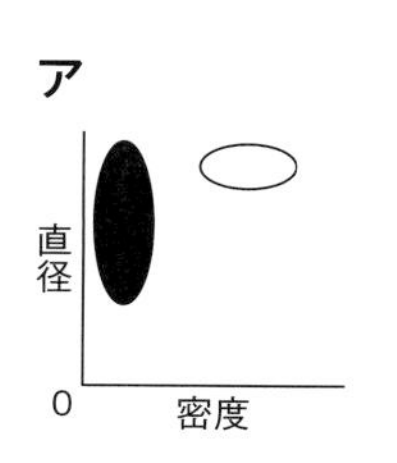

イ

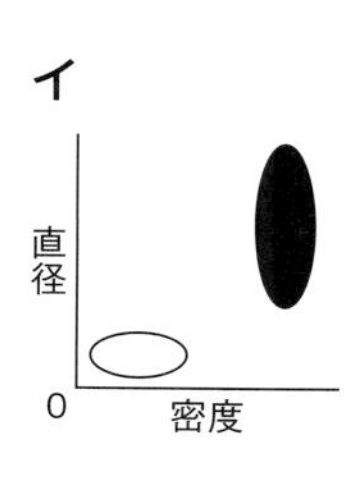

ウ

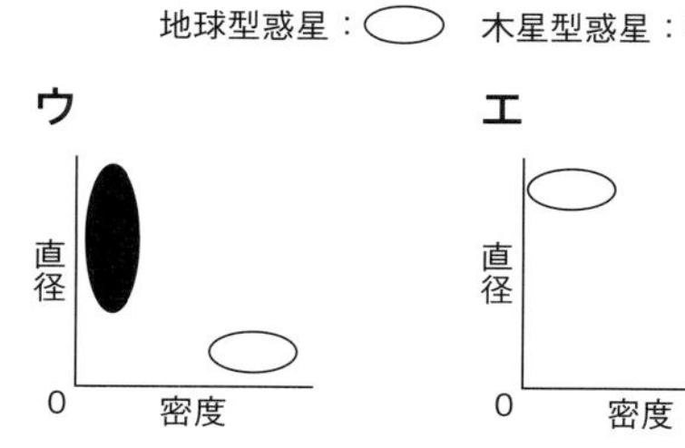

エ

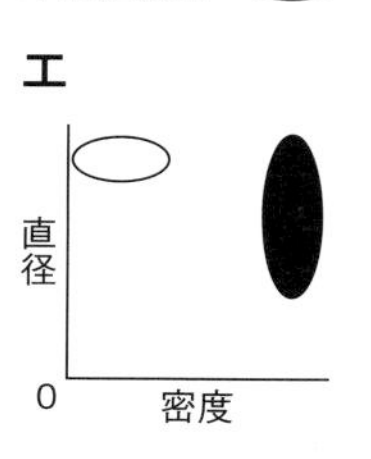

地学分野

» 地学分野

天体の見え方と日食・月食

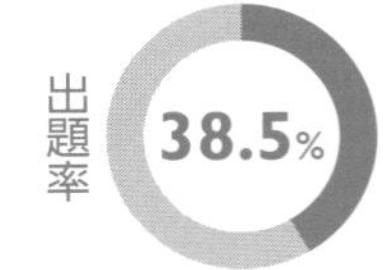

入試メモ 月と金星の形を問う問題はともによく出る。それぞれ太陽と地球との位置関係を表した模式図をしっかり頭に入れておこう。

1 月の見え方

出題率 18.8%

|1| **月の満ち欠け** … 月の公転によって，**太陽・地球・月の位置関係が変わり**，月が光って見える部分が変化することで起こる。

- 満月から次の満月までには，**約29.5日**かかる。

|2| **月の動き** … 毎日同じ時刻に月を観察すると，1日に約12°ずつ西から東へずれていき，約29.5日でもとにもどる。

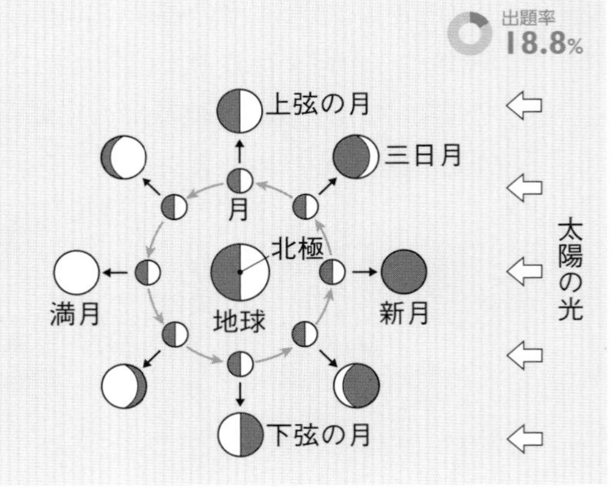

2 日食と月食

出題率 13.5%

|1| **日食** … **太陽**，**月**，**地球**が，この順に一直線に並んだとき，太陽の全体，または一部が月にかくれて見えなくなる現象。

|2| **月食** … **太陽**，**地球**，**月**が，この順に一直線に並んだとき，月の全体，または一部が地球の影（かげ）に入る現象。

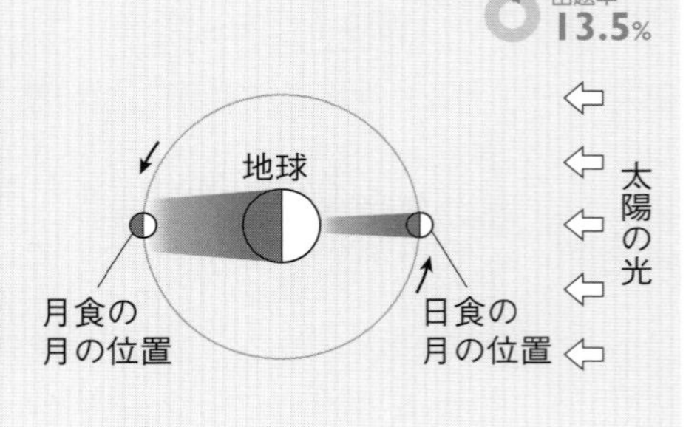

3 惑星（わくせい）の見え方

出題率 27.1%

|1| **金星の見え方** … 夕方の西の空か，明け方の東の空で見ることができる。

注意 真夜中には見えない。←金星は地球より内側を公転しているから。

- **金星の満ち欠け**➡地球に近い位置にあるほど，欠ける範囲（はんい）が大きくなる。
- **金星の大きさ**➡地球に近い位置にあるほど，大きく見える。

|2| **ほかの惑星の見え方** … 地球の外側を公転する，火星，木星，土星，天王星，海王星は真夜中でも見ることができる。

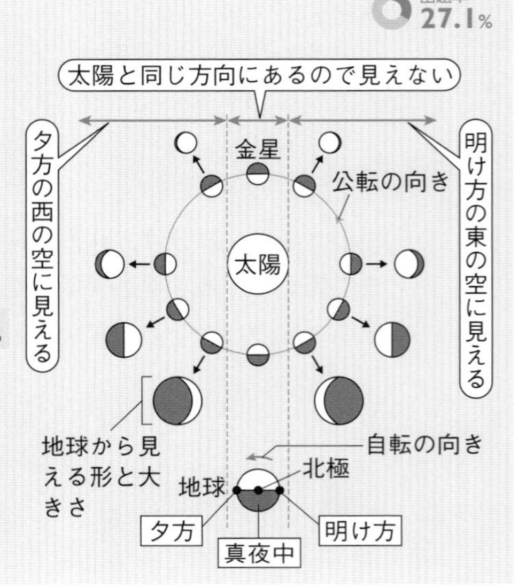

実力アップ問題

解答・解説｜別冊p.27

正答率

1

↪1

日本のある場所で，午後6時に月を観察した。右の図は，そのとき南の空に見えた月の記録である。次の問いに答えなさい。 ［山梨県］

南

差がつく (1) 図で記録された月は，4時間後の午後10時には西の空に，どのように見えると考えられるか。最も適当なものを次の**ア**～**エ**から1つ選び，記号で答えなさい。 〔　　〕

48%

ア

西

イ

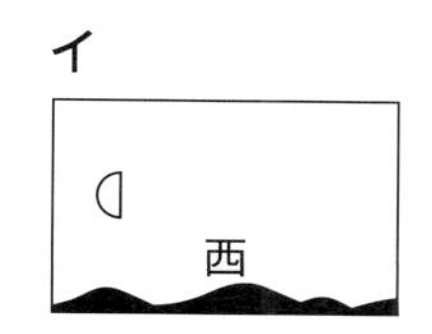

ウ

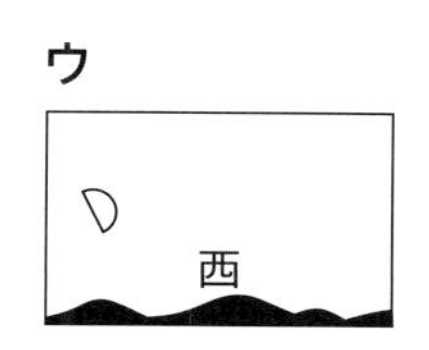

エ

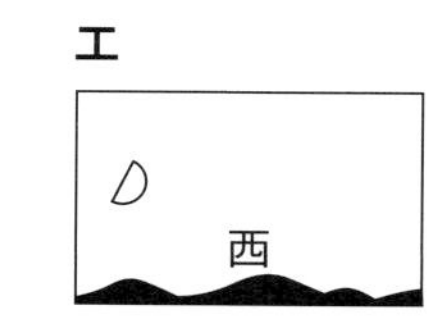

(2) 図の記録を1日目として，月の観察を2日目，3日目の午後6時に行った。次の文は，3日間の観察についてまとめたものである。①，②にはあてはまるものを，それぞれ**ア**，**イ**から1つずつ選び，記号で答えなさい。また，③にはあてはまる語句を書きなさい。

①②49%　③65%

①〔　　〕　②〔　　〕　③〔　　〕

観察1日目から，2日目，3日目となるにしたがって，月の位置は，だんだんと①〔**ア**　東　　**イ**　西〕に変わっていった。また，月の形は，光って見える部分が②〔**ア**　増えていく　　**イ**　減っていく〕ため，変化して見えた。これは，太陽と地球と月の位置関係が月の［③］によって変わるからである。

2

↪2

地球と月は，ともに太陽系の天体であり，月は太陽の光を反射してかがやいている。右の図は，地球と月の公転軌道（きどう）と，太陽，地球，月の位置関係を模式的に表したものである。図において，「月の公転の向き」は，A，Bのどちらか。また，月食が起こるときの「月の位置」として最も適切なものは**ア**～**エ**のどれか。それぞれ記号で答えなさい。 ［山口県］

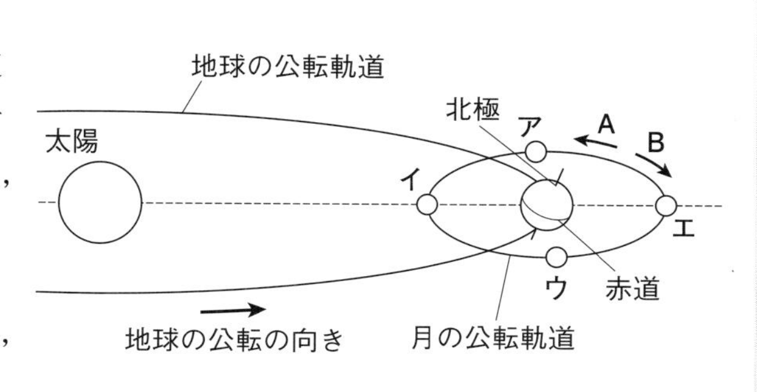

月の公転の向き〔　　〕　**月の位置**〔　　〕

地学分野

正答率

3 ↪3

右の図は，地球と金星の軌道と，太陽，金星，地球の位置関係を模式的に表したものである。地球から図の金星を観察すると，どのような形に見えると考えられるか。最も適切なものを，次の**ア**～**エ**から１つ選び，記号で答えなさい。ただし，**ア**～**エ**の形は，肉眼で見えたときのように上下左右の向きを直してある。［滋賀県］

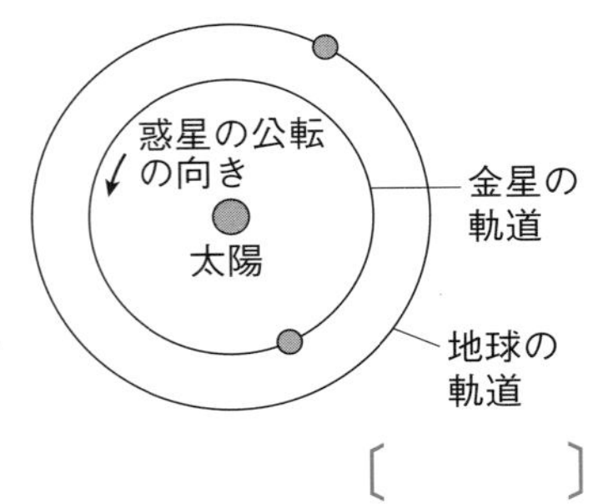

40%

〔　　　〕

ア

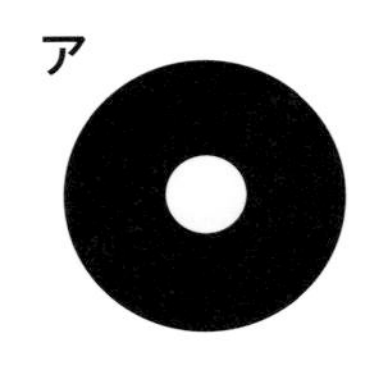

イ

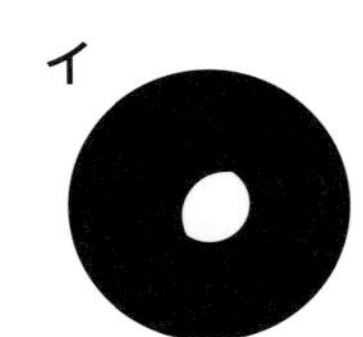

ウ

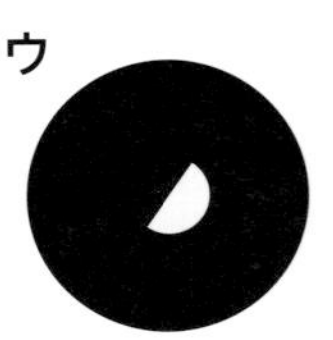

エ

4 ↪1,2

太郎さんは６月のある日，日本のある地点で，西の空に見える月を観察した。図１は，このとき太郎さんが観察した月のスケッチである。これに関して，次の問いに答えなさい。［香川県・改］

図１

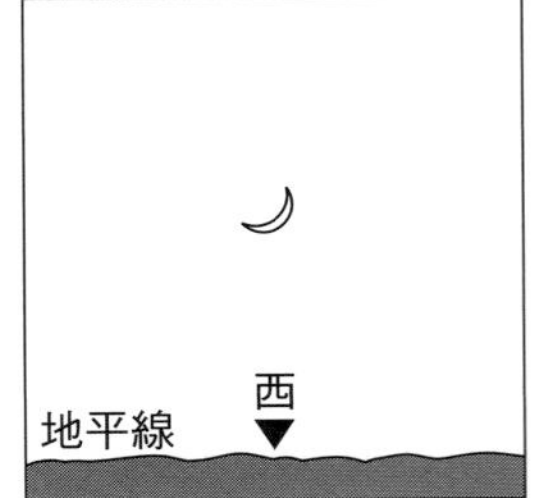

差がつく (1)　図２は，地球の北極側から見た，地球のまわりを回る月の位置と，太陽の光を模式的に示したものである。この日，太郎さんが観察した月の位置として最も適当なものを，図２中の**P**～**S**から１つ選び，記号で答えなさい。また，この日，太郎さんが月を観察した時刻は，何時ごろと考えられるか。最も適当なものを，次の**ア**～**エ**から１つ選び，記号で答えなさい。

図２

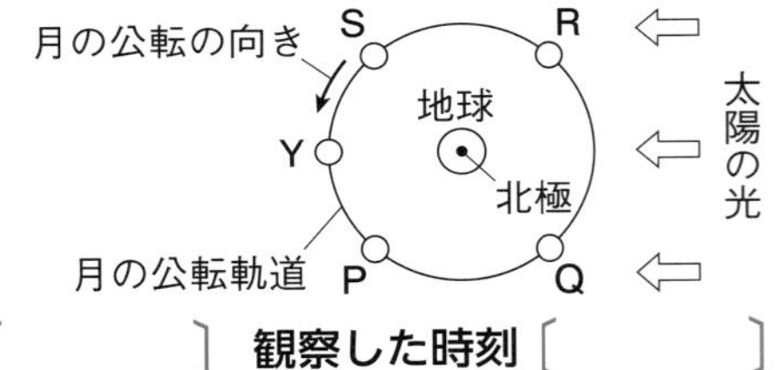

月の位置〔　　　〕　**観察した時刻**〔　　　〕

ア　午後０時ごろ　　**イ**　午後６時ごろ

ウ　午前０時ごろ　　**エ**　午前６時ごろ

(2)　次の文は，図２中の月が**Y**の位置にあるときに起こる現象について述べようとしたものである。文中の２つの〔　　〕内にあてはまる言葉を，**ア**，**イ**から１つ，**ウ**，**エ**から１つ，それぞれ選び，記号で答えなさい。

> 図２中の月が**Y**の位置にあるとき，太陽と地球と月が一直線に並ぶことがある。そのとき，〔**ア**　月が地球の影（かげ）　**イ**　地球が月の影〕に入り，〔**ウ**　日食　**エ**　月食〕という現象が起こる。

〔　　と　　〕

正答率

5

↪ 1,3

ある日の夕方，南の空に半月（上弦(じょうげん)の月）が見え，西の空には金星が見えた。また，この日から数日間，月と金星の見え方がそれぞれどのように変化していくかを観察した。次の問いに答えなさい。 [富山県]

図1

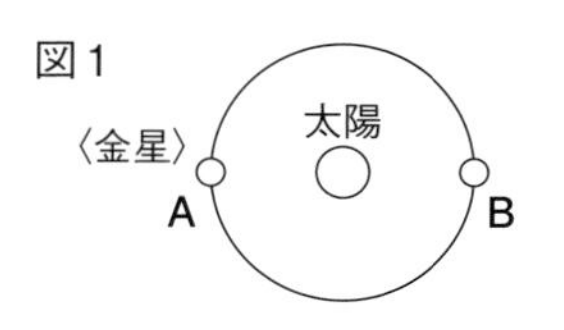

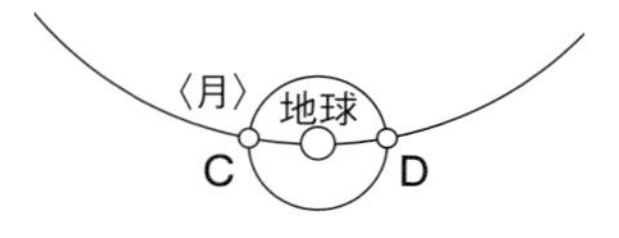

差がつく (1) 図1は地球の北極点を上から見た模式図である。この日の天体の位置関係として最も適している位置を，金星はA，Bから，月はC，Dからそれぞれ選び，記号で答えなさい。

金星［　　　］
月［　　　］

図2

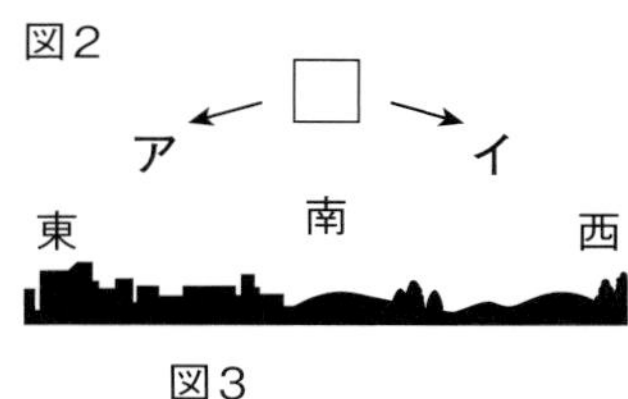

思考力 (2) 半月は図2の□の位置に見えた。肉眼で観察すると，この半月はどのように見えるか，図3の破線をなぞってその形をかきなさい。

図3

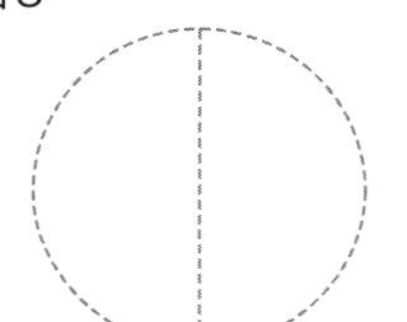

(3) 日がたつにつれて，この日の観察時刻と同時刻に見える月の位置は，図2のア，イのどちらの方向にずれていくか，記号で答えなさい。［　　　］

超重要 (4) 1年を通して，望遠鏡で金星を観察したときの見え方を，最も適切に説明している文はどれか。次のア～ウから1つ選び，記号で答えなさい。［　　　］

ア 金星が地球から近いときは大きく見え，遠いときは小さく見えるが満ち欠けはしない。

イ 金星が地球から近いときは大きく見えて欠け方が大きく，地球から遠いときは小さく見えて欠け方が小さい。

ウ 金星は，月の見え方と同じように，大きさをあまり変えずに満ち欠けして見える。

(5) 下の文の①～③は，月と金星について説明したものである。適切なものには○を，適切でないものには×を書きなさい。

①［　　　］②［　　　］③［　　　］

① 月は地球と同じように主に岩石でできているが，金星は主にガスでできている。

② 月と金星のいずれにおいても，肉眼や望遠鏡で見える部分は太陽の光を反射している部分であり，自ら光を出しているわけではない。

③ 月は衛星で，真夜中に観察できることがあるが，金星は内惑星(わくせい)で，真夜中に観察することができない。

地学分野

» 地学分野

6 空気中の水蒸気の変化

出題率 34.4%

入試メモ 金属製のコップの表面に水滴がつき始めるときの温度を調べる実験がよく出題される。湿度を求める公式は確実に覚えておこう。

1 飽和水蒸気量と湿度

出題率 31.3%

|1| **飽和水蒸気量** … $1\,m^3$ の空気にふくむことのできる水蒸気の最大質量。

- 空気の温度が低くなるにつれて小さくなる。

|2| **凝結** … 水蒸気の一部が水滴に変わる現象。

|3| **露点** … 空気中の水蒸気が冷やされて，**水滴に変わり始めるときの温度。**

|4| **湿度** … 空気のしめりけの度合い。

- 飽和水蒸気量に対する空気 $1\,m^3$ 中の水蒸気量の割合を％で表す。

気温と飽和水蒸気量の関係

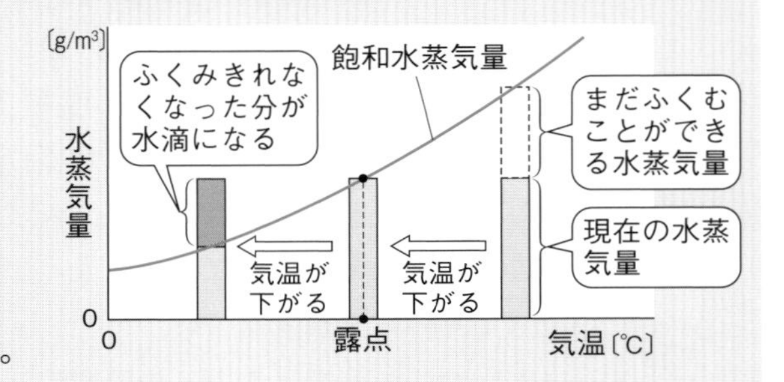

$$湿度〔\%〕= \frac{空気1\,m^3中にふくまれる水蒸気量〔g/m^3〕}{その空気と同じ気温での飽和水蒸気量〔g/m^3〕} \times 100$$

2 雲のでき方

出題率 14.6%

|1| **雲** … 小さな水滴や氷の粒の集まり。

|2| **雲のでき方**

①空気のかたまりが**上昇**する。

②上空ほど気圧が低いので，空気が膨張する。

③空気の温度が下がって露点に達し，水蒸気が水滴に変化する。

④さらに上昇すると，氷の粒ができる。

|3| **雨と雪** … 上空の水滴や氷の粒がとけて落ちたものが雨，氷の粒がとけずに落ちたものが雪。

|4| **霧** … **地表付近の空気**が冷やされて，空気中の水蒸気が水滴に変わったもの。

注意 太陽が出て気温が上がると，霧は再び水蒸気になって消える。

雲のでき方

氷の粒
雲
さらに膨張して気温が下がる。
露点
水滴
気圧が低くなるにつれて，膨張する。
空気のかたまり
上昇する。
水蒸気
上昇気流

3 水の循環

出題率 3.1%

|1| **水の循環** … 地球上の水は，固体，液体，気体と状態変化をしながら循環している。

- 水の循環のもとになっているのは，太陽のエネルギーである。

実力アップ問題

解答・解説｜別冊p.28

正答率

1

↪1

ある地点で気象観測をしたところ，気温は17.0℃，湿度は91％，気圧は993hPaであった。このときの空気1 m^3中に含まれる水蒸気は何gか，下の表をもとに求めなさい。ただし，小数第2位を四捨五入すること。　　［石川県・改］

〔　　　　　g〕

気温〔℃〕	15	16	17	18	19	20	21
飽和水蒸気量〔g/m^3〕	12.8	13.6	14.5	15.4	16.3	17.3	18.3

2

↪1

気温と湿度の関係について調べるために，次の実験①，②，③を順に行った。

① 実験室を閉め切り，金属製の容器にくみおきの水を半分ほど入れてしばらく放置した。

② 図1のように，細かくくだいた氷の入った試験管を容器に入れ，容器の中の水をかき混ぜながら冷やしていくと，水の温度が11℃になったときに容器の表面がくもり始めた。このときの室温は25℃，時刻は10時であった。

③ 実験室を閉め切ったまま，実験①，②と同様の操作を1時間おきに行い，結果を図2のようにグラフに表した。

このことについて，次の問いに答えなさい。

［栃木県］

図1

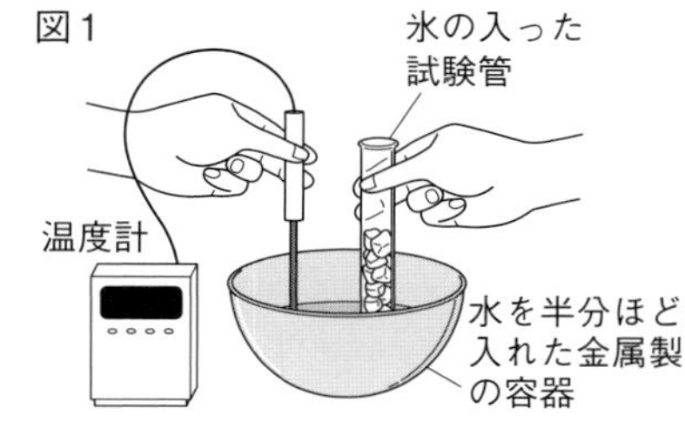

図2

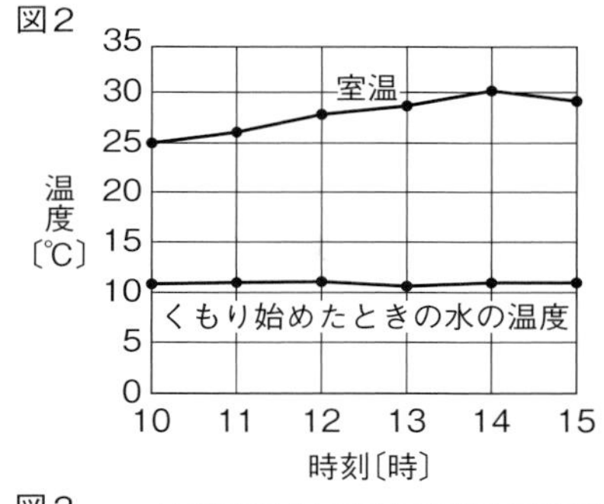

(1) 1 m^3の空気が含むことのできる最大の水蒸気量を何というか。〔　　　　〕　81%

差がつく (2) 図3は1 m^3の空気が含むことのできる最大の水蒸気量と気温の関係を示したものである。10時の実験室内の湿度は何％か。小数第1位を四捨五入して整数で書きなさい。　42%

〔　　　　　％〕

図3

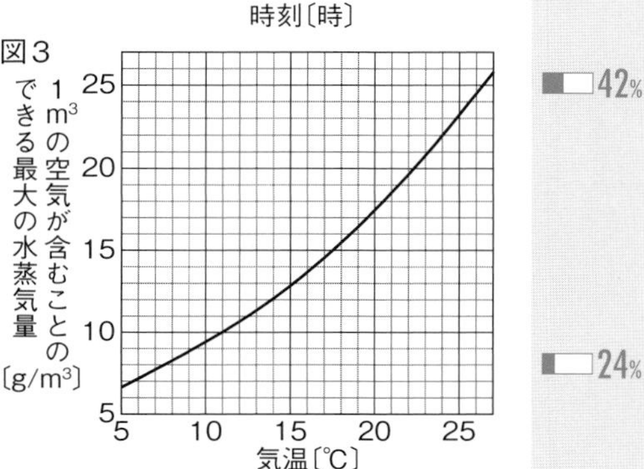

難 (3) 実験③によると，10時から14時までは，実験室の室温は上昇するが，容器の表面がくもり始めたときの水の温度はほとんど変化しない。このことから，実験室内の水蒸気量と湿度の変化についてわかることを，簡潔に書きなさい。　24%

〔　　　　　　　　　　　　　　　　〕

地学分野

正答率

3

↪2

空気中の水蒸気について調べるために，次の実験を行った。あとの問いに答えなさい。 [鳥取県]

実験

フラスコの内側をぬるま湯でぬらし，線香(せんこう)のけむりを少し入れ，右の図のように，大型注射器をつなぎ，装置を組み立てた。そして，ピストンをすばやく押(お)したり引いたりしてフラスコ内のようすを観察した。

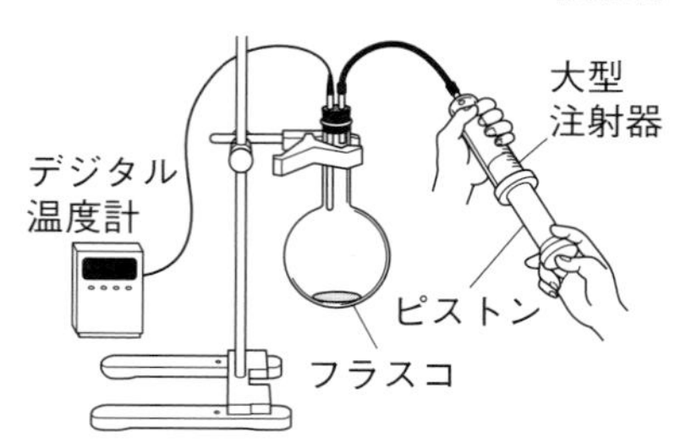

(1) 次の文は，実験について説明したものである。文の①，②の｛　　｝のア，イから，最も適切な語句を，それぞれ1つずつ選び，記号で答えなさい。 62%

> ピストンをすばやく引くと，フラスコ内の空気は①｛ア　収縮　　イ　膨張(ぼうちょう)｝し，フラスコ内の温度が②｛ア　低下　　イ　上昇(じょうしょう)｝した後，フラスコ内がくもった。

①〔　　　〕②〔　　　〕

超重要 (2) (1)の文と同じ変化が自然界で起こると雲が発生する。このときのしくみについて説明した文として，最も適切なものを，次のア～エから1つ選び，記号で答えなさい。 73%

〔　　　〕

ア　水蒸気を含む空気が上昇すると，まわりの気圧が低くなり，雲が発生する。

イ　水蒸気を含む空気が上昇すると，まわりの気圧が高くなり，雲が発生する。

ウ　水蒸気を含む空気が下降すると，まわりの気圧が低くなり，雲が発生する。

エ　水蒸気を含む空気が下降すると，まわりの気圧が高くなり，雲が発生する。

4

↪3

右の図は，地球上の水が，すがたを変えながら循環(じゅんかん)しているようすを表した模式図である。図の(　)内の数字は，地球全体の降水量を100としたときの値を示している。図のあ，いのそれぞれに適切な値を補いなさい。 [静岡県] 26%

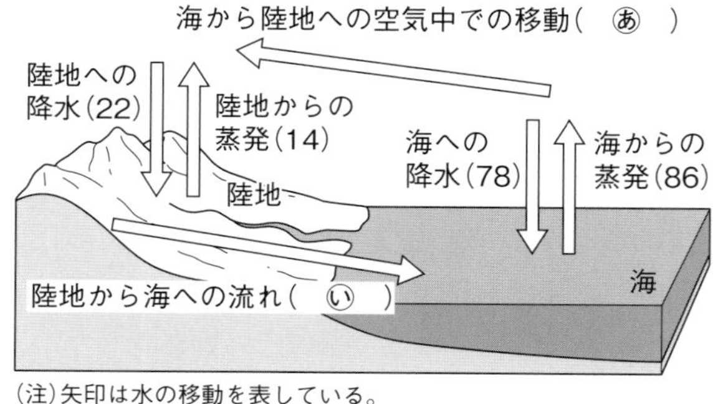

(注)矢印は水の移動を表している。

あ〔　　　〕い〔　　　〕

» 地学分野

大気の動きと日本の天気

出題率 32.3%

入試メモ 四季の天気図と気圧配置のようすはよく出る。大気の動きとからめて出題されることが多いので，それぞれの季節の特徴(とくちょう)をきちんとおさえておこう。

1 大気の動き

出題率 18.8%

|1| **季節風** … 大陸と海洋の温度差によって生じる，季節に特徴的な風。日本付近では，冬は北西，夏は南東の季節風がふく。

|2| **海陸風** … 陸と海の温度差によって生じる，海岸付近にふく風。

- **海風** … 晴れた日の昼，海から陸に向かってふく風。
- **陸風** … 晴れた日の夜，陸から海に向かってふく風。

|3| **偏西風**(へんせいふう) … 中緯度帯(ちゅういど)の上空にふいている**強い西風**。

- 日本付近の低気圧や移動性高気圧は，偏西風の影響(えいきょう)を受けて，西から東へ移動することが多い。

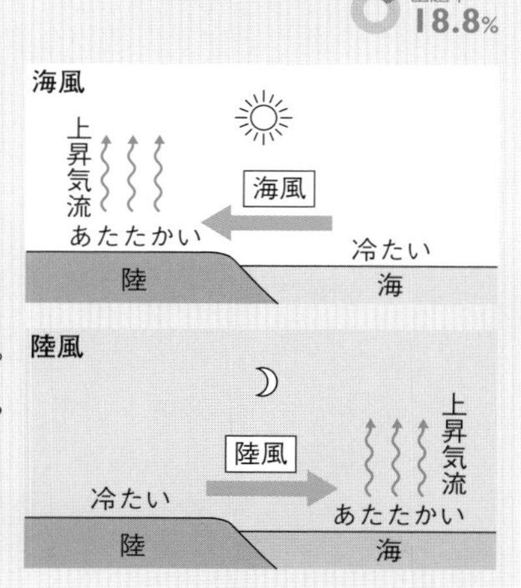

2 日本の天気

出題率 24.0%

|1| **冬の天気** … シベリア気団が発達する。

- **北西の季節風**がふく。
- 西高東低の気圧配置になる。
- 日本海側では雪，大平洋側では乾燥(かんそう)した晴れの日が多い。

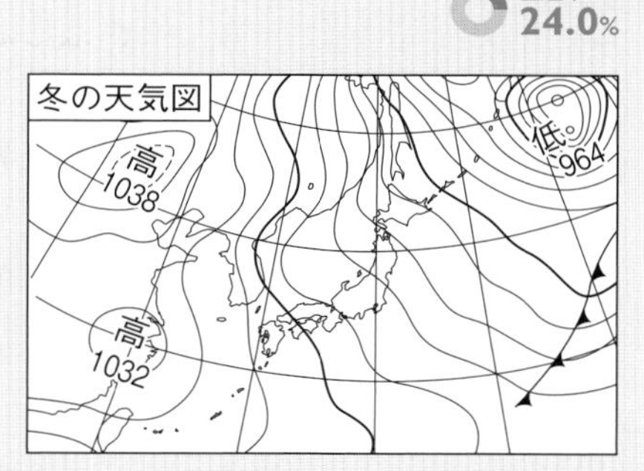

|2| **春，秋の天気** … 移動性高気圧と低気圧が次々に日本付近を通過する。

- 4～7日の周期で天気が変わることが多い。

|3| **つゆ（梅雨）の天気** … オホーツク海気団と小笠原気団(おがさわら)の間に停滞前線(ていたい)ができ，雨やくもりの日が続く。

- この時期の停滞前線を**梅雨前線**(ばいう)という。

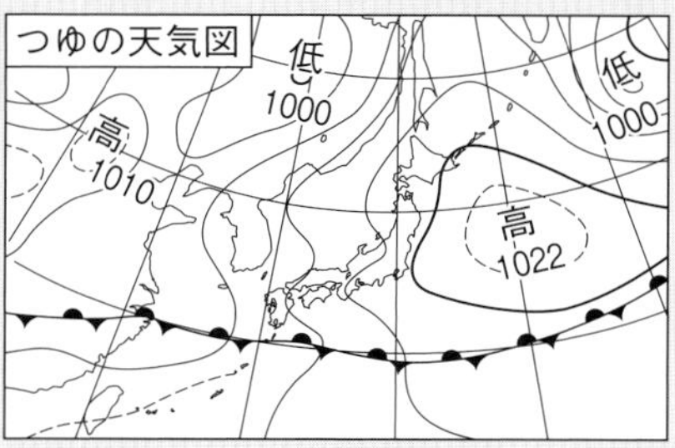

|4| **夏の天気** … 太平洋高気圧が発達し，日本列島は小笠原気団におおわれることが多い。

- **南東の季節風**がふき，蒸し暑い日が続く。

|5| **台風** … 熱帯低気圧のうち，中心付近の最大風速が17.2m/s以上のもの。

- ほぼ同心円状の等圧線で表される。
- **偏西風**の影響を受けて速さを増しながら日本列島に近づくことが多い。

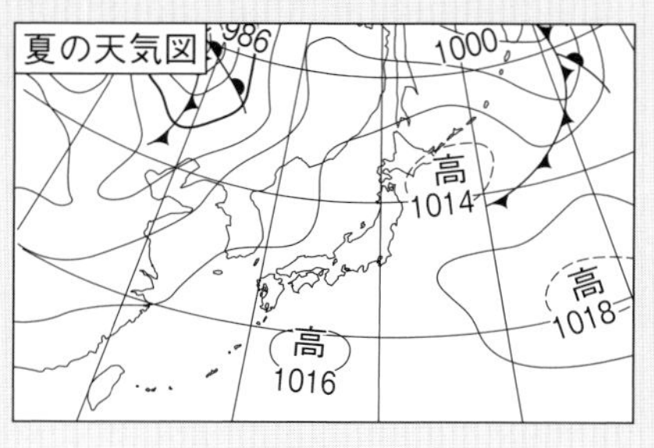

実力アップ問題

解答・解説 | 別冊p.28

正答率

1

↪1

右の図は，１月のある日の天気図である。次の文は，図から判断できる，大陸の高気圧のでき方と風のふき方についてまとめたものである。文中の①，②の｛　｝内の**ア**，**イ**から正しいものを，それぞれ選びなさい。また，［③］にあてはまる語を書きなさい。［群馬県］

①〔　　　〕②〔　　　〕

③〔　　　〕

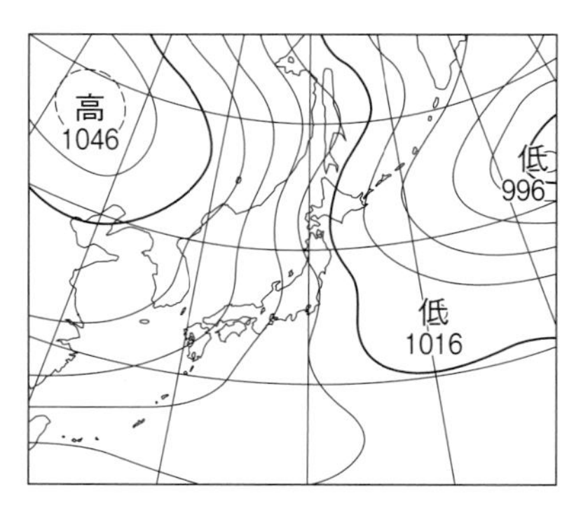

陸は海より①｛**ア**　冷えやすい　　**イ**　冷えにくい｝性質をもっているので，大陸の空気の密度が②｛**ア**　小さく　　**イ**　大きく｝なり，大陸に高気圧が発生する。この高気圧から気圧の低い海へ向かって，風がふく。このとき日本列島にふく北西の風を，冬の［③］という。

2

差がつく

↪1

次の**ア**～**エ**のうち，昼と夜の海陸風の向きを正しく表す図はどれか。適当なものを２つ選び，記号で答えなさい。［福井県］

〔　　　〕

ア

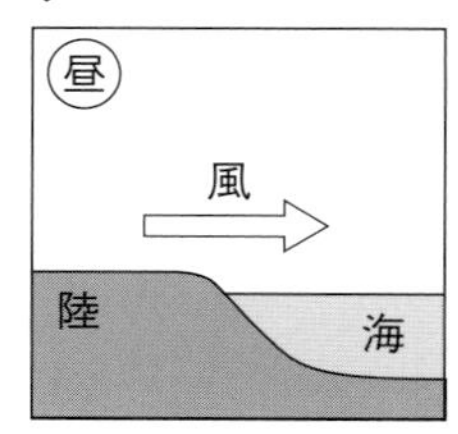

イ

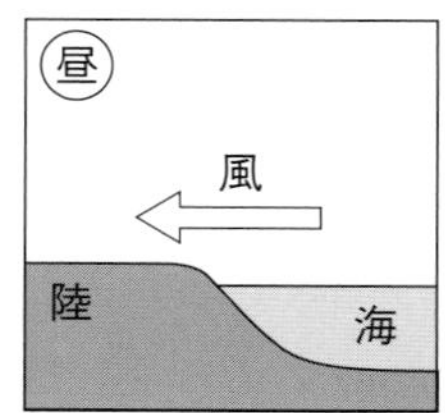

ウ

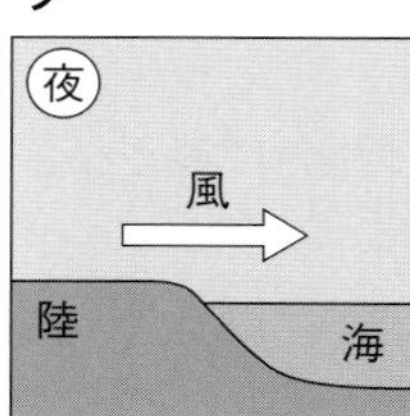

エ

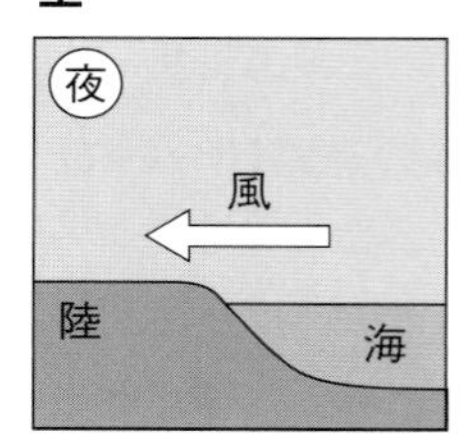

3

超重要

↪2

次の**ア**～**エ**のうち，右の天気図の説明として最も適当なものはどれか。１つ選び，記号で答えなさい。［岩手県］

〔　　　〕

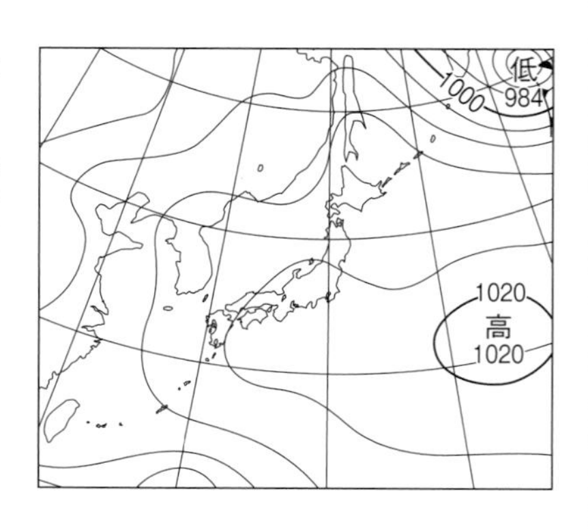

ア　冬によく見られる気圧配置であり，日本列島は太平洋高気圧におおわれている。

イ　冬によく見られる気圧配置であり，日本列島はシベリア高気圧におおわれている。

ウ　夏によく見られる気圧配置であり，日本列島は太平洋高気圧におおわれている。

エ　夏によく見られる気圧配置であり，日本列島はシベリア高気圧におおわれている。

4

差がつく

↪2

下の図の**ア**～**エ**は，冬，春，つゆ（梅雨），夏のそれぞれの時期のある日の天気図であり，いずれの日もそれぞれの時期における天気の特徴（とくちょう）が表れているものであった。冬の天気図を起点として季節の移り変わりの順になるように並べかえ，記号で答えなさい。［富山県］

〔　　　→　　　→　　　→　　　〕

ア

イ

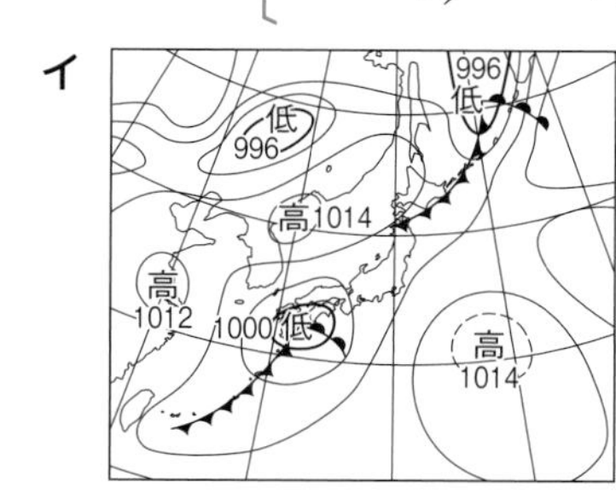

ウ

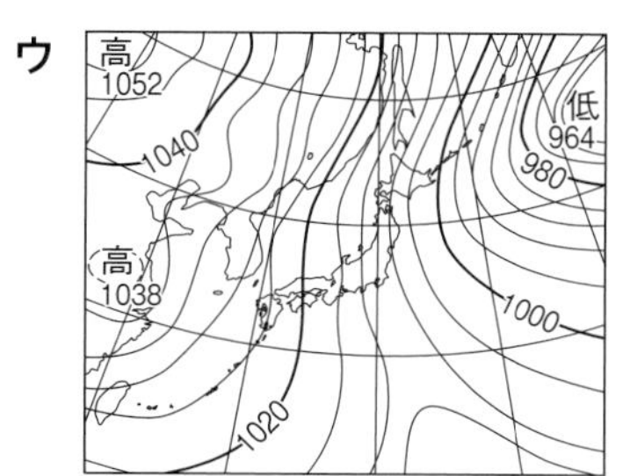

エ

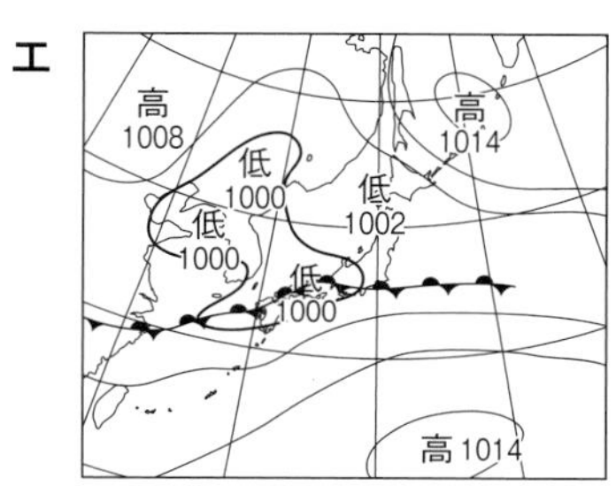

5

↪1,2

台風の進路について，次の問いに答えなさい。

［山口県］

超重要

(1) 右の図は，ある台風の進路を表したものである。この台風は，9月25日に北東へ進路を変え，速さを増した。この原因の1つである，中緯度（ちゅういど）地帯の上空を1年中ふく西よりの風を何というか。書きなさい。〔　　　　〕

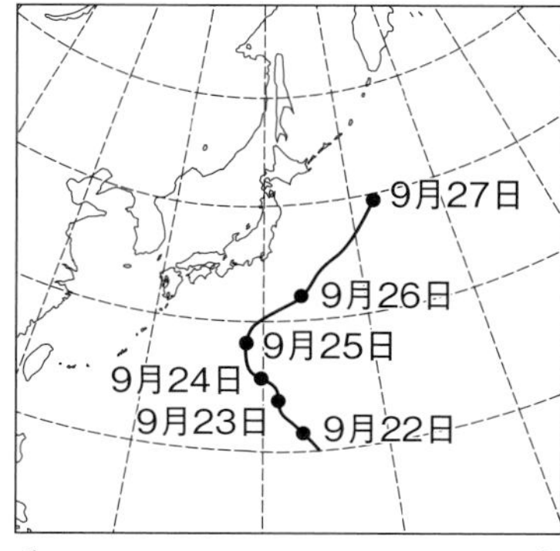

〔●はそれぞれの日の午前9時に台風の中心があった位置を表す。〕

(2) 次の文は，台風の進路と気団の関係を説明したものである。（　）の中の**a**～**d**の語句について正しい組み合わせを，あとの**ア**～**エ**から1つ選び，記号で答えなさい。

〔　　　〕

> 秋には｛a　シベリア気団　　b　小笠原（おがさわら）気団｝が夏に比べて｛c　発達する　　d　おとろえる｝ので，台風は，日本に近づくことが多くなる。

ア　aとc　　**イ**　aとd　　**ウ**　bとc　　**エ**　bとd

» 地学分野

火をふく大地

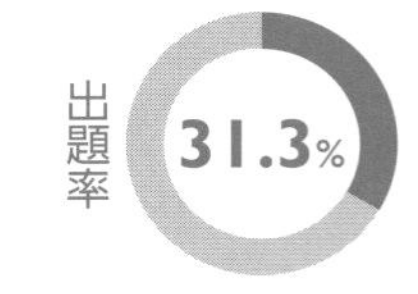

入試メモ　マグマのねばりけによって異なる火山や火山噴出物の特徴を問う問題がよく出る。ちがいを表で整理して，確実に答えられるようにしておこう。

1　火山と火山噴出物

出題率 17.7%

|1| **マグマ** … 地下にある岩石が，高温のためにどろどろにとけたもの。

- **火山噴出物** … 噴火のときにふき出された，マグマがもとになってできた物質。
  例 溶岩，火山灰，火山弾，火山ガス

|2| **マグマのねばりけと火山**

マグマのねばりけ	強い ⟷		弱い
火山の形			
噴火のようす	激しく爆発的 ⟷		比較的おだやか
火山噴出物の色	白っぽい ⟷		黒っぽい

|3| **鉱物** … マグマが冷え固まった粒の中で，結晶になったもの。

①**無色鉱物** … 白っぽい色をした鉱物。　例 長石，石英

②**有色鉱物** … 黒っぽい色をした鉱物。　例 黒雲母，輝石，カンラン石，磁鉄鉱

2　火成岩

|1| **火成岩** … マグマが冷え固まってできた岩石。でき方や構造によって分けられる。

①**火山岩** … マグマが地表や地表付近で急速に冷えて固まってできる。

- 細かい粒などでできた部分（**石基**）の間に，比較的大きな鉱物の結晶（**斑晶**）が散らばっている。➡**斑状組織**

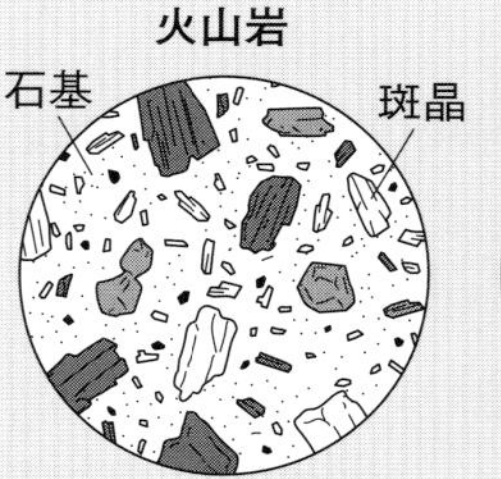

斑状組織

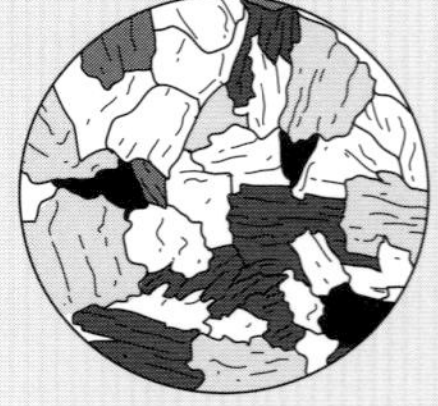

等粒状組織

②**深成岩** … マグマが地下の深いところでゆっくり冷えて固まってできる。

- 同じくらいの大きさの鉱物が集まってできている。➡**等粒状組織**

|2| **火成岩の分類** … ふくまれる鉱物の種類や割合によって分けられる。

火山岩	流紋岩	安山岩	玄武岩
深成岩	花こう岩	閃緑岩	はんれい岩
色	白っぽい ⟷		黒っぽい
ふくまれる鉱物の割合	無色鉱物		有色鉱物

注意 岩石の色合いは，有色鉱物と無色鉱物の割合によって変わる。

実力アップ問題

解答・解説 | 別冊p.29

正答率

1

差がつく

マグマの性質と火山の形の関係について述べたものとして適切なものを，次の**ア**～**エ**から１つ選び，記号で答えなさい。[東京都]　〔　　　〕　60%

ア　ねばりけが強いマグマは，冷えて固まると黒っぽい岩石になり，傾斜の急な火山になりやすい。

イ　ねばりけが弱いマグマは，冷えて固まると黒っぽい岩石になり，傾斜の緩やかな火山になりやすい。

ウ　ねばりけが強いマグマは，冷えて固まると白っぽい岩石になり，傾斜の緩やかな火山になりやすい。

エ　ねばりけが弱いマグマは，冷えて固まると白っぽい岩石になり，傾斜の急な火山になりやすい。

2

桜島，伊豆大島火山（三原山），雲仙普賢岳のマグマの性質を知るために，火山噴出物の一種である火山灰の観察を行った。次の手順１～４は，火山灰を観察するときの方法である。あとの問いに答えなさい。[鹿児島県]

手順１．少量の火山灰を蒸発皿にとる。

手順２．水を蒸発皿の半分まで入れて［　　　］，にごった水を捨てる。

手順３．水がにごらなくなるまで，手順２をくり返す。

手順４．ルーペや双眼実体顕微鏡で，粒の色や形などを観察する。

(1)　手順２の［　　　］にあてはまる言葉として最も適当なものを，次の**ア**～**エ**から１つ選び，記号で答えなさい。〔　　　〕　64%

ア　乳棒を使ってよく砕き　　**イ**　ガラス棒でかき混ぜ

ウ　指の腹でおし洗い　　**エ**　ガスバーナーで加熱し

思考力　(2)　観察する火山灰に磁鉄鉱が含まれているかどうかを調べたい。それを調べる方法を書きなさい。　78%

〔　　　　　　　　　　　　　　　　　　〕

差がつく　(3)　**A**～**C**は桜島，伊豆大島火山（三原山），雲仙普賢岳の火山灰のスケッチである。**A**～**C**をマグマのねばりけが弱い順に並べなさい。　63%

A

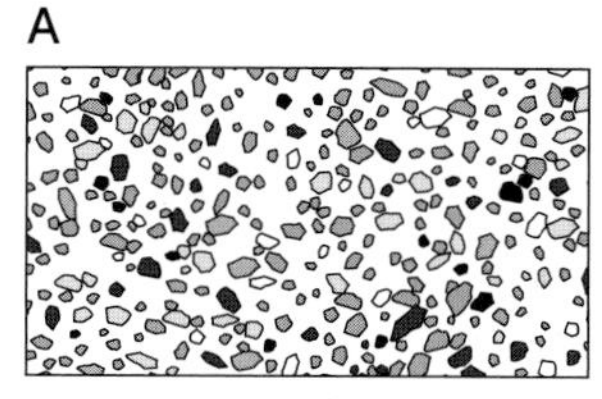

桜島

B

伊豆大島火山（三原山）

C

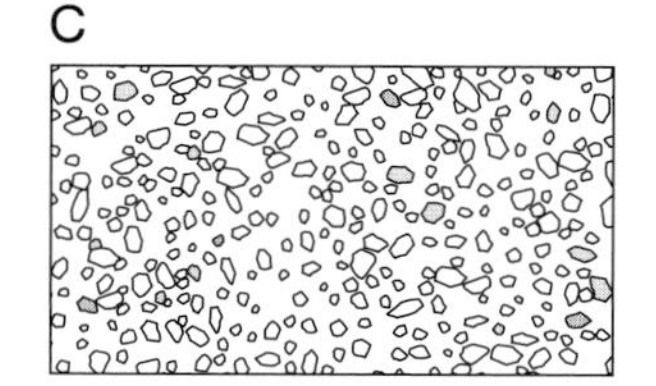

雲仙普賢岳

正答率

3

↪2

火成岩のつくりのちがいを調べるために，次の(a)～(d)の手順で実験を行った。あとの問いに答えなさい。 [兵庫県]

＜実験＞

(a) 約80℃の濃いミョウバンの水溶液をつくり，これをペトリ皿A，Bに同量ずつ入れた。

(b) (a)のペトリ皿A，Bを図1のように，約80℃の湯が入った水そうにつけた。

図1

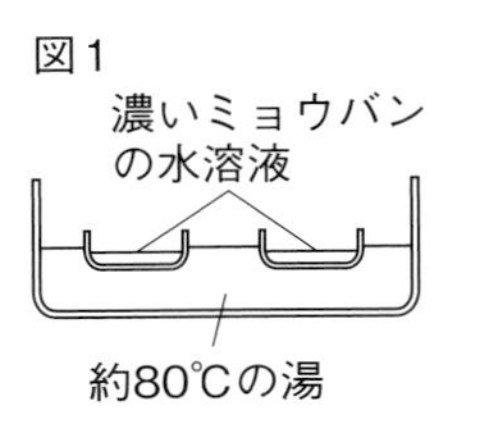

図2

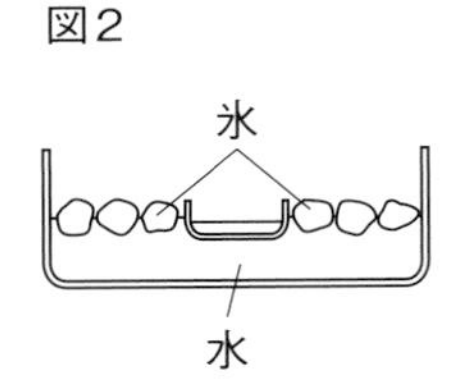

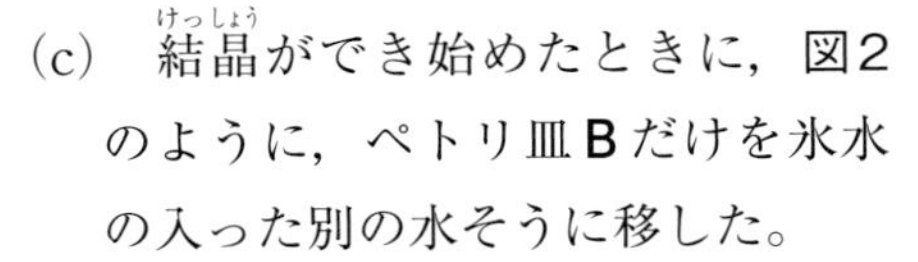

(c) 結晶ができ始めたときに，図2のように，ペトリ皿Bだけを氷水の入った別の水そうに移した。

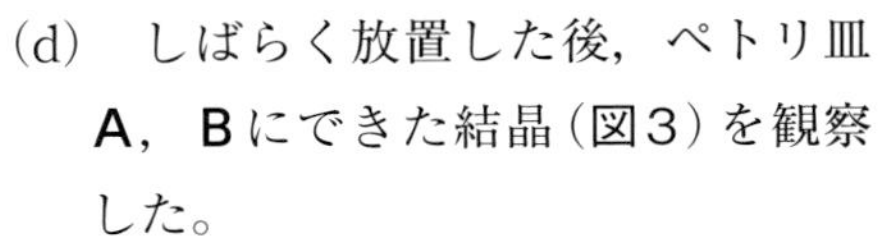

(d) しばらく放置した後，ペトリ皿A，Bにできた結晶（図3）を観察した。

図3

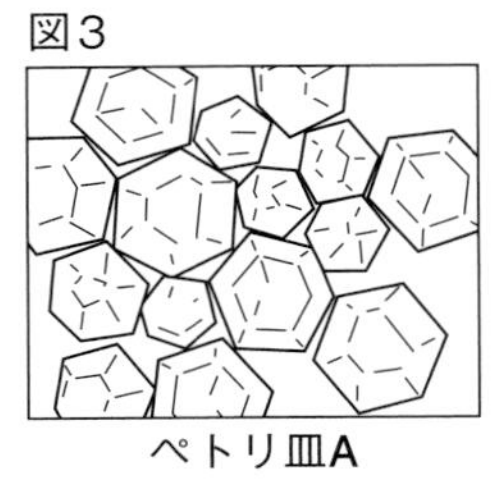

ペトリ皿A

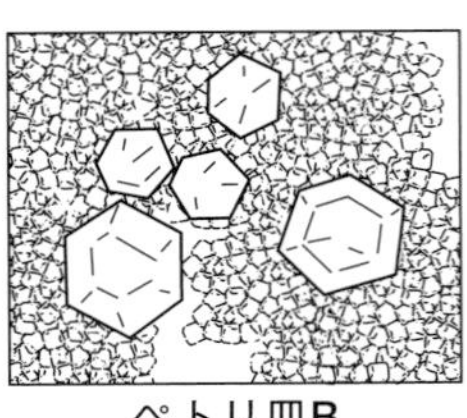

ペトリ皿B

(1) ペトリ皿にできた結晶のようすを説明した文として適切なものを，次の**ア**～**エ**から1つ選び，記号で答えなさい。 〔　　　〕 57%

ア ペトリ皿Aの大きな結晶は，ゆっくりと冷やされることで大きく成長したものである。

イ ペトリ皿Aの大きな結晶は，小さな結晶が結合したものである。

ウ ペトリ皿Bの大きな結晶は，急に冷やされることで大きく成長したものである。

エ ペトリ皿Bの小さな結晶は，急に冷やされて大きな結晶が割れたものである。

超重要 (2) 岩石のつくりについて説明した次の文の，[①]～[③]に入る語句の組み合わせとして適切なものを，あとの**ア**～**エ**から1つ選び，記号で答えなさい。 65%

〔　　　〕

> ペトリ皿Bのようなつくりの岩石は，小さな粒などの[①]の間に，比較的大きな鉱物の[②]が散らばってできており，このようなつくりを[③]という。

ア ①斑晶 ②石基 ③等粒状組織　　**イ** ①石基 ②斑晶 ③等粒状組織

ウ ①斑晶 ②石基 ③斑状組織　　**エ** ①石基 ②斑晶 ③斑状組織

正答率

4 ↪ 1,2

アカネさん，アオイさんは，図1の火成岩A～Dを観察し，その特徴からグループ分けを行った。下の【会話文】は，2人が話し合った内容の一部をまとめたものである。あとの問いに答えなさい。ただし，A～Dは，玄武岩，流紋岩，はんれい岩，花こう岩のいずれかである。 [青森県・改]

図1

A
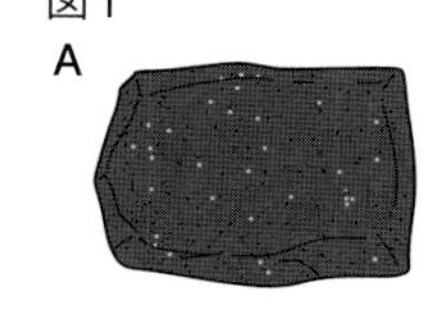
B
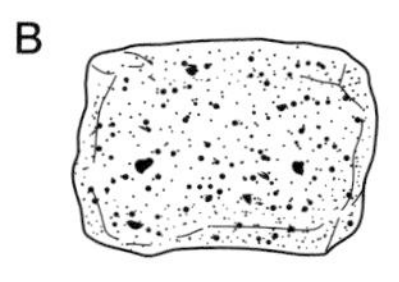
C
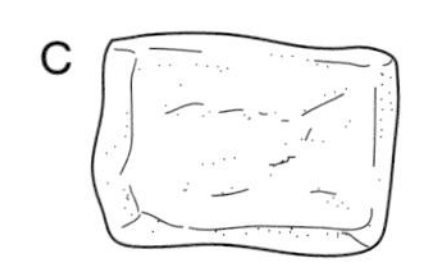
D
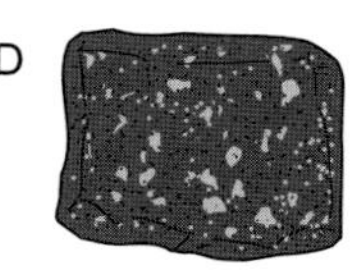

【会話文】

アカネさん	私は，ⓐ白っぽく見えるB，Cと，黒っぽく見えるA，Dの2つのグループに分けました。無色鉱物を多くふくむものと，有色鉱物を多くふくむものとがあるからです。
アオイさん	私は，つくりのちがいで2つのグループに分けました。1つ1つの粒が大きくて同じくらいの大きさの粒が入っているB，Dと，ⓘ肉眼ではわからないほどの小さい粒の間に比較的大きい粒が散らばって入っているA，Cとに分けました。

地学分野

(1) 下線部ⓐの特徴をもつ火成岩に，ふくまれる割合が多い鉱物の組み合わせはどれか。次のア～エから1つ選び，記号で答えなさい。 〔　　　〕 75%

ア 磁鉄鉱とキ石　　イ セキエイとカクセン石
ウ チョウ石とカンラン石　　エ セキエイとチョウ石

(2) 会話文の下線部ⓘの特徴をもつ火成岩について，次の①，②に答えなさい。

① 図2は，岩石のできる場所を模式的に表したものである。図1のCができた場所として最も適切なものを，X～Zの中から1つ選び，記号で答えなさい。また，マグマがどのように冷やされて固まってできたものであるか，書きなさい。

図2
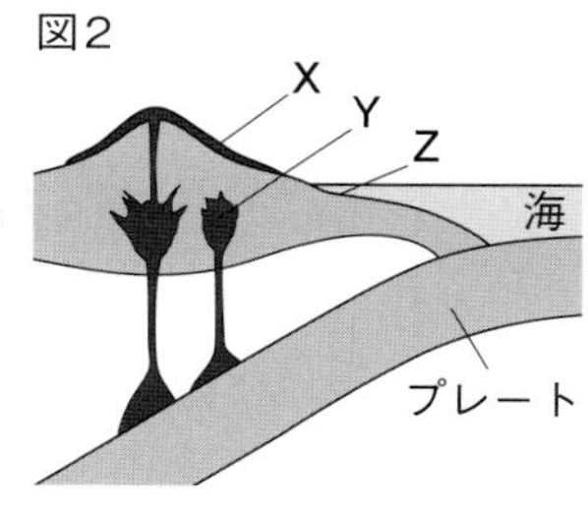

記号〔　　　〕
でき方〔　　　　　　　　　　　　〕

難→ ② 次のア～ウは，火山の形を模式的に表したものである。図1のAは，いずれの火山のマグマからつくられたものと考えられるか。最も適切なものを1つ選び，記号で答えなさい。また，そのように考えた理由を書きなさい。

記号〔　　　〕
理由〔　　　　　　　　　　　　〕

ア
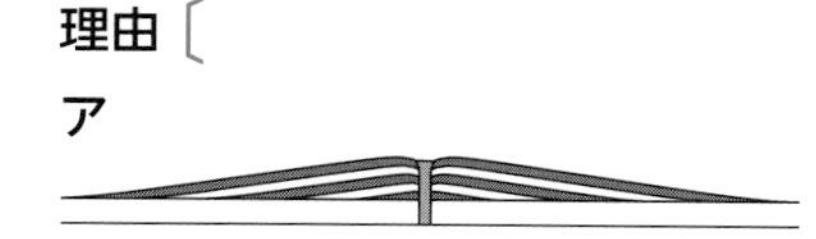
イ

ウ

» 地学分野

ゆれる大地

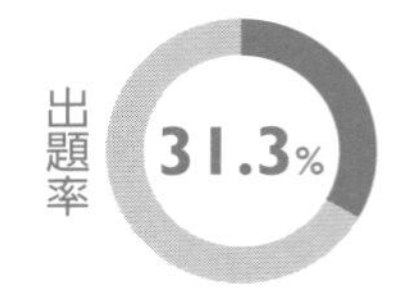

入試メモ 複数の地点でのP波とS波の記録から，地震発生の時刻を求める問題がよく出題される。同じパターンの問題をくり返し解いて計算に慣れておこう。

1 地震のゆれ

出題率 24.0%

|1| **震源と震央**

①**震源**… 地震が最初に発生した地下の場所。

②**震央**… 震源の真上にある地表の地点。

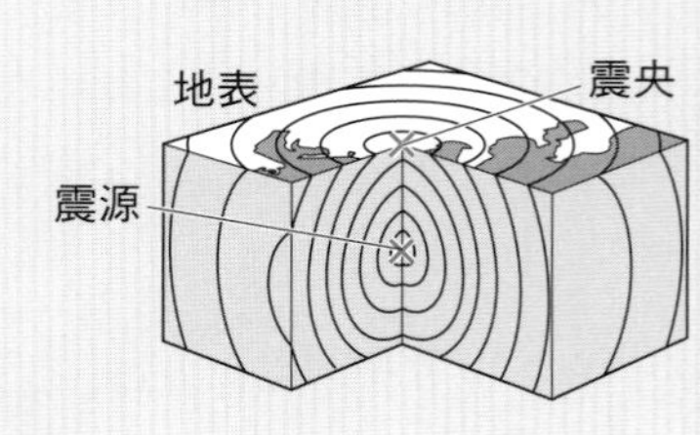

|2| **地震のゆれ**

- **初期微動**… はじめの小さいゆれ。**P波**によって伝えられる。
- **主要動**… 後からくる大きなゆれ。**S波**によって伝えられる。
- **初期微動継続時間**… P波とS波が届くまでの時間の差。震源からの距離に比例して長くなる。

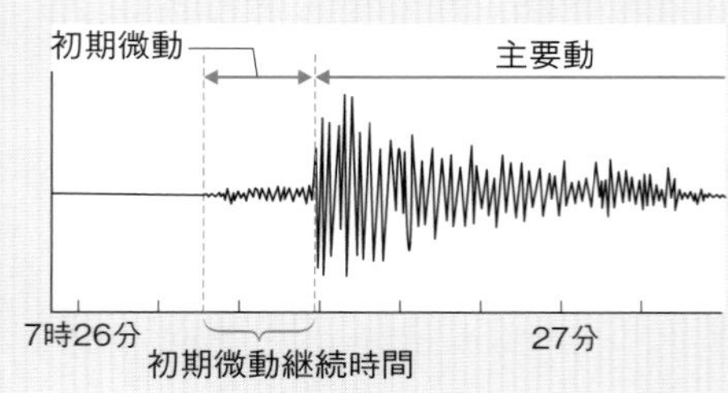

2 震度とマグニチュード

出題率 18.8%

|1| **震度**… 地震によるゆれの大きさを表す階級。0から7の**10段階**に分けられる。

- 同じ地震なら，ふつう震源に近い地点ほど，震度は大きくなる。

注意 震源から距離が同じ地点でも，土地のつくりによって震度が異なることもある。

|2| **マグニチュード**(M)… 地震そのものの規模を表す数値。

3 地震の原因と大地

出題率 17.7%

|1| **プレート**… 地球の表面をおおっている，十数枚の厚い岩盤。

- それぞれのプレートは少しずつ動いている。

|2| **プレートの境界で起こる地震**… **海洋プレートが大陸プレートの下に沈みこむ**ことで大陸プレートがひずみ，ひずみが限界になると，大陸プレートの先端が急激に隆起し，地震が起こる。

注意 この地震は津波を起こすことがある。

|3| **プレートの内部で起こる地震**… 断層ができたり活断層がずれたりすると，同時に地震が起こる。

- **断層**… プレートの運動によって，地下の岩盤に大きな力がはたらくことで生じるずれ。
- **活断層**… 今後もくり返し活動する可能性がある断層。

プレートの境界面で起こる地震のしくみ

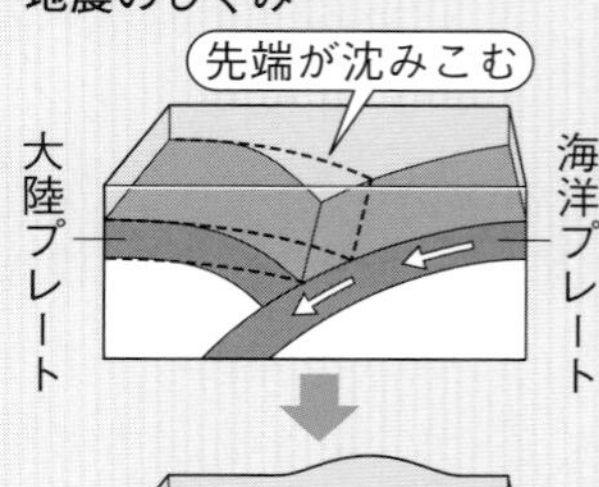

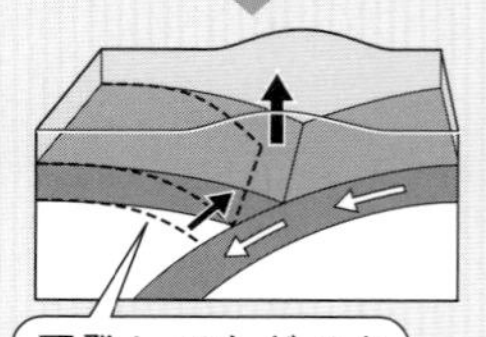

実力アップ問題

解答・解説 | 別冊p.29

正答率

1

↪ 1

右の図は，ある地震のゆれを地点A，Bで同じ種類の地震計によって記録したものである。次の問いに答えなさい。 [島根県]

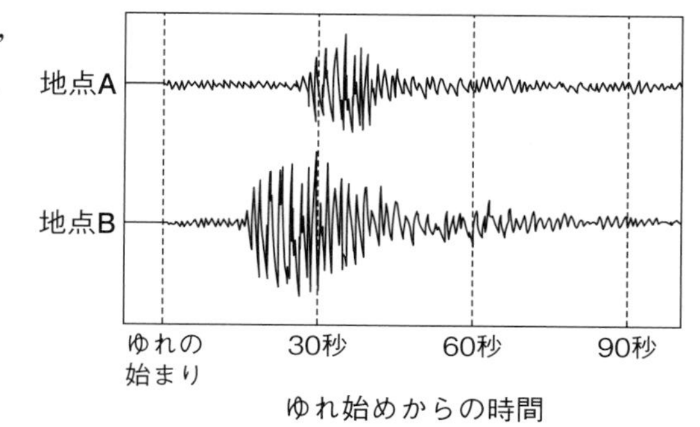

(1) 地点A，Bのうち，震源により近いと考えられるのはどちらか，その記号を答えなさい。

〔　　　〕

超重要 (2) (1)のように判断した理由を「初期微動」という語を用いて，簡単に説明しなさい。

〔　　　　　　　　　　　　　　〕

2

↪ 1

下の表は，ある場所で発生した地震について，地点X～Zにおける，震源からの距離とP波によるゆれが始まった時刻を示したものである。あとの問いに答えなさい。ただし，P波は一定の速さで伝わったものとする。 [青森県]

地点	震源からの距離	P波によるゆれが始まった時刻
X	72km	10時25分20秒
Y	108km	10時25分26秒
Z	180km	10時25分38秒

(1) P波によるゆれの名称を書きなさい。 〔　　　〕 89%

差がつく (2) この地震が発生した時刻は，10時何分何秒か，求めなさい。 58%

〔　　分　　秒〕

3

↪ 2

地震の規模の大きさは，何で表されるか。最も適当なものを次の**ア**～**エ**から1つ選び，記号で答えなさい。[福井県] 〔　　〕

ア ガル　　**イ** マグニチュード　　**ウ** 震度　　**エ** カイン

4

超重要
↪ 3

右の図は，東北地方の断面を模式的に表したものである。大規模な地震の発生しやすいところとして最も適切なものを，**ア**～**エ**から1つ選び，記号で答えなさい。[和歌山県] 〔　　〕

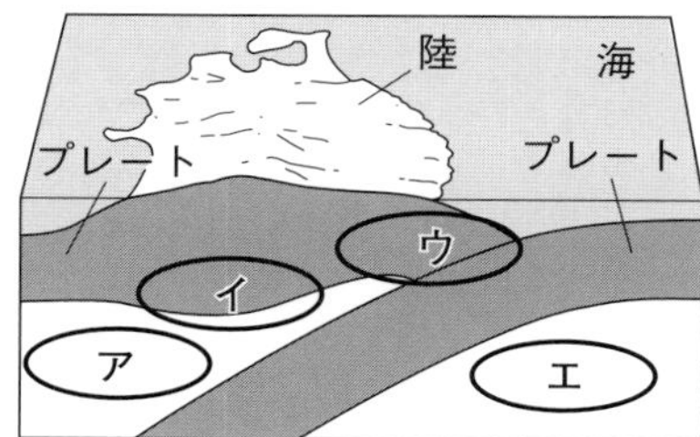

正答率

5

↪ 1,2,3

地震について，次の問いに答えなさい。 [石川県]

(1) 日本では，地震によるゆれの大きさを表す震度を何段階に分けているか，書きなさい。

〔　　　　段階〕

(2) 右の表は，ある地震における地点A～Cでの記録である。図1は，地震が起こる前の震央(しんおう)付近の地層を模式的に表したものであり，この地震によって図2のような断層ができた。次の①～③に答えなさい。ただし，発生するP波，S波はそれぞれ一定の速さで伝わるものとする。

地点	P波の到着した時刻	S波の到着した時刻	震源からの距離
A	10時13分26秒	10時13分28秒	24km
B	10時13分28秒	10時13分31秒	36km
C	10時13分34秒	10時13分40秒	72km

図1

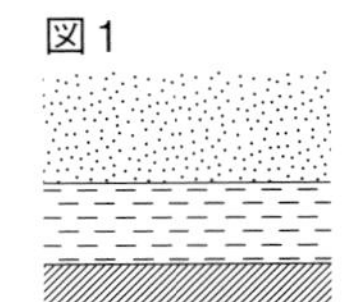

図2

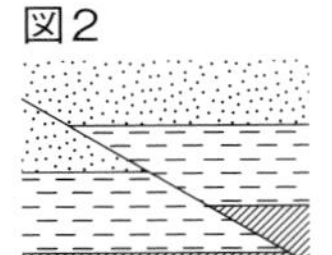

① 図2の断層は，地層のどの向きに力がはたらいて，どの向きにずれて生じたと考えられるか，最も適切なものを次のア～エから1つ選び，記号で答えなさい。なお，⇨は，地層にはたらいた力の向きを表し，---➤は，地層がずれて動いた方向を表している。

〔　　　〕

ア

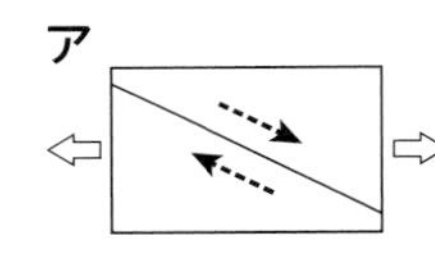

イ

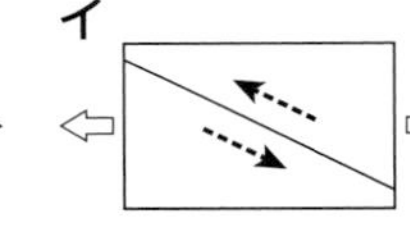

ウ

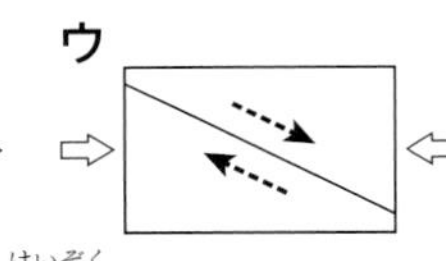

エ

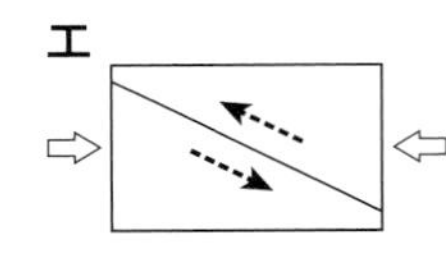

② この地震における地点Aの初期微動継続(けいぞく)時間は，別のときに起こったマグニチュードと震央が同じ地震の地点Aの初期微動継続時間に比べて短かった。それはなぜか，理由を震源と震央の関係を明らかにして書きなさい。

〔　　　　　　　　　　　　　　　　〕

難 ③ P波が2点以上の地震観測点で観測され，顕著(けんちょ)な被害(ひがい)が生じる地震と予想された場合，S波による大きなゆれが起こるおそれがある地域を，緊急(きんきゅう)地震速報によって知らせるしくみが，気象庁で運用されている。下の文は，緊急地震速報と，この地震における大きなゆれについて書かれたものである。上の表を参考に，文中のX，Yにあてはまる値を求めなさい。

> この地震が発生してから7秒後に緊急地震速報が発表されたため，震源から（　X　）kmの地点では，発表と大きなゆれを観測した時刻が同時であった。地点Bでは，緊急地震速報の発表の（　Y　）秒後に，大きなゆれを観測した。

X〔　　　　〕 Y〔　　　　〕

模擬テスト

- 実際の入試問題と同じ形式で，全範囲から問題をつくりました。
- 入試本番を意識し，時間をはかってやってみましょう。

第 1 回 模擬テスト

時間｜50分
解答・解説｜別冊p.30

得点 / 100

1 電圧と電流の関係を調べるために，電熱線Aを用いて次の実験を行った。あとの問いに答えなさい。

（(1)7点，他各3点）

1．電源装置，スイッチ，電熱線A，電流計，電圧計を使って，図1のような回路をつくった。
2．電熱線Aに加える電圧を1.0V，2.0V，…，5.0Vと変化させて，そのとき電熱線Aに流れた電流の大きさを測定した。
3．結果を図2のグラフにまとめた。

図1
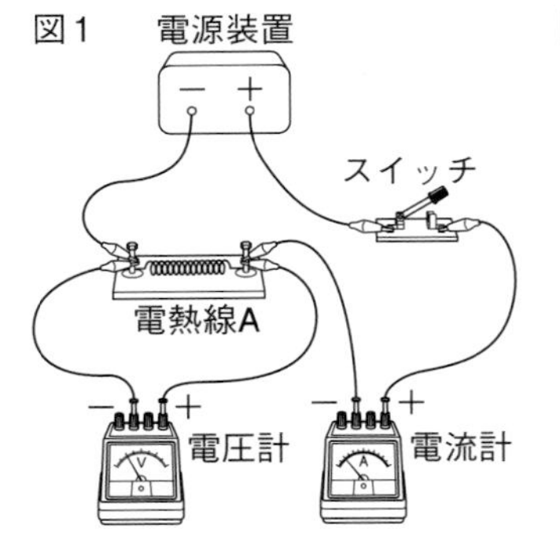

図2
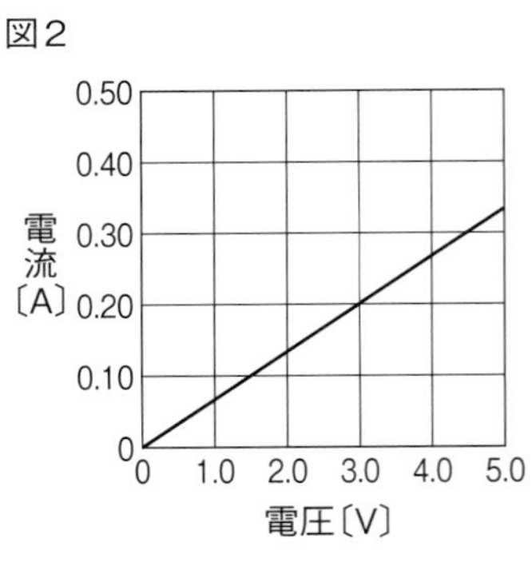

(1) 図1の回路を，回路図で表しなさい。

(2) 図3は，電熱線Aにある値の電圧を加えたときのようすを表している。このとき電熱線Aに流れた電流の大きさは何mAか。ただし，－端子(たんし)は500mAの端子につないでいるものとする。

図3
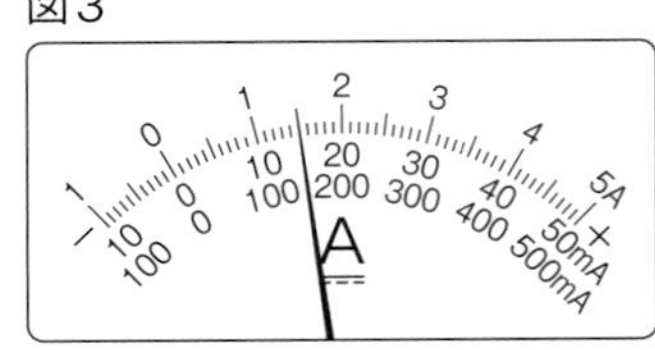

(3) 電熱線Aの電気抵抗(ていこう)は何Ωか，求めなさい。

(4) 図2のグラフから，電熱線に流れる電流は，電熱線に加える電圧に比例していることがわかる。この関係を何の法則というか，書きなさい。

(5) 電圧計の値を9.0Vにしたとき，電熱線Aに流れる電流の大きさは何Aか，求めなさい。

(6) 電熱線Aと電気抵抗のわからない電熱線Bを使って図4，図5のような回路をつくった。図4の回路のスイッチを入れ，電圧計の値を6.0Vにしたところ，電流計は240mAを示した。

図4

図5

① 電熱線Bの電気抵抗は何Ωか。

② 図4，図5の回路で，電圧計の値を同じ値にしたとき，消費される電力が最も大きい電熱線はどれか。次のア～エから1つ選び，記号で答えなさい。

ア 図4の電熱線A　　**イ** 図4の電熱線B
ウ 図5の電熱線A　　**エ** 図5の電熱線B

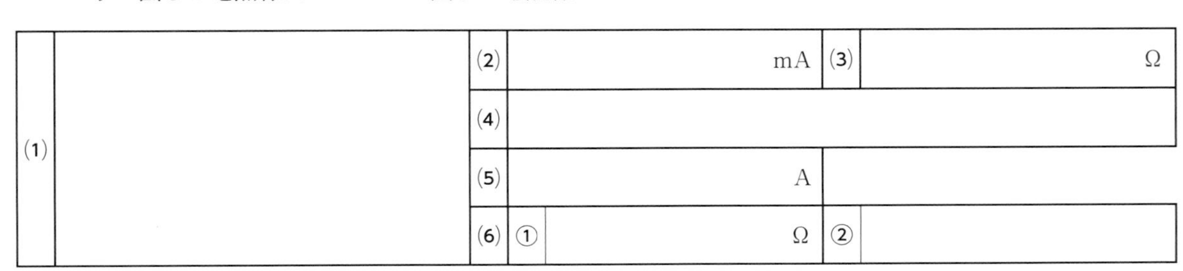

(1)		(2)	mA	(3)	Ω
		(4)			
		(5)	A		
		(6)	① Ω	②	

2 次の〈実験１〉，〈実験２〉について，それぞれあとの問いに答えなさい。

((6)完答3点，他各３点)

〈実験１〉 図1のような装置を組み立て，5.0Vの電圧を加えて電流を流すと，一方の電極には赤色の物質が付着し，もう一方の電極からは気体が発生した。

図１

電源装置　－　＋　陰極　陽極　炭素電極　塩化銅水溶液

(1) 電極に付着した赤い物質は何か，化学式で答えなさい。

(2) 気体が発生した電極の説明として正しいものを，次の**ア**～**エ**から１つ選び，記号で答えなさい。

ア この電極は陽極で，陽イオンが引きつけられた。

イ この電極は陽極で，陰イオンが引きつけられた。

ウ この電極は陰極で，陽イオンが引きつけられた。

エ この電極は陰極で，陰イオンが引きつけられた。

(3) 発生した気体の性質として適切なものを，次の**ア**～**エ**から１つ選び，記号で答えなさい。

ア 火のついた線香を入れると，線香が激しく燃える。

イ マッチの火を近づけると，ポンと音を立てて燃える。

ウ 手であおいでにおいをかぐと，特有の刺激臭がする。

エ 石灰水に通すと，石灰水が白くにごる。

〈実験２〉 うすい塩酸に銅板と亜鉛板を入れ，図2のようにモーターにつなぐと，モーターについたプロペラが回転した。

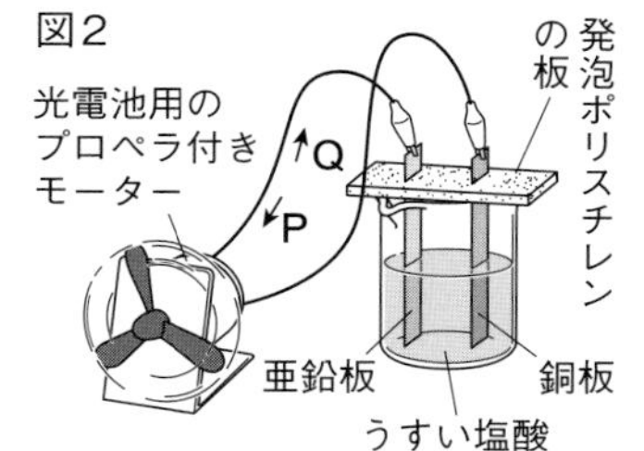

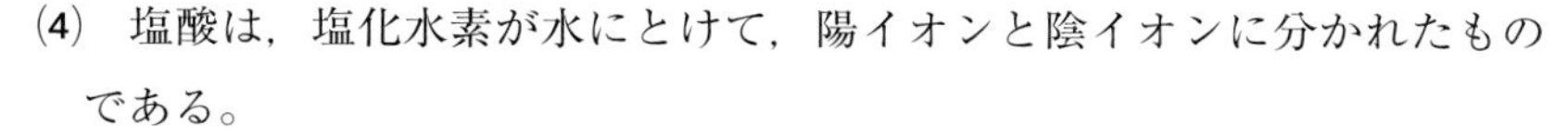

(4) 塩酸は，塩化水素が水にとけて，陽イオンと陰イオンに分かれたものである。

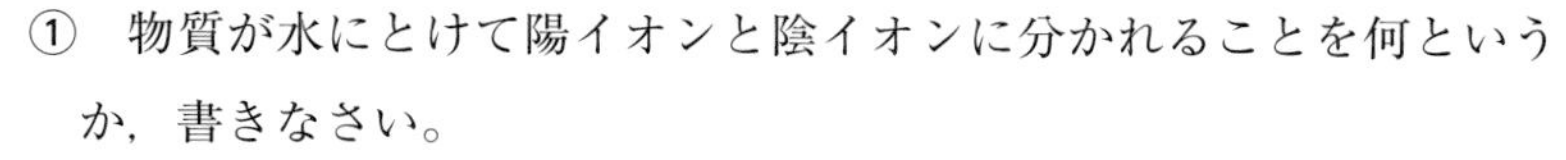

① 物質が水にとけて陽イオンと陰イオンに分かれることを何というか，書きなさい。

② 塩化水素が陽イオンと陰イオンに分かれるようすを，化学式を用いて表しなさい。

(5) この実験を，うすい塩酸のかわりに別の水溶液で行ったとき，同じようにプロペラが回転する水溶液を，次の**ア**～**エ**からすべて選び，記号で答えなさい。

ア 砂糖水　　**イ** 食塩水　　**ウ** エタノールの水溶液　　**エ** 水酸化ナトリウム水溶液

(6) 次の文は，この実験で電流が流れた理由を説明したものである。｛　｝にあてはまる語句を，**ア**・**イ**からそれぞれ１つ選び，記号で答えなさい。

> ２つの金属板のうち，①｛**ア** 銅板　**イ** 亜鉛板｝がうすい塩酸の中にとけ出して陽イオンになり，電極に残された電子が，図２の導線の中を②｛**ア** Pの向き　**イ** Qの向き｝に移動することで，電流が流れた。

(1)		(2)		(3)	
(4)	①	②			
(5)		(6)	①	②	

3

図１はヒトの消化と吸収にかかわりのある体のつくりを，図２はヒトの血液の循環をそれぞれ模式的に表したものである。次の問いに答えなさい。
((5)②７点，他各３点)

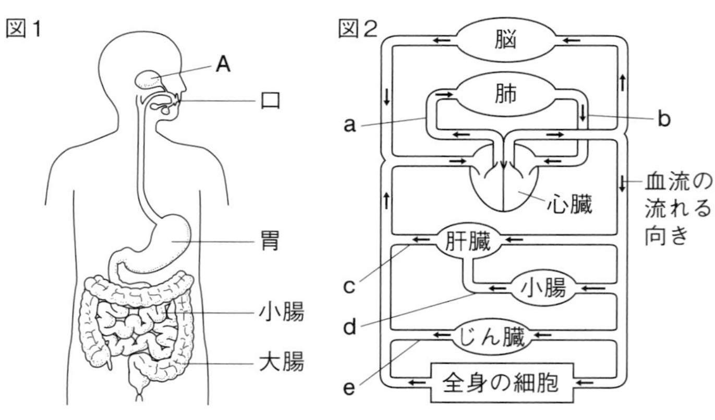

(1) 図１で，Aから出る消化液にふくまれる，デンプンを分解する消化酵素を何というか，書きなさい。

(2) 消化酵素のはたらきによって，デンプン，タンパク質は，それぞれ最終的に何に分解されるか。次のア～エから１つずつ選び，記号で答えなさい。

ア ブドウ糖　**イ** 脂肪酸　**ウ** アミノ酸　**エ** モノグリセリド

(3) 消化された養分を最も多くふくむ血液が流れる血管を，a～eから１つ選び，記号で答えなさい。

(4) 心臓からaの血管，肺，bの血管を通って心臓にもどる血液の経路を何というか，書きなさい。

(5) 図３は，肺の気管支の先の部分を拡大したものである。

① Xのような，気管支の先にたくさんある小さな袋を何というか，書きなさい。

② 肺は，Xのような袋がたくさん集まってできていることで，酸素と二酸化炭素の交換を効率よく行うことができる。この理由を簡潔に書きなさい。

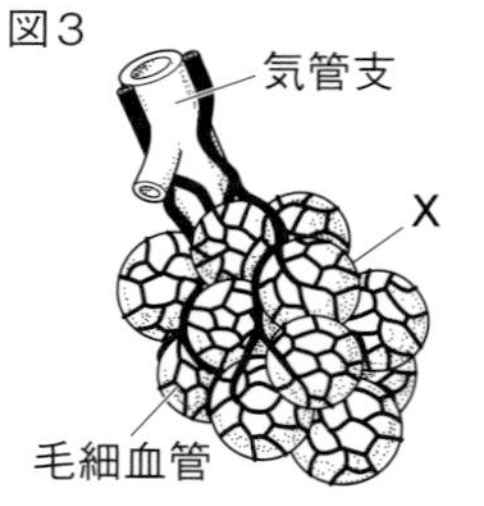

(6) 次の文は，細胞呼吸について説明したものである。(　　)にあてはまる物質名を書きなさい。

> 体内に吸収された養分は，血液によって全身の細胞に運ばれ，肺でとり入れられた酸素を使って(　　　)と(　　　)に分解される。多くの生物は，このとき，生きるために必要なエネルギーをとり出している。

(7) 細胞のはたらきによって生じたアンモニアの排出に関する説明として最も適切なものを，次のア～エから１つ選び，記号で答えなさい。

ア 肝臓で二酸化炭素に変えられたあと，じん臓でこしとられて尿となり，体外に排出される。

イ 肝臓で尿素に変えられたあと，じん臓でこしとられて尿となり，体外に排出される。

ウ じん臓で二酸化炭素に変えられたあと，肝臓でこしとられて尿となり，体外に排出される。

エ じん臓で尿素に変えられたあと，肝臓でこしとられて尿となり，体外に排出される。

(1)		(2)	デンプン		タンパク質	
(3)		(4)				
(5)	①		②			
(6)	と				(7)	

4 ある地点で，次の〈観測1〉，〈観測2〉を行った。これについて，あとの問いに答えなさい。

((5)7点，他各4点)

〈観測1〉

1 12月25日の19時から翌日の3時まで，2時間ごとにオリオン座の位置を観測し，図1に記録をまとめた。

2 12月25日の19時とその6時間後に，カシオペヤ座の位置を観測し，図2に記録をまとめた。

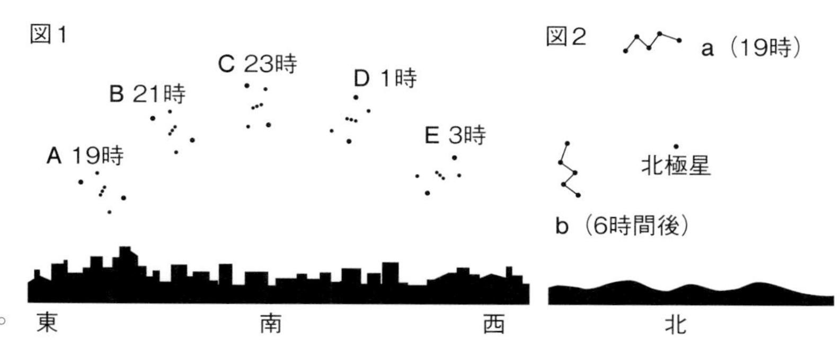

〈観測2〉

1 透明半球を使い，春分の日の8時から16時までの1時間ごとに太陽の位置を記録した。

2 図3のように，記録した点をなめらかな曲線で結び，それを透明半球のふちまでのばし，ふちとぶつかるところをそれぞれX，Yとした。

3 図4は，2の曲線XYに紙テープを重ね，透明半球上に記録した点を写しとり，各点の間の距離を調べたものである。

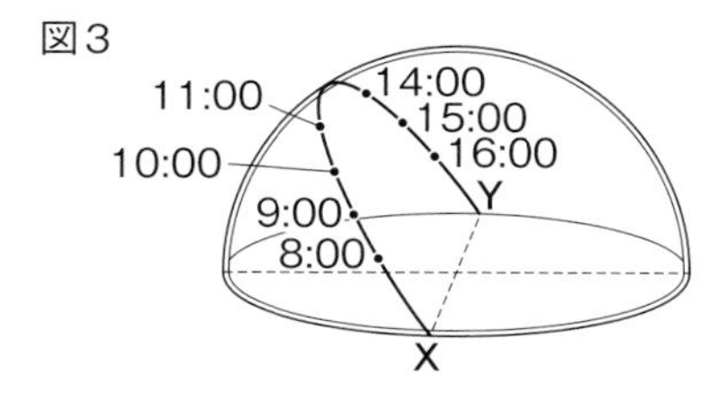

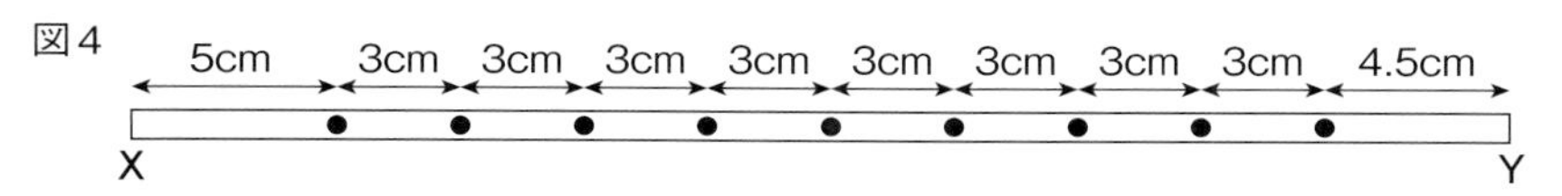

(1) 〈観測1〉の2か月後の21時にオリオン座を観測すると，どの位置に見えるか。最も適切なものを図1のA～Eから1つ選び，記号で答えなさい。

(2) 〈観測1〉の1か月後，カシオペヤ座が図2のbと同じ位置に見えるのは何時か，答えなさい。

(3) 〈観測2〉の観測を行った日の日の入りの時刻を求めなさい。

(4) 〈観測2〉を行った2か月後に同じように太陽の動きを調べると，太陽の日の出の位置と南中高度はどうなるか。最も適切なものを，次のア～エから1つ選び，記号で答えなさい。

ア 春分の日と比べて日の出の位置は北寄りになり，南中高度は低くなる。

イ 春分の日と比べて日の出の位置は北寄りになり，南中高度は高くなる。

ウ 春分の日と比べて日の出の位置は南寄りになり，南中高度は低くなる。

エ 春分の日と比べて日の出の位置は南寄りになり，南中高度は高くなる。

(5) 太陽の日の出の位置や南中高度が(4)のように変化する理由を，「地軸」という語を使って簡潔に書きなさい。

(1)		(2)	時	(3)	時　　分	(4)	
(5)							

第2回 模擬テスト

時間｜50分
解答・解説｜別冊p.31

得点 / 100

1

力について，次の〈実験1〉，〈実験2〉を行った。100gの物体にはたらく重力の大きさを1Nとして，それぞれあとの問いに答えなさい。

((1)7点，他各3点)

〈実験1〉 図1のような，質量800gの直方体の物体を用意し，図2のように，物体のA面を下にして，水平な台に固定したスポンジの上に置き，スポンジのへこみ具合を調べた。次に，B面，C面をそれぞれ下にして，スポンジのへこみ具合を調べたところ，C面を下にしたときが最も大きく，A面を下にしたときが最も小さかった。

図1

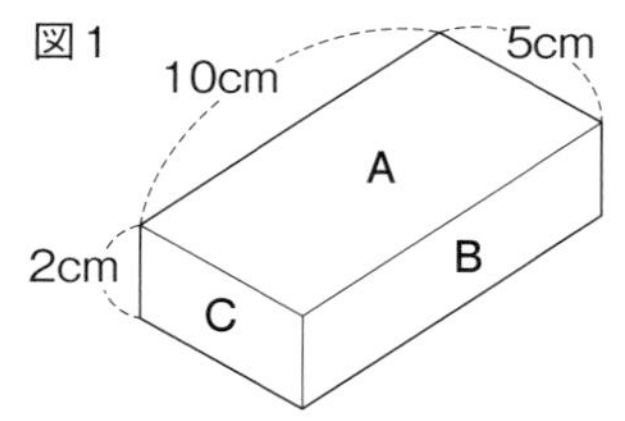

図2

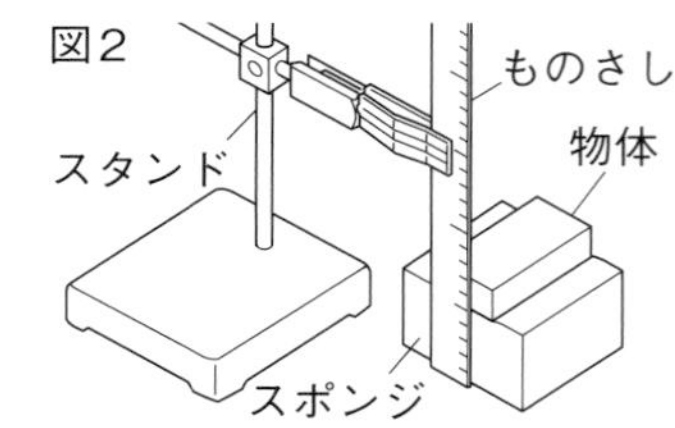

(1) スポンジのへこみ具合がA面，B面，C面の順に大きくなった理由を，「面積」，「圧力」の語句を用いて簡潔に書きなさい。

(2) A面を下にしてスポンジの上に置いたとき，スポンジが物体から受ける圧力は何Paか，求めなさい。

〈実験2〉 図3のように，おもりをつるさないときの長さが10cmのばねを使って，ばねにはたらく力の大きさとばねののびの関係を調べたところ，図4のようになった。次に，水を入れたビーカーを水平な台の上に置き，図5のように，質量が100gのおもりを糸でばねにつるして水に沈(しず)めたところ，ばねの長さは12cmになった。なお，糸の体積や質量は無視できるものとする。

図3

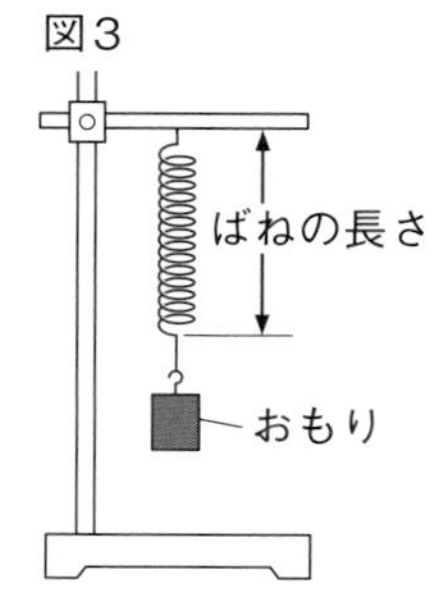

図4

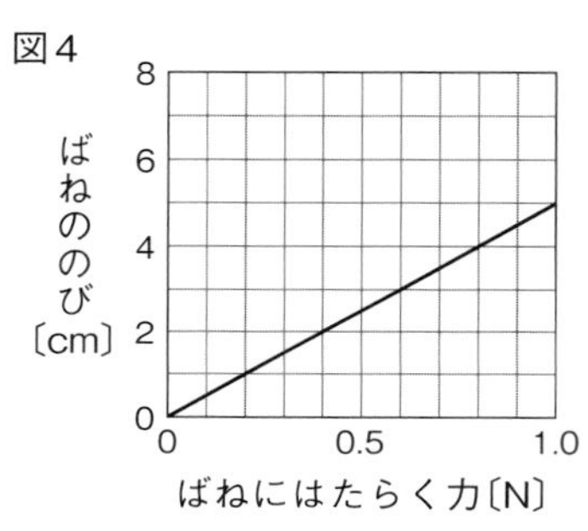

図5

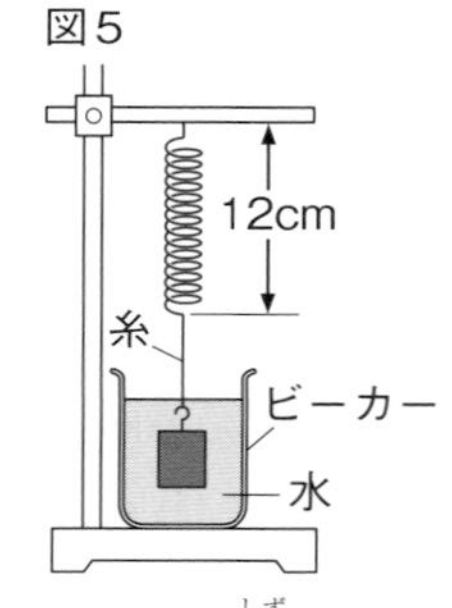

(3) グラフから，ばねののびは，ばねにはたらく力の大きさに比例することがわかる。この関係を何の法則というか，書きなさい。

(4) 図3で，ばねに質量140gのおもりをつるすと，ばねののびは何cmになるか，求めなさい。

(5) 図5で，おもりを水中に沈めたとき，おもりには水からの圧力がどのようにはたらいているか。最も適切なものを，次のア～エから1つ選び，記号で答えなさい。

ア

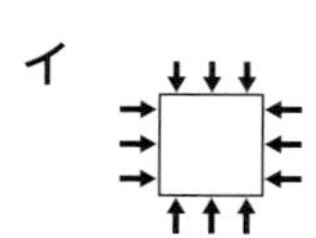

イ

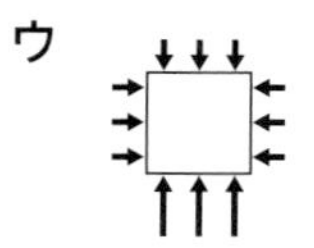

ウ

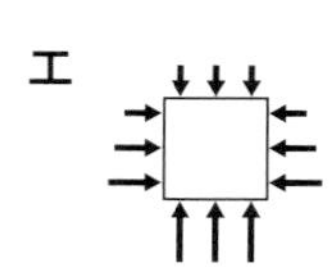

エ

(6) 図5で，おもりにはたらく浮力(ふりょく)の大きさは何Nか，求めなさい。

(1)					
(2)	Pa	(3)	の法則	(4)	cm
(5)		(6)	N		

2

金属と酸素が結びつくときの，金属と酸素の質量の関係について調べるために，次の実験を行った。あとの問いに答えなさい。

((5)7点，他各３点)

1．銅の粉末を0.20gはかりとり，ステンレス皿にうすく広げるように入れ，皿をふくめた全体の質量をはかった。

2．図のように，強い火で皿ごと５分間加熱した。

3．皿がじゅうぶんに冷めてから，全体の質量をはかった。

4．２，３の操作を，質量が一定になるまでくり返した。

5．銅の質量を0.40g，0.60g，0.80g，1.00gと変え，１～４の操作を行い，結果を表にまとめた。

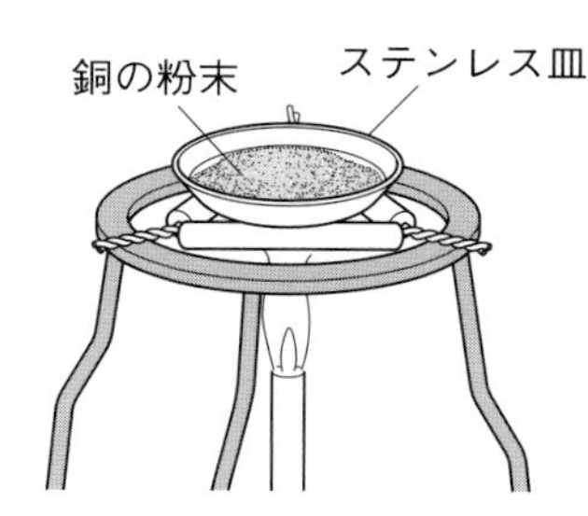

銅の質量〔g〕	0.20	0.40	0.60	0.80	1.00
加熱後の物質の質量〔g〕	0.25	0.50	0.75	1.00	1.25

(1) 銅はどのような物質か。次の**ア**～**エ**から１つ選び，記号で答えなさい。

ア 単体であり，分子をつくる物質。　**イ** 単体であり，分子をつくらない物質。

ウ 化合物であり，分子をつくる物質。　**エ** 化合物であり，分子をつくらない物質。

(2) この実験において，銅の粉末を加熱するとき，下線部のようにするのはなぜか。最も適切なものを，次の**ア**～**エ**から１つ選び，記号で答えなさい。

ア 銅の粉末が飛び散らないようにするため。

イ 銅の粉末を空気とふれやすくするため。

ウ 銅が酸素と反応するときに，強い光が出ないようにするため。

エ 加熱後にできる銅の酸化物を冷めやすくするため。

(3) 銅が酸素と結びついてできる物質は何か，物質名を書きなさい。

(4) 銅が酸素と結びつくときの反応を，化学反応式で表しなさい。

(5) 表をもとに，銅の質量と結びついた酸素の質量の関係を表すグラフをかきなさい。

(6) 2.4gの銅の粉末がすべて反応すると，何gの酸素と結びつくか，求めなさい。

(7) 3.2gの銅の粉末を５分間だけ加熱すると，加熱後の質量は3.7gになった。このとき，酸素と結びつかずに残っている銅の質量は何gか，求めなさい。

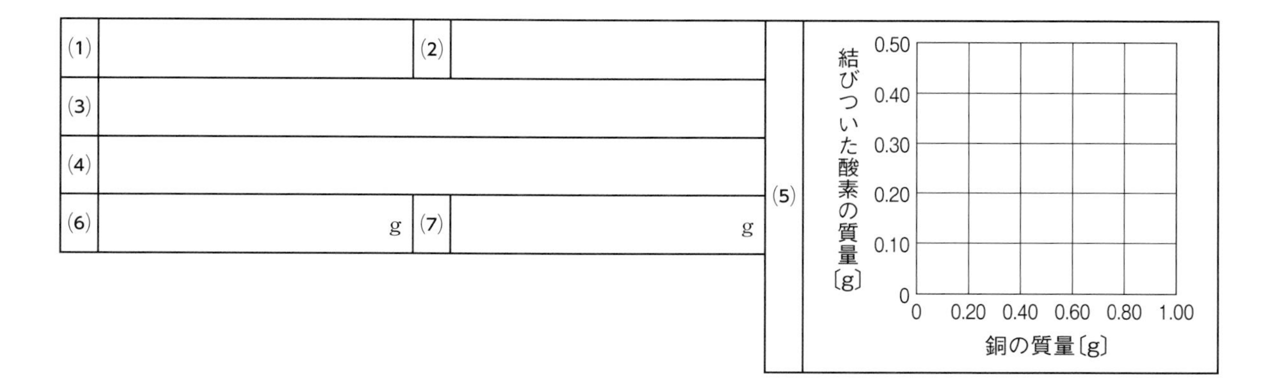

3 次の〈実験1〉,〈実験2〉について，それぞれあとの問いに答えなさい。 ((1)7点，他各3点)

〈実験1〉 細胞分裂を観察するために，タマネギの根を用いて，次の手順でプレパラートをつくった。

1 タマネギの根を先端から5mmほど切りとり，塩酸に入れて約60℃の湯で数分間あたためた。

2 1をスライドガラスにのせて柄つき針で細かくほぐし，染色液を加えて数分間置いた。

3 カバーガラスをかけてろ紙をのせ，静かに押しつぶした。

(1) 1で，下線部の操作をしたのはなぜか。簡潔に書きなさい。

(2) 細胞分裂の観察で使われる染色液として適切なものを，次の**ア**～**エ**から1つ選び，記号で答えなさい。

ア ベネジクト液　**イ** フェノールフタレイン溶液

ウ 酢酸オルセイン液　**エ** ヨウ素液

(3) 図は，プレパラートを顕微鏡で400倍に拡大して観察したときの細胞のようすをスケッチしたものである。

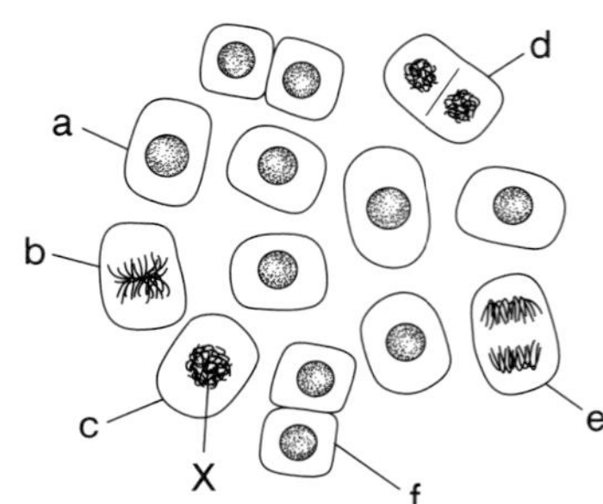

① このとき使っている接眼レンズの倍率が10倍だとすると，対物レンズの倍率は何倍か，求めなさい。

② a～fの細胞を，aをはじめとして細胞分裂の順に並べなさい。

(4) cの細胞に見られるひものようなものXを何というか，書きなさい。

(5) 分裂後の細胞1個にふくまれるXの数は，aのような分裂前の細胞にふくまれるXと比べるとどうなっているか。次の**ア**～**エ**から1つ選び，記号で答えなさい。

ア 半分になる。　**イ** 同じ数になる。　**ウ** 2倍になる。　**エ** 4倍になる。

〈実験2〉 丸い種子をつくる純系のエンドウと，しわのある種子をつくる純系のエンドウをかけ合わせたところ，できた種子(子の代)はすべて丸い種子であった。この丸い種子をまいて育てたエンドウが自家受粉してできた種子(孫の代)は，丸い種子としわのある種子の両方が見られた。次の問いに答えなさい。

(6) 異なる形質の純系どうしをかけ合わせたとき，子には親のいずれかの一方と同じ形質が現れる。このとき，子に現れるほうの形質を何というか，書きなさい。

(7) 種子の形を丸くする遺伝子をA，しわにする遺伝子をaとするとき，子の代の種子がもつ遺伝子の組み合わせとして適切なものを，次の**ア**～**オ**から1つ選び，記号で答えなさい。

ア すべてAA　**イ** すべてaa　**ウ** すべてAa　**エ** AAとaa　**オ** AAとAa

(8) 孫の代の種子のうち，しわのある種子の数の割合は，およそ何%であると考えられるか。次の**ア**～**エ**から1つ選び，記号で答えなさい。

ア 25%　**イ** 33%　**ウ** 50%　**エ** 75%

(1)		(2)	
(3)	① 倍	②	a → → → → →
(4)		(5)	
(6)		(7)	
(8)			

4 図1，図2，図3は，3月の連続した3日間の，午前9時の天気図である。あとの問いに答えなさい。

（(5)7点，(6)完答3点，他各3点）

図1

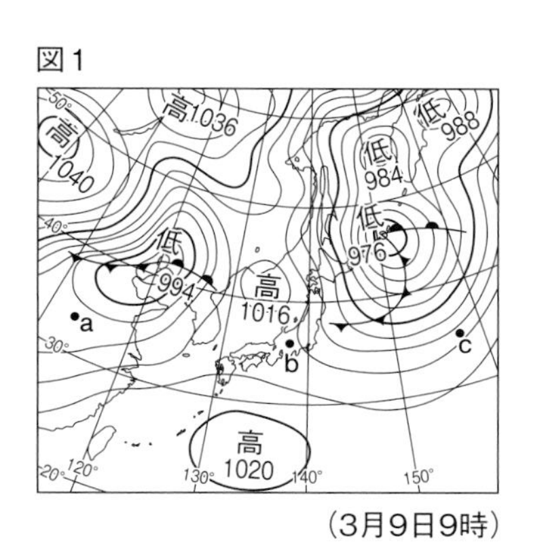

（3月9日9時）

図2

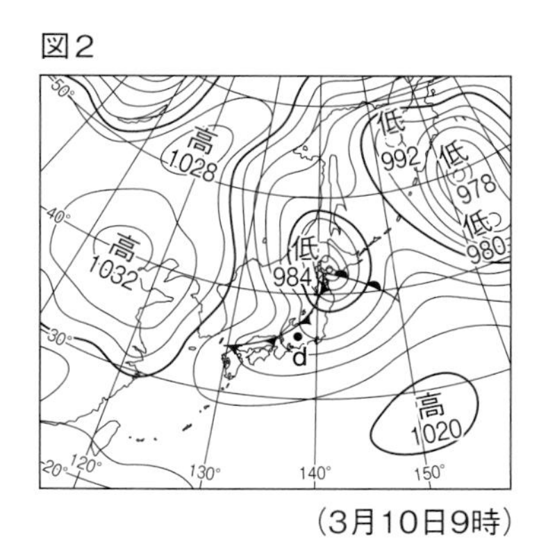

（3月10日9時）

図3

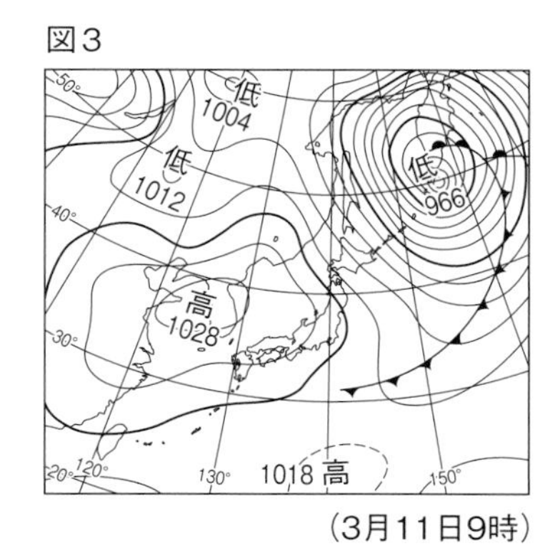

（3月11日9時）

(1) 図4は，図1のb地点で湿度（しつど）を測定したときの乾湿計（かんしつけい）の一部で，表は湿度表の一部である。このときの湿度は何％か。

(2) 図1のa～c地点のうち，風が最も強いと考えられるのはどの地点か。1つ選び，記号で答えなさい。

(3) 図中の ━●━●━●━●━ で表される前線を何というか，書きなさい。

図4

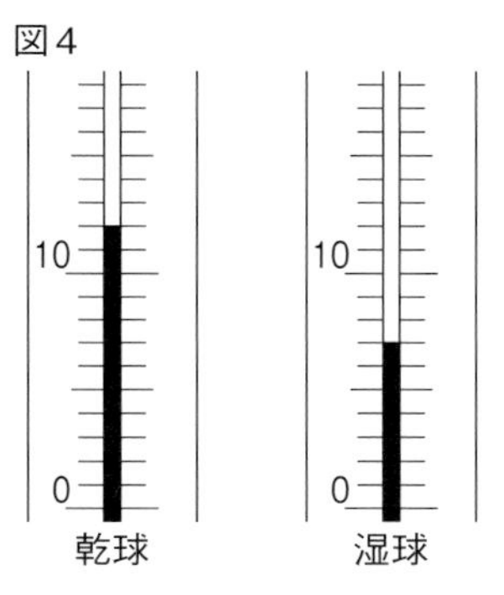

		乾球と湿球の示度の差〔℃〕				
		1.0	2.0	3.0	4.0	5.0
乾球の示度〔℃〕	15	89	78	68	58	48
	14	89	78	67	56	46
	13	88	77	66	55	45
	12	88	76	64	53	42
	11	87	75	63	52	40
	10	87	74	62	50	38

(4) 図2について，d地点ではこの後，前線の通過にともない気象が変化した。このときのようすとして適切なものを，次の**ア**～**エ**から1つ選び，記号で答えなさい。

ア 弱い雨が降りだし，気温が急に上がる。　　**イ** 弱い雨が降りだし，気温が急に下がる。

ウ 強い雨が降りだし，気温が急に上がる。　　**エ** 強い雨が降りだし，気温が急に下がる。

(5) 日本付近では，春は晴れの日とくもりや雨の日が4～7日の短い周期で変わることが多い。この理由を，図1～3の天気図を参考にして，簡潔に書きなさい。

(6) 日本列島は，ユーラシア大陸と太平洋の間に位置し，季節風の影響（えいきょう）を大きく受ける。次の文は，季節によって風向が変化する理由について述べた文である。｛　　｝にあてはまる語句を，**ア**・**イ**からそれぞれ1つ選び，記号で答えなさい。

> 陸と海ではあたたまり方や冷え方にちがいがある。日射しが強い夏は，大陸の気温が太平洋上よりも高くなる。そのため，大陸上に①｛**ア** 高気圧　**イ** 低気圧｝，太平洋上に②｛**ア** 高気圧　**イ** 低気圧｝が発生する。その結果，日本では③｛**ア** 北西　**イ** 南東｝の風がふく。

(1)	％	(2)		(3)	
(4)		(5)			
(6)	①	②		③	

□ 編集協力　㈱アポロ企画　出口明憲
□ DTP　㈱明友社
□ 図版作成　㈱明友社

シグマベスト
高校入試
超効率問題集 理科

編　者　文英堂編集部
発行者　益井英郎
印刷所　中村印刷株式会社
発行所　株式会社文英堂
〒601-8121　京都市南区上鳥羽大物町28
〒162-0832　東京都新宿区岩戸町17
(代表)03-3269-4231

●落丁・乱丁はおとりかえします。

高校入試

超効率問題集

理科

解答・解説

文英堂

物理分野

電流の性質

1
(1) **350mA**
(2)
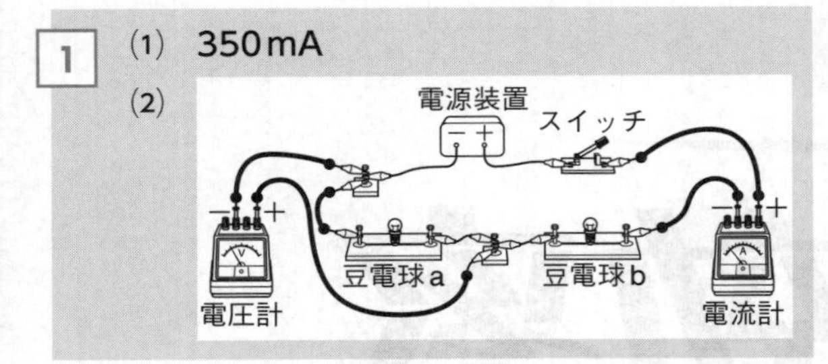

解説
(1) 500mAの−端子(たんし)につないであるので，1目盛りは10mAである。
(2) **電圧計ははかりたい部分に並列に，電流計ははかりたい部分に直列**につなぐ。

2
(1)
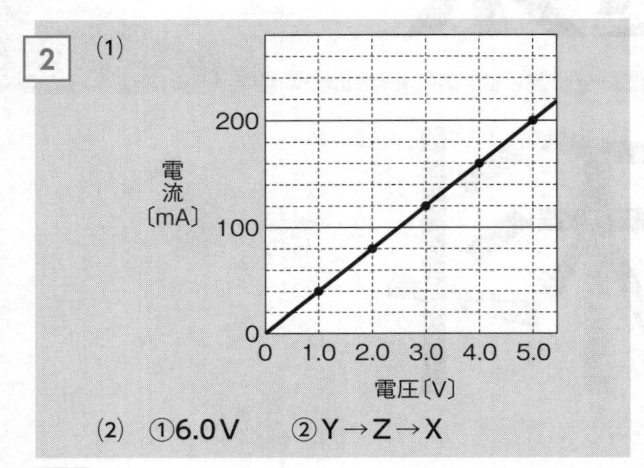

(2) **①6.0V　②Y→Z→X**

解説
(1) 回路を流れる電流の大きさは，**電圧の大きさに比例する**ので，グラフは**原点を通る直線**になる。
(2) ① **直列回路では，流れる電流の大きさはどの部分も等しくなる**ので，図3の電熱線にはそれぞれ120mAの電流が流れている。よって，表からそれぞれの電熱線には3.0Vの電圧がかかっていることがわかる。**直列回路の電源の電圧は，各部分にかかる電圧の和に等しい**ので，図3の電源装置の電圧は，

3.0V＋3.0V＝6.0V

② 仮に図4の電源装置の電圧を6.0Vにしたとすると，**並列回路の各部分にかかる電圧の大きさは電源の電圧に等しい**ので，電熱線にはそれぞれ6.0Vの電圧がかかる。電熱線は1.0Vの電圧がかかると40mAの電流が流れるので，電熱線にはそれぞれ6倍の240mAの電流が流れ，Zにも240mAの電流が流れる。また，**並列回路の枝分かれした部分の電流の大きさの和は，合流したあとの電流の大きさと等しくなる**ので，Yに流れる電流は，

240mA＋240mA＝480mA

①より，図3で電源装置の電圧が6.0VのときにXに流れる電流は120mAなので，電源の電圧を同じにしたときの電流の大きさを比べると，Y＞Z＞Xになることがわかる。

3
(1) **①3.0A　②2160J**
(2) **23.0℃**

解説
(1) ① 6.0V÷2.0Ω＝3.0A

② **熱量〔J〕＝電力〔W〕×時間〔s〕**の公式にあてはめて求める。**電力は電圧と電流の積**なので，

6.0V×3.0A＝18W

2分＝120秒なので，

18W×120s＝2160J

(2) **水の上昇(じょうしょう)温度は，電力の大きさに比例する。**ヒーターCに6.0Vの電圧を加えたときに流れる電流は，

6.0V÷6.0Ω＝1.0A

よって，ヒーターCに6.0Vの電圧を加えたときの電力は，

6.0V×1.0A＝6.0W

これはヒーターAの電力の$\frac{1}{3}$なので，ヒーターCの上昇温度はヒーターAの上昇温度（33.0℃−18.0℃＝15.0℃）の$\frac{1}{3}$の5.0℃になる。したがって，ヒーターCの10分後の水温は，

18.0℃＋5.0℃＝23.0℃

4
(1) **50Ω**
(2) **①7.0V　②0.2W**
(3) **①210mA　②9.0J**

解説
(1) 図2より，電熱線aに5Vの電圧を加えると，100mAの電流が流れる。100mA＝0.1Aなので，

5V÷0.1A＝50Ω

(2) ① **直列回路なので，電流の大きさはどの部分も同じ**である。100mA＝0.1Aなので，それぞれの電熱線に加わる電圧は，

電熱線a：図2より，5.0V

電熱線b：$20\,\Omega\times0.1\,\text{A}=2.0\,\text{V}$
よって，電圧計が示す値は，
$5.0\,\text{V}+2.0\,\text{V}=7.0\,\text{V}$
② ①より，電熱線bに加わる電圧は2.0V，流れる電流は0.1Aなので，電熱線bが消費する電力は，
$2.0\,\text{V}\times0.1\,\text{A}=0.2\,\text{W}$

(3) ① **並列回路なので，電源の電圧と2つの電熱線に加わる電圧は等しい**。よって，それぞれの電熱線を流れる電流は，
電熱線a：図2より，60mA
電熱線b：$3.0\,\text{V}\div20\,\Omega=0.15\,\text{A}=150\,\text{mA}$
したがって，電流計が示す値は，
$60\,\text{mA}+150\,\text{mA}=210\,\text{mA}$
② **熱量〔J〕＝電力〔W〕×時間〔s〕**の公式にあてはめて求める。**電力は電圧と電流の積**なので，
$3.0\,\text{V}\times0.15\,\text{A}=0.45\,\text{W}$
よって，発生する熱量は，
$0.45\,\text{W}\times20\,\text{s}=9.0\,\text{J}$

2 力による現象

1 エ

解説
この問題では，それぞれの力の作用点の場所が問われている。**摩擦力，垂直抗力は，物体どうしがふれ合っている面を作用点とし，重力は力がはたらく物体の中心を作用点とする。**

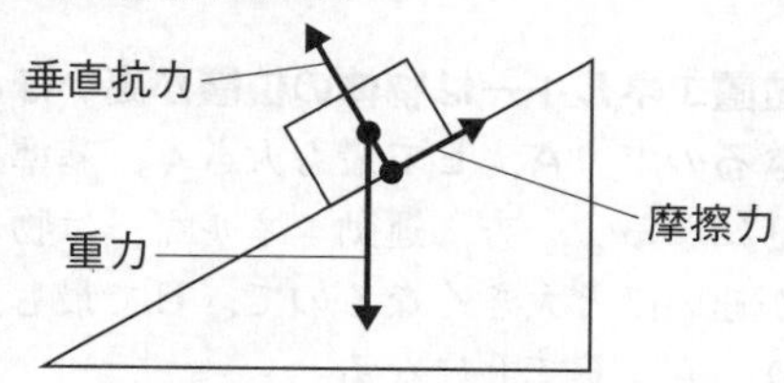

2

(1)
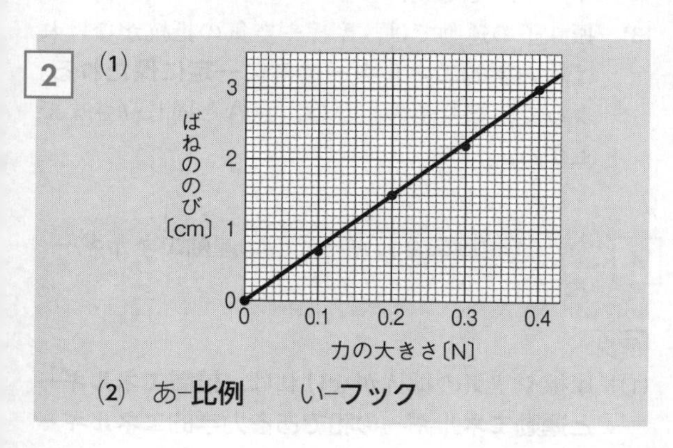

(2) あ-**比例** い-**フック**

解説
(1) **フックの法則**より，**ばねののびは，ばねにはたらく力の大きさに比例する**ので，グラフは原点を通る直線になる。

3 ①300 ②0.5

解説
物体にはたらく力の大きさ（重さ）は場所によって変化するが，物体そのものの量（質量）は変化しない。
よって，上皿天びんでは300gのおもりとつり合い，ばねばかりは，月面上の重力は地球上の約$\frac{1}{6}$であることから，$3\,\text{N}\times\frac{1}{6}=0.5\,\text{N}$を示すと考えられる。

4 2700Pa

解説
力がはたらく面積は，
$0.1\,\text{m}\times0.1\,\text{m}=0.01\,\text{m}^2$
2.7kg（2700g）の物体が机を垂直に押す力は27Nなので，机が物体から受ける圧力は，
$27\,\text{N}\div0.01\,\text{m}^2=2700\,\text{Pa}$

5

(1) C
(2) 2倍

解説
(1) 同じ大きさの力がはたらくとき，圧力の大きさは**力がはたらく面積に反比例する。**
(2) 板Cの面積は板Bの面積の$\frac{1}{2}$なので，同じペットボトルを板Cにのせたときにスポンジに加わる圧力は，板Bにのせたときの2倍になる。

6

(1) 浮力
(2) ア

解説
(2) 水中にある物体には水圧がはたらく。**水圧はあらゆる向きにはたらく**ので，上面と下面のどちらのゴム膜もへこむ。また，**水圧は深いところほど大きくなる**ので，へこみ方は上面よりも下面のほうが大きくなる。

7 例壁と吸盤の間の気圧が大気圧と比べて小さくなるから。

解説

空気中にある物体には常に大気圧がはたらいている。吸盤を壁に押し当てると，中の空気がぬけて壁と吸盤の間の気圧が小さくなる。すると，吸盤は気圧の大きい外側から押さえつけられる状態になり，壁にはりつく。

8
(1) **2.4 N**
(2) **①例おもりの下面に上向きにはたらく水圧のほうが，上面に下向きにはたらく水圧より大きいから。**
②0.9 N　③エ

解説

(1) **おもりがばねを引く力の大きさは，おもりにはたらく重力の大きさと同じ**である。質量100 g の物体にはたらく重力を1 Nとしているので，質量240 g のおもりにはたらく重力は2.4 Nである。

(2) ② **浮力の大きさは，空気中での物体の重さから，水中での物体の重さをひいて求める。**(1)より，ばねののびが8.0 cmのとき，2.4 Nの力がはたらいていることがわかっているので，水中に入れたおもりの重さ，つまり，ばねののびが5.0 cmのときにはたらく力の大きさをx〔N〕とすると，

8.0 cm : 5.0 cm＝2.4 N : x　　x＝1.5 N

よって，

2.4 N－1.5 N＝0.9 N

3 仕事とエネルギー

1
(1) **①100 N　②240 J**
(2) **①例ひもを引く力の大きさは2分の1になるが，ひもを引く長さは2倍になるため，仕事の大きさは変わらない。**
②あ-0.4　い-20
(3) **図1-100 N　図2-60 N**

解説

(1) ① 荷物を一定の速さで引き上げるのに必要な力は，荷物にはたらく重力の大きさと同じである。100 gの物体にはたらく重力の大きさを1 Nとしているので，10 kg (10000 g) の荷物にはたらく重力の大きさは100 Nである。

② 100 N×2.4 m＝240 J

(2) ① 動滑車やてこ，斜面を使うと，物体を動かすために加える力を小さくできるが，**仕事の大きさは道具を使わない場合と変わらない。**

②あ 動滑車を使っているので，ひもを引く長さが2倍になる。よって，荷物が0.2 m上昇したとき，太郎さんはひもを0.4 m引いている。

い 仕事の原理より，太郎さんが1秒間にする仕事は，

100 N×0.2 m＝20 J

よって，仕事率は20 Wである。

(3) 図1 定滑車の質量は，荷物を引き上げる作業に影響しない。よって，必要な力の大きさは(1)と同じである。

図2 2 kg (2000 g) の動滑車にはたらく重力の大きさは20 Nなので，荷物と動滑車で合わせて120 Nの重力がはたらくことになる。**動滑車では必要な力が半分になる**ので，荷物を引き上げるのに必要な力の大きさは，

120 N÷2＝60 N

2　**ア**

解説

位置エネルギーは，物体の位置が高いほど大きくなる。よって，小球がもつ位置エネルギーを大きい順に並べると，**ア＞ウ＞イ＞エ**となる。

3
(1) **ア**
(2) **力学的エネルギー**
(3) **ウ**

解説

(1) **位置エネルギーは物体の位置が高いほど大きくなる**ので，**A**，**E**で最も大きく，基準点の**B**で0になる。一方，運動エネルギーは物体の速さが速いほど大きくなるので，**B**で最も大きくなり，**A**，**E**で0になる。

(3) 振り子の運動では，摩擦や空気の抵抗がなければ，**力学的エネルギーは常に一定に保たれる。**よって，振り子の小球は，点**A**と同じ高さまで上がる。

4
(1) **①位置エネルギー　②運動エネルギー**
(2) **エ**

解説

(1) 摩擦や空気の抵抗がなければ，**位置エネルギーと運動エネルギーの和である力学的エネルギー**

は常に一定に保たれ，位置エネルギーが減った分だけ運動エネルギーがふえる。

(2) 結果の表から，小球A，Bとも，はじめの高さが高いほど，木片の動いた距離(きょり)が長いことがわかる。また，小球A，Bで，はじめの高さが同じときの木片が動いた距離を比べると，質量の大きい小球Aのほうが，木片が動いた距離が長いことがわかる。また，摩擦力は，ふれ合って動いている物体の間にはたらく，物体の動きをさまたげる力である。よって，木片が動いた距離が大きいほど，木片が摩擦力に逆らってした仕事の大きさは大きいといえる。

4 力と物体の運動

1 30km

解説

新幹線がB駅に到着するまでの時間は12分（$\frac{12}{60}$時間）なので，A駅からB駅までの移動距離は，

$150\,\text{km/h}\times\frac{12}{60}\,\text{h}=30\,\text{km}$

2

(1) 165cm/s
(2) ウ
(3) ア

解説

(1) 0.4秒から0.6秒の0.2秒間に台車が進んだ距離は，
$99\,\text{cm}-66\,\text{cm}=33\,\text{cm}$
よって，平均の速さは，
$33\,\text{cm}\div0.2\,\text{s}=165\,\text{cm/s}$

(2) 表2を見て，台車の速さが変化し始めた時間を探せばよい。台車を押してから1.0秒までの間は180cm/s（0.2秒で36cm）の速さで進んでいるが，そのあとは速さがだんだん遅(おそ)くなっていることがわかる。

(3) 表2で，台車の速さが途中(とちゅう)から遅くなっていることから，斜面は上り坂であることがわかる。また，上り坂である実験1の表1の結果と比べると，速さの変化がより大きいことがわかる。よって，実験2の斜面は，実験1の斜面より傾(かたむ)きが大きい上り坂であると考えられる。

3

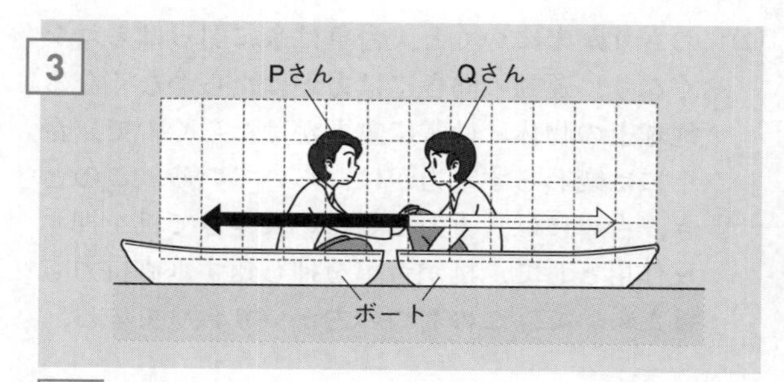

解説

物体に力を加えると，同時に物体から大きさが同じで逆向きの力を受ける。これを**作用・反作用の法則**という。この法則により，Pさんは，Qさんを押すと同時に，Qさんから同じ大きさで押されることになる。

4

(1) ウ
(2) 0.28m/s
(3) 等速直線運動
(4) イ

解説

(1) 1秒間に60回打点する記録タイマーを使っているので，0.1秒では記録テープに6回打点される。

(2) $2.8\,\text{cm}=0.028\,\text{m}$より，平均の速さは，
$0.028\,\text{m}\div0.1\,\text{s}=0.28\,\text{m/s}$

(4) 物体が斜面上を運動するとき，物体には斜面に沿った重力の分力がはたらいており，この分力は**斜面の傾斜(けいしゃ)角が大きいほど大きくなる**。同じ物体では，はたらく力の大きさが大きいほど，速さが変化する割合も大きくなる。

5

(1) ①60cm/s　②ア
(2) エ
(3) 慣性

解説

(1) ① 記録タイマーは1秒間に50打点するので，5打点するのに0.1秒かかる。台車が移動した距離は6.0cmなので，平均の速さは，
$6.0\,\text{cm}\div0.1\,\text{s}=60\,\text{cm/s}$

② おもりが床(ゆか)につくまでの間，台車には運動の向きに一定の大きさの力がはたらき続けているため，台車の速さは一定の割合でしだいに速くなっていく。よって，時間がたつにつれて移動距離のふえ方も大きくなる。

(2) おもりが床につくと，台車は糸に引っぱられなくなり，運動の向きには力がはたらかなくなる。地球上の物体には常に重力がはたらくので，台車には変わらず重力がはたらいている。このとき，台車には，重力と等しい大きさで机を押す反作用として，机が台車を押し返す垂直抗力もはたらいて，この2つの力がつり合っている。

5 光による現象

1

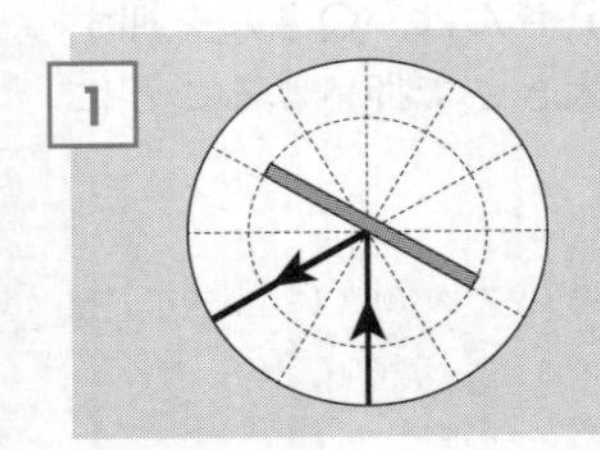

解説

入射角と反射角の大きさは等しくなる。 図1で入射角は30°なので，反射した光の道すじは，反射角が30°になる点線上にかく。

2 ウ

解説

チョークからの光は，次の図のように，空気中からガラスに入るときは「入射角＞屈折角」となるように進み，ガラスから空気中に出るときは「入射角＜屈折角」となるように進む。

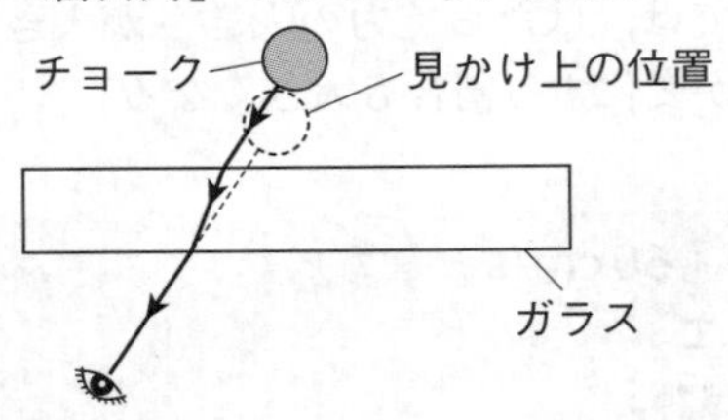

ガラス越しに見えるチョークの像は**屈折した光の延長線上に見える**ため，右にずれて見える。

3

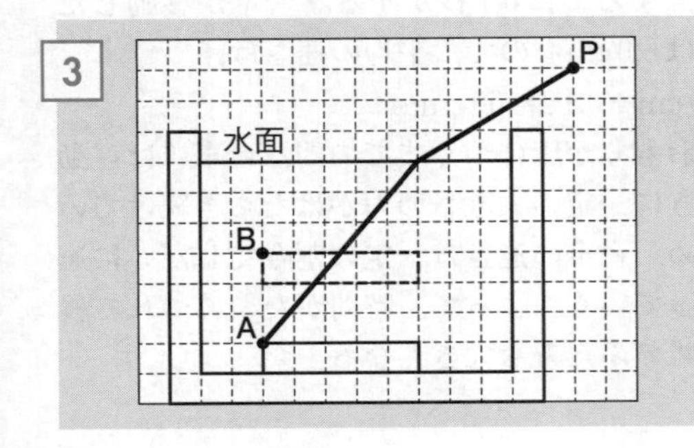

解説

コインでいろいろな向きに反射した光のうち，水面で屈折して点Pまで届いた光を作図する。このとき，点Aの像は**屈折した光の延長線上に見える**ため，点Bに見える。よって，まず下の図のように，点Bから点Pまで直線を引き，次にその直線と水面との交点から点Aまで直線を引けばよい。

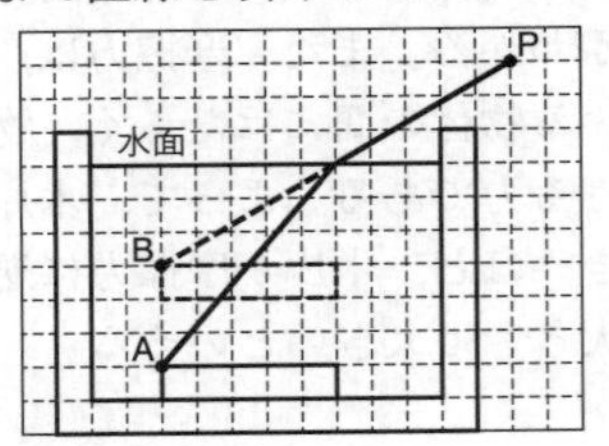

4

(1) ウ
(2) ①イ　②エ
(3) ウ

解説

(1) 実像は，点Oを中心として，もとの物体と上下左右が逆になるようにスクリーンにうつる。

(2) 次の図のように，焦点距離が短い凸レンズにかえると，凸レンズとスクリーンの距離は短くなり，像の大きさは小さくなる。

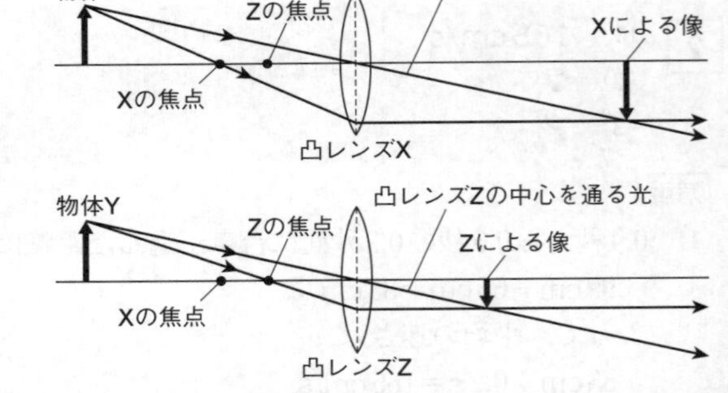

(3) まず，物体の位置が変わっても道すじが変わらない①光軸に平行に入る光をかく。次に，その光がスクリーンに当たった点から，②凸レンズの中心を通って直進する光をかく。①，②の2つの光の交点が物体の先端の位置になる。

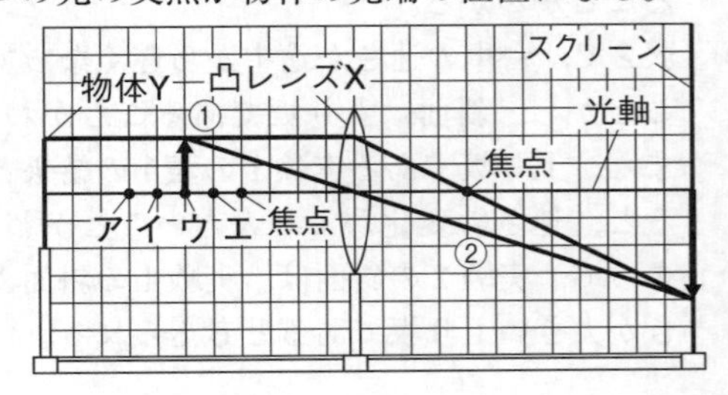

5

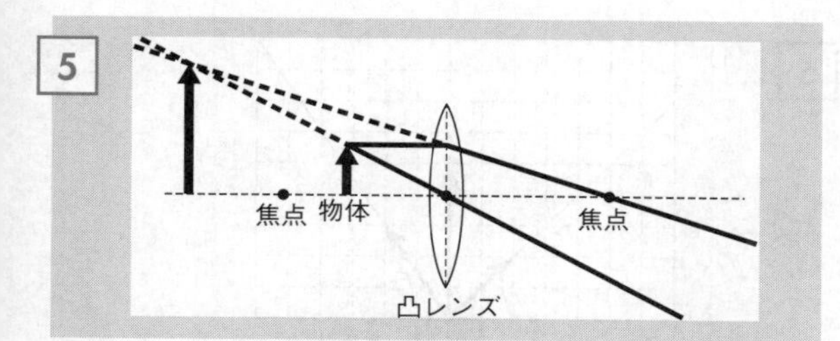

解説

まず，物体の先端から出て凸レンズの軸に平行に進む光の道すじをかく。次に，物体の先端から出て凸レンズの中心を通る光の道すじをかく。２つの光の道すじを物体側にのばし，のばした道すじが交わるところが虚像の先端の位置になる。

6	(1) ア (2) ①大きい　②全反射

解説

(1) **イ**は「入射角より屈折角が大きくなる」が誤り。入射角のほうが屈折角より大きくなる。**ウ**は「乱反射によって」が誤り。虹は太陽の光が空気中の水滴で屈折したり反射したりしてできる。**エ**は「光の反射のため」が誤り。**ストローが折れ曲がって見えるのは光の屈折**のためである。

6 電流と磁界

1	ア

解説

磁界の向きは，磁針のN極が指す向きなので**C**であることがわかる。「磁界の向きと電流の向き」の関係は，次の図のように，「右ねじを回す向きとねじの進む向き」の関係と同じである。よって，電流の向きは**A**である。

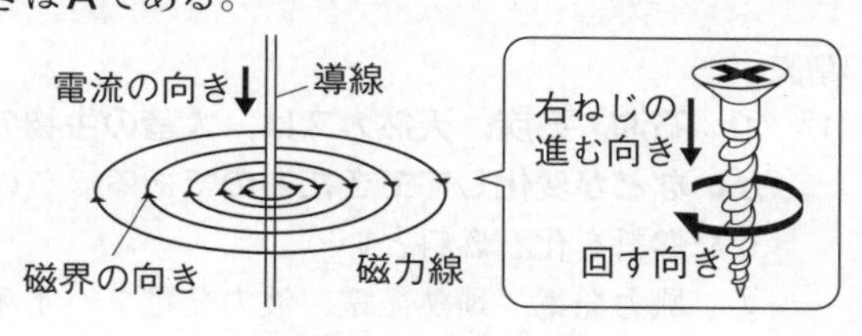

2	ア

解説

図１のようなコイルのまわりにできる磁界は，下の図のようになる。**磁針のN極は，磁界の向きと同じ向きを指す。**

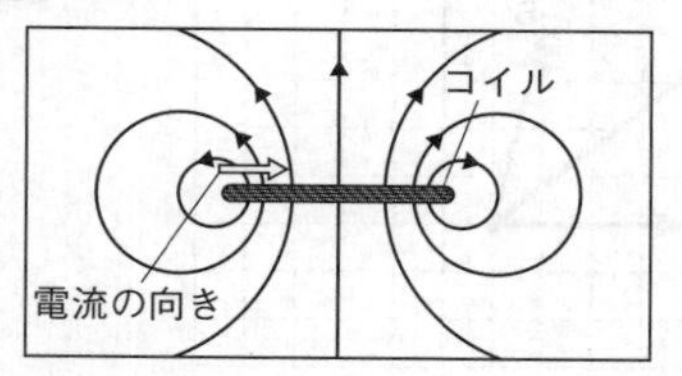

3	①ア　②イ

解説

電流が磁界から受ける力の大きさは，**電流を大きくしたり，磁力の強い磁石にかえたりすると大きくなる。**また，**磁石の極を入れかえて磁界の向きを逆にしたり，電流の向きを逆にしたりすると，電流が磁界から受ける力の向きも逆になる。**

4	イ

解説

磁石のN極を近づけたときと遠ざけたときでは，電流の向きは逆になる。

5	アとエ

解説

電流には，流れる向きが一定で変わらない直流と，流れる向きが周期的に変化する交流がある。**家庭のコンセントに供給される電流は交流**である。

6	①ウ　②電磁誘導

解説

電流が磁界から受ける力を利用して，コイルを連続的に回転させる装置がモーターである。

7 力のつり合いと合成・分解

1	アとイ

解説

アは物体にはたらく重力，**イ**は机が物体を押す力，**ウ**は物体が机を押す力を表している。このうち，つり合っている２力は**ア**と**イ**で，**イ**と**ウ**は作用・反作用の関係にある。**つり合っている２力は１つの物体にはたらき，作用・反作用の２力は２つの物体に別々にはたらく。**

2

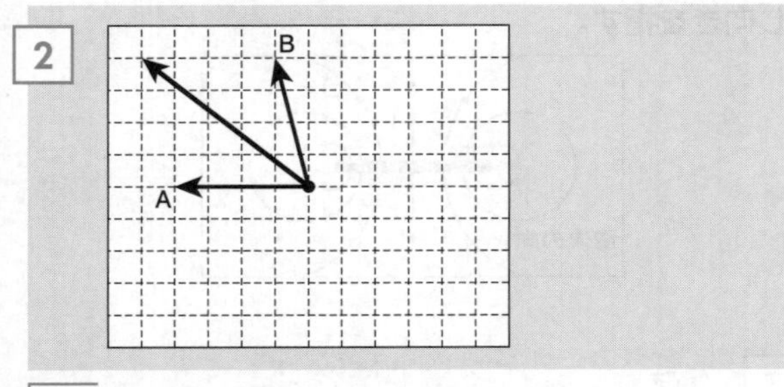

解説

2力が2辺となる平行四辺形を作図すると，その対角線が2力の合力になる。

3

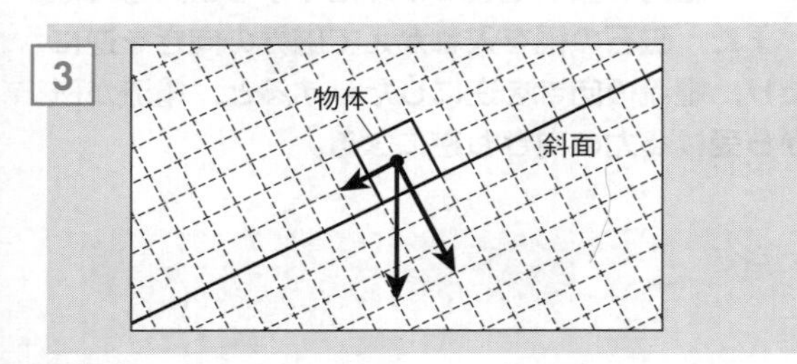

解説

重力を対角線とする平行四辺形を作図すると，そのとなり合う2辺が分力になる。

4

(1)　**アとエ**

(2)　**例点線と垂直な向きの，F_Aの分力とF_Bの分力がつり合っている。**

解説

(1)　2力がつり合う条件は，**一直線上にあり，大きさが等しく，向きが反対**であることである。また，**つり合っている2力は1つの物体にはたらく**ので，**アとエ**がこれにあてはまる。

(2)　船が点線にそって動き始めたことから，F_AとF_Bの合力は点線の向きであることがわかる。つまり，下の図のように，F_AとF_Bをそれぞれ点線の向きと点線に垂直な向きに分解したとき，点線に垂直な向きの分力はつり合い，点線の向きの分力だけが残る。

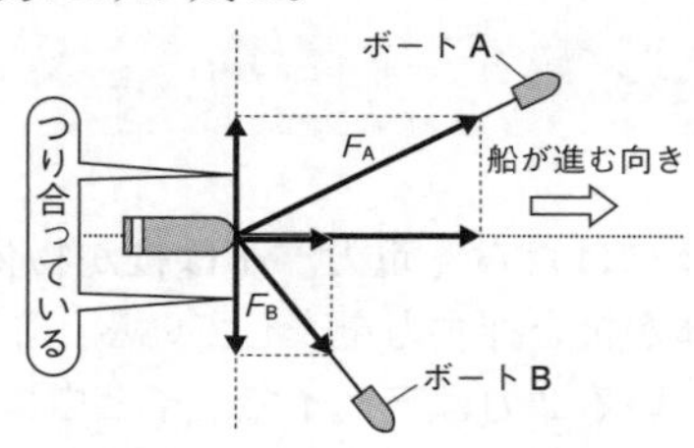

5

(1)

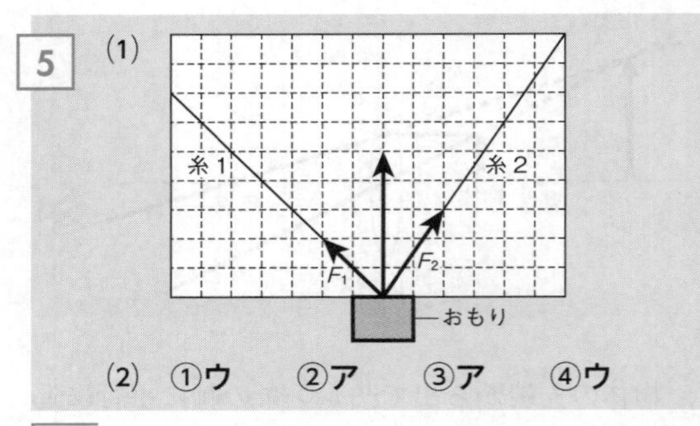

(2)　**①ウ　②ア　③ア　④ウ**

解説

(1)　F_1とF_2が2辺となる平行四辺形を作図すると，その対角線が2力の合力になる。

(2)　①　物体にはたらく重力は，同じ場所であるなら変化しない。

②③　下の図のように，2本の糸のなす角が大きくなるほど，それぞれの糸にはたらく力は大きくなる。

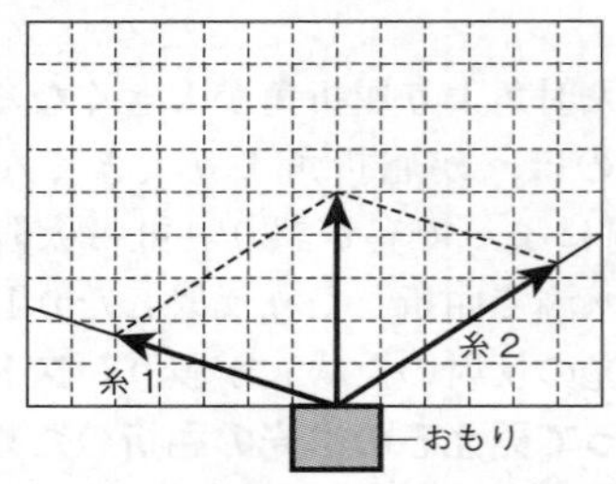

④　**2本の糸がおもりを引く力の合力は，重力とつり合う力**である。重力は変化しないので，2本の糸がおもりを引く力の合力も変化しない。

8 エネルギーの移り変わり

1

(1)　**①化石**

②風力発電，地熱発電，波力発電，バイオマス発電などから2つ。

(2)　**①ウ，ア，イ　②熱エネルギー**

解説

(1)　①　**石油，石炭，天然ガスは，大昔の生物の死がいなどが変化してできたもの**である。このような燃料を化石燃料という。

②　風力発電，地熱発電，波力発電，バイオマス発電など，環境(かんきょう)への影響(えいきょう)が少なく，将来にわたって利用できるエネルギーを使った発電方法を答える。

(2)　②　エネルギーの変換(へんかん)効率がよいとされるLED電球でも，約50％～70％は本来の目的ではない熱エネルギーに変換される。

2 **①化学　②熱　③運動**

解説

①もともと物質がもっており，化学変化で出入りするエネルギーを化学エネルギーという。化学エネルギーは，化学変化によって熱エネルギーなどに変換してとり出すことができる。

3 **ウ**

解説

電池は，もともと物質がもっている化学エネルギーを化学変化によって電気エネルギーに変換する装置である。

4 **ア**

解説

離(はな)れた物体間を熱が伝わる現象なので，放射（熱放射）があてはまる。

5 **伝導（熱伝導）**

解説

温度の高い部分から低い部分へ，熱が直接伝わる現象なので，伝導（熱伝導）があてはまる。

6 **(1) ウ**
(2) イ

解説

(1) 放射線には，X線，α(アルファ)線，β(ベータ)線，中性子線などがある。紫外線(しがいせん)は光のなかまで，ふつう放射線としては扱われない。

(2) 放射線は目に見えないので**ア**は誤り。放射線が人体に与(あた)える影響を表す単位はシーベルトなので**ウ**も誤り。α線は紙で，β線はうすい金属板で遮(さえぎ)ることができるので**エ**も誤り。

9 音による現象

1 **エ**

解説

音を出す物体を音源といい，**音を出している物体は振動(しんどう)している。**

2 **(1) 1020m**
(2) 例 P点で発生した音が空気を振動させ，その振動が空気中を次々と伝わり，観測者に伝わった。

解説

(1) **距離(きょり)〔m〕＝速さ〔m/s〕×時間〔s〕**の公式にあてはめて求める。
340m/s×3s＝1020m

3 **(1) ヘルツ**
(2) ウ

解説

(2) **ア**はより大きい音を出す方法，**イ**と**エ**はより低い音を出す方法である。

4 **(1) エ**
(2) 記号－ア
理由－音さBから出た音のほうが，例 振動数が多いから。

解説

(1) 同じ音さなら，音の高さはすべて同じになる。よって，振動数（波の数）が同じで，振幅(しんぷく)（波の高さ）が大きくなっているものを選べばよい。

(2) 音の高さは振動数によって決まる。**振動数が多いほど，高い音になる。**

5 **イ**

解説

アは「振動数が少なくなる」が誤り。「振幅が小さくなる」に直すと正しくなる。
ウは「音が大きくなっていく」が誤り。空気中では空気が振動して音を伝えるので，空気をぬいていくと音が小さくなる。
エは「音を伝えない」が誤り。音は金属などの固体の中も伝わる。

10 静電気と電流

1 ア

解説

異なる物質を摩擦すると，一方は＋の電気を帯び，もう一方は－の電気を帯びる。よって，ストローとティッシュペーパーのうち，どちらかが＋でどちらかが－の電気を帯びていることになる。また，**同じ種類の電気どうしにはしりぞけ合う力がはたらき，異なる種類の電気どうしには引き合う力がはたらく。**

2 (1) ア
(2) 例電子の流れである陰極線が＋極であるcに引き寄せられたので，電子は－の電気をもっていることがわかる。

解説

(1) 十字形の影が現れたのは，電子が－極から＋極に向かって出ているからである。よって，－極と＋極をかえると十字形の影は現れなくなる。
(2) 電子は－の電気をもっているので，**＋極のほうに引き寄せられる。**

3 (1) 真空放電
(2) ア
(3) ウ
(4) イ

解説

(1) 気圧を低くした空間に電流が流れることを真空放電という。
(2) 明るい光の線（陰極線）の正体は，**－極から出る電子の流れ**である。
(3) 明るい光の線の正体は電子の流れで，電子は－の電気を帯びているので，**＋極のほうに引き寄せられる。**
(4) 図3のようにU字形磁石を近づけると，明るい光の線が曲がる。これは磁界の中を流れる電流が磁界から力を受ける現象であり，**イ**のモーターはこの現象を利用した道具である。**ア**は放電の一種で，火花放電ともよばれる。**ウ**は電熱線に電流を流したときに発熱する現象，**エ**は光が異なる物質の境界面で屈折する現象である。

化学分野

1 物質の成り立ち

1 (1) エ
(2) ウ
(3) イ

解説

(1) **純粋な水は，そのままでは電流を通しにくい**ため，水酸化ナトリウムなどを少量とかして，電流を通しやすくする。
(2) 電極**A**は電源装置の－極につながっているので，陰極である。水を電気分解すると，**陰極からは水素が発生**し，**陽極からは酸素が発生**する。
(3) 電極**A**では水素，電極**B**では酸素が発生している。水の電気分解で発生する水素と酸素の体積の比は，**水素：酸素＝2：1**となる。

2 ア

解説

アンモニアは，窒素原子１個と水素原子３個が結びついてできている。原子の質量は，化学反応によって変化しないので，**イ**は誤り。空気は混合物なので，**ウ**も誤り。塩化ナトリウムは，塩素原子とナトリウム原子に分けられるので化合物である。よって，**エ**も誤り。

3 O_2

解説

水の電気分解を表す化学反応式である。**化学反応式では，矢印の左側と右側で，原子の種類と数が同じになる。**

4 (1) a－2　b－2
(2) ア

解説

(1) **化学反応式では，矢印の左側と右側で，原子の種類と数が同じになる。**まず，酸素原子の数を同じにするため，**b**に２を入れる。すると，矢印の右側の銅原子の数が２個になるので，**a**に２を入れて，銅原子の数を同じにする。

5
(1) **Ag**
(2) **例ガスバーナーの火を消す前に，水の中からガラス管を出す。**
(3) ●○● ●○● → ● ● ● ● ＋ ○○

解説
(2) ガラス管を水に入れたままガスバーナーの火を消すと，加熱した試験管の中の気体が冷えて気圧が小さくなり，**試験管に水が流れこんで，試験管が割れる危険がある。**
(3) この実験では，酸化銀⟶銀＋酸素 という化学変化が起こっている。図2で，矢印の右側に銀原子●が4個あるので，矢印の左右で銀原子の数が同じになるように，左側に酸化銀●○●を2個かく。すると左側に酸素原子が2個あるので，右側に酸素分子○○を1個かく。

6
(1) **例加熱した試験管の中にもとからあった空気が含（ふく）まれるため。**
(2) **①石灰水　②塩化コバルト紙**
(3) **C，O，H**
(4) **エ**

解説
(2) 気体に石灰水を入れてよくふったときに石灰水が白くにごると，その気体が二酸化炭素であることがわかる。また，**塩化コバルト紙は，水にふれると青色から赤色（桃（もも）色）に変わる。**
(3) 二酸化炭素の化学式はCO_2，水の化学式はH_2Oなので，炭酸水素ナトリウムには，炭素原子Cと酸素原子Oと水素原子Hがふくまれていることがわかる。
(4) 炭酸ナトリウムは水によくとけ，水溶液（すいようえき）は**強いアルカリ性を示す**ので，**フェノールフタレイン液（溶液）は濃（こ）い赤色**になる。

2 水溶液とイオン

1 **イ**

解説
原子の中心には**原子核（かく）**があり，そのまわりに－の電気をもつ**電子**がある。原子核は，＋の電気をもつ**陽子**と電気をもたない**中性子**でできている。

2 **ア**

解説
ナトリウムイオン(Na^+)は**陽イオン**で，ナトリウム原子(Na)が**電子を1個失って**できる。

3
(1) **非電解質**
(2) **エ**
(3) 塩化銅や水酸化ナトリウムは，**例水溶液にすると電離（でんり）するから。**

解説
(3) 塩化銅や水酸化ナトリウムのように，水にとかしたときに電流が流れる物質を**電解質**という。また，物質が水にとけて陽イオンと陰イオンに分かれることを**電離**という。電解質は，水にとけると電離する。つまり，**電解質の水溶液中にはイオンが存在するため，電流が流れる。**

4
(1) $CuCl_2 \longrightarrow Cu^{2+} + 2Cl^-$
(2) **水に溶（と）けやすい性質**
(3) **オ**
(4) 電流－**小さくなる**
理由－**例水溶液中のイオンが減っていくから。**
(5) **8％**
(6) **ウ**

解説
(1) 塩化銅($CuCl_2$)は，水にとけると銅イオン(Cu^{2+})と塩化物イオン(Cl^-)に電離する。
(2) 塩化銅水溶液に電流を流したとき，**陽極から発生した気体Xは塩素**である。塩素は水にとけやすい性質をもつため，発生しても多くがすぐ水にとけてしまう。
(3) 塩化銅水溶液に電流を流したとき，**陰極の表面に付着した赤色の固体は銅**である。
(4) 塩化銅水溶液に電流を流すと，水溶液中の銅イオンは銅原子になって陰極の表面に付着し，塩化物イオンは塩素原子になる。この塩素原子は2個結びついて塩素分子になり，空気中に出ていく。よって，**電流を流し続けると，水溶液中のイオンがだんだん減っていくため，水溶液に流れる電流の大きさは小さくなっていく。**
(5) 塩化銅水溶液の溶質（ようしつ）は塩化銅である。質量パーセント濃（のう）度5％の塩化銅水溶液150g中の塩化銅の質量は，

$150g \times 0.05 = 7.5g$
塩化銅中の銅の質量の割合は48％なので，塩化銅7.5g中の銅の質量は，
$7.5g \times 0.48 = 3.6g$
塩化銅が電気分解された割合は，
$0.3g \div 3.6g \times 100 = 8.3\cdots$より，8％

(6) 塩化水素の水溶液は塩酸である。うすい塩酸に電流を流すと，電気分解して，**陰極から水素，陽極から塩素**が発生する。

5
(1) **ア**
(2) **Zn^{2+}**
(3) **逆向きに回転する。**
(4) **エ**
(5) 例**燃料電池は水を生成するだけなので，ガソリンを燃焼したときに生成する有害な物質を排出するという影響が少ない。**

解説
(1)(2) うすい塩酸に亜鉛板と銅板を入れた電池では，**亜鉛板が－極，銅板が＋極**となる。このとき，**亜鉛板の表面では，亜鉛原子Znが電子を2個放出して亜鉛イオンZn^{2+}となり，うすい塩酸中にとけ出し**ており，亜鉛板の表面がやや黒っぽくなったり，ざらざらになったりする。亜鉛板で放出された電子は，導線を通って銅板へと向かって流れる。**銅板の表面では，水溶液中の水素イオンH^+が電子を受けとって水素原子Hになる。水素原子は2個結びついて水素分子H_2となり，気体となって空気中に出ていく。**
(3) 電流は＋極（銅板）から－極（亜鉛板）に向かって流れる。導線A，Bをつなぎ替えると，電流の流れる向きが逆になるため，プロペラの回転する向きが逆になる。
(4) 電流がとり出せるのは，**電解質の水溶液に2種類の異なる金属板を入れたとき**である。エタノール，砂糖は非電解質である。
(5) **燃料電池**は，水素と酸素が反応するときに発生するエネルギーを電気エネルギーとして直接とり出すもので，生成する物質は**水**である。一方，ガソリンエンジンは，ガソリンを燃焼させてエネルギーをとり出しており，二酸化炭素を生成するほか，大気汚染や酸性雨の原因となる硫黄酸化物や窒素酸化物も生成する。

3 化学変化と物質の質量

1
(1) **ウ**
(2) 例**スチールウールと結びついた酸素は，フラスコの中にあったもので，熱した前後でフラスコ全体の質量は変わらないから。**

解説
(1)(2) スチールウール（鉄）を空気中で熱すると，鉄と空気中の酸素が結びついて酸化鉄ができる。図1では，燃えたほうは結びついた酸素の分だけ質量がふえるため，燃えたほうが下にかたむく。図2のように密閉して加熱した場合，フラスコ内にあった酸素が鉄と結びつくので，加熱の前後でフラスコ内にある原子の種類と数は変化しない。そのため，フラスコ全体の質量も加熱の前後で変化しない。

2
(1) 例**銅の粉末をまんべんなく空気に触れさせ，酸素と反応させるため。**
(2) **$2Cu + O_2 \longrightarrow 2CuO$**
(3) **3：2**
(4) **2.80g**

解説
(2) 銅（Cu）と酸素（O_2）が結びつくと，酸化銅（CuO）ができる。
(3) 図2のグラフより，マグネシウム1.50gが完全に酸化すると，酸化マグネシウムが2.50gできる。このとき結びついた酸素の質量は，
$2.50g - 1.50g = 1.00g$
よって，質量の比は，
マグネシウム：酸素＝1.50g：1.00g＝3：2
(4) 図2のグラフより，金属の質量と酸化物の質量の比は，
銅：酸化銅＝2.00g：2.50g＝4：5
マグネシウム：酸化マグネシウム
＝1.50g：2.50g＝3：5
となる。
混合物中の銅の粉末の質量をx〔g〕，マグネシウムの粉末の質量をy〔g〕とすると，
$x + y = 4.00g$ …①
酸素と結びついた後の混合物中の酸化銅の質量は$\frac{5}{4}x$〔g〕，酸化マグネシウムの質量は$\frac{5}{3}y$〔g〕なので，

$\frac{5}{4}x+\frac{5}{3}y=5.50\text{g}$ …②

①②より，$x=2.80\text{g}$

3

(1) **$NaCl+H_2O+CO_2$**

(2)

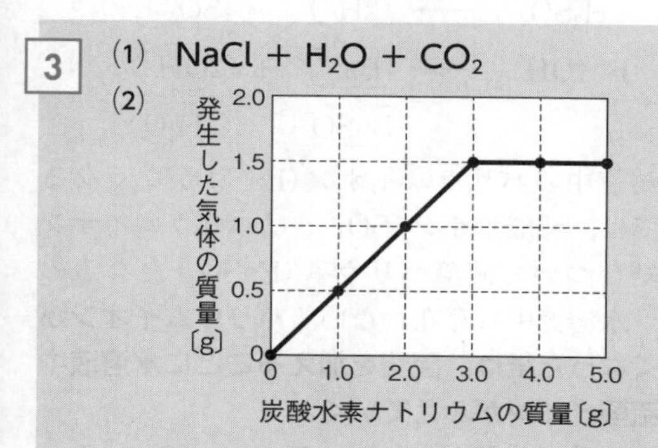

(3) **①1.0g　②2.5g**

(4) **密閉した容器**

解説

(1) $HCl+NaHCO_3$（塩酸　炭酸水素ナトリウム）

$\longrightarrow NaCl+H_2O+CO_2$（塩化ナトリウム　水　二酸化炭素）

うすい塩酸と炭酸水素ナトリウムを反応させたときに発生する気体は**二酸化炭素**である。

(2) **発生した気体の質量＝（うすい塩酸が入ったビーカー全体の質量＋加えた炭酸水素ナトリウムの質量）－反応後のビーカー全体の質量** より，加えた炭酸水素ナトリウムの質量(A)と発生した気体の質量(B)の関係は下の表のようになる。

A〔g〕	0	1.0	2.0	3.0	4.0	5.0
B〔g〕	0	0.5	1.0	1.5	1.5	1.5

(3) (2)のグラフより，**うすい塩酸50mLと炭酸水素ナトリウム3.0gが過不足なく反応する**ので，同じ濃度(のうど)のうすい塩酸100mLと過不足なく反応する炭酸水素ナトリウムの質量は6.0gである。また，**塩酸が十分にあるとき，炭酸水素ナトリウムの質量：二酸化炭素の質量＝2：1となる**ことがわかる。

① $2.0\text{g}\times\frac{1}{2}=1.0\text{g}$

② $5.0\text{g}\times\frac{1}{2}=2.5\text{g}$

(4) この実験では，発生した二酸化炭素が空気中へ逃(に)げるため，反応後の全体の質量は減っている。密閉した容器の中で反応させれば，発生した二酸化炭素が容器の外に逃げないため，反応の前後で全体の質量は変化せず，質量保存の法則が成り立つことを確認できる。

4 身のまわりの物質とその性質

1

(1) **オ**

(2) A-**デンプン**　C-**食塩**

(3) **CO_2**

(4) **ア，エ，オ**

解説

(2) 実験1より，A，Bは砂糖とデンプンのいずれかで，Cは食塩であることがわかる。また，実験2より，Aはデンプンであることがわかる。

(4) **有機物は，燃えると二酸化炭素が発生する。**木炭は有機物ではないが，炭素でできており，燃えると二酸化炭素が発生する。

2

共通の性質-**ア，イ，エ**

共通ではない性質-**ウ**

解説

磁石に引きつけられるのは鉄など一部の金属の性質で，**金属に共通の性質ではない。**

3

(1) 実験Ⅰ-**ア**　実験Ⅱ-**ウ**

(2) **ポリプロピレン**

解説

(1) **ものの浮(う)き沈(しず)みは密度によって決まる**ので，実験Ⅰの結果は，それぞれを約1cm四方に切って水に入れたときと同じになる。実験Ⅱでは，3つの物質の密度は食塩水の密度1.15g/cm^3よりも小さいため，すべて食塩水に浮く。

4

オ→イ→ウ→ア→エ

解説

ガスバーナーに火をつけるときは，まずガス調節ねじで炎(ほのお)の大きさを調節した後，空気調節ねじで炎の色を調節する。

5

(1) **ウ**

(2) 密度-**7.1g/cm^3**　名称-**亜鉛(あえん)**

(3) **E**

解説

(2) 金属球Aの密度は，

$35.5\text{g}\div5.0\text{cm}^3=7.1\text{g/cm}^3$

密度は物質の種類によって値が決まっているの

で，金属球**A**は表から亜鉛であると考えられる。

(3) 図2に金属球**A**を表す点**A**をかきこみ，点**A**と原点を直線で結んだとき，その直線上にある金属**E**が金属球**A**と同じ物質である。

5 酸・アルカリとイオン

1 (1) **イ**
(2) **HCl + NaOH ⟶ NaCl + H_2O**
(3) **エ**

解説

(1) 水溶液の色が青色のとき，水溶液はアルカリ性なので，水溶液中には水酸化物イオン(OH^-)が存在している。

(2) 塩酸に水酸化ナトリウム水溶液を加えると**中和**が起こり，**塩化ナトリウム**と**水**ができる。

(3) 同じ濃度のうすい塩酸 8 cm^3 に水 8 cm^3 を加えても，**水溶液中の水素イオンの数は変わらない**。よって，すべて中和するのに必要な水酸化物イオンの数も変わらないため，加えた水酸化ナトリウム水溶液の体積は操作1と同じになる。

2 **ウ**

解説

水酸化ナトリウム水溶液は**アルカリ性**なので，**赤色リトマス紙を青色に変化させる**。水酸化ナトリウムは，水溶液中でナトリウムイオンと水酸化物イオンに電離する。**アルカリの正体である水酸化物イオンは陰イオン**であるため，電流を流すと，陽極のほうに移動する。そのため，**C**の赤色リトマス紙が青色に変化する。

3 (1) **ア**
(2) ①

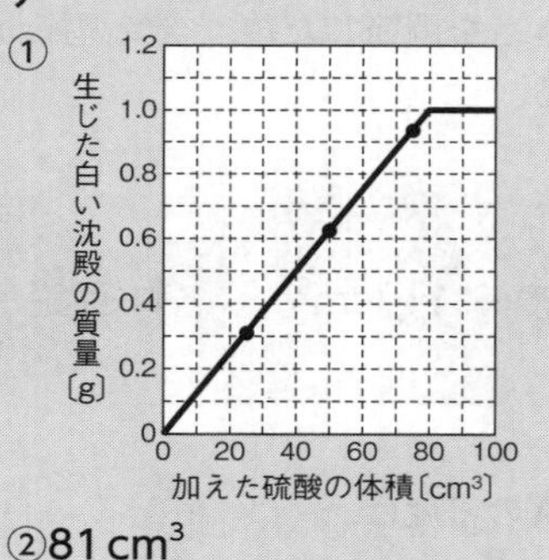

②81 cm^3

解説

(1) 水酸化バリウム水溶液に硫酸を加えると**中和**が起こり，**硫酸バリウム**と**水**ができる。

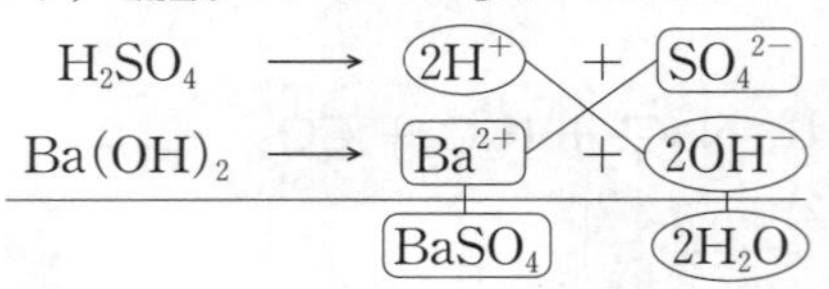

水溶液中のバリウムイオン(Ba^{2+})がなくなるまでは，硫酸イオン(SO_4^{2-})はバリウムイオンと結びついて硫酸バリウム($BaSO_4$)となるので，水溶液中に存在しない。**バリウムイオンがなくなった後は，硫酸を加えるごとに水溶液中の硫酸イオンがふえていく。**

(2) ① 硫酸の体積が25 cm^3，50 cm^3，75 cm^3のときの白い沈殿の質量を示す3点の並びぐあいから，この部分のグラフは原点を通る直線になる。硫酸の体積が100 cm^3のとき，反応後の水溶液にBTB溶液を加えると黄色になったことから，硫酸が余り，水酸化バリウムが不足していることがわかる。したがって，沈殿の質量は1.00 gが上限で，そこからは1.00 gで一定なので，横軸に平行な直線になる。

② **水酸化バリウム水溶液が十分にあるとき，白い沈殿の質量は加えた硫酸の体積に比例する。**また，水酸化バリウム水溶液100 cm^3が完全に中和すると，1.00 gの白い沈殿ができる。ちょうど中和するときの硫酸の体積をx〔cm^3〕とすると，

$25\,cm^3 : x = 0.31\,g : 1.00\,g \quad x = 80.6\cdots\ cm^3$

よって，81 cm^3

4 (1) **A，B**
(2) **イ**
(3) **ア**
(4) 結果C−**赤色になる。**
結果D−**変化しない。**
(5) **H_2SO_4 + $Ba(OH)_2$ ⟶ $BaSO_4$ + $2H_2O$**

解説

(1) **pH<7は酸性，pH=7は中性，pH>7はアルカリ性**である。酸性の水溶液にマグネシウムを入れると気体(**水素**)が発生するので，実験1より，酸性の水溶液は**A**と**B**で，うすい硫酸とうすい塩酸のいずれかである。

(2) 実験１で，ＡとＢの水溶液から発生した気体はどちらも水素である。水素は水にとけにくい。

(3)(4) 実験２から，Ｃは石灰水，Ｄは食塩水であることがわかる。石灰水はアルカリ性，食塩水は中性の水溶液である。**フェノールフタレイン溶液はアルカリ性で赤色を示し，中性では無色のまま**なので，色の変化で石灰水と食塩水を区別することができる。

(5) 実験３から，Ａはうすい硫酸，Ｂはうすい塩酸であることがわかる。うすい硫酸に水酸化バリウム水溶液を加えると，中和が起こり，硫酸バリウムと水ができる。硫酸バリウムは水にとけにくく，白い沈殿となる。

6 水溶液の性質

1 溶質-1g　溶媒-39g

解説

水などの液体にとけている物質が溶質(ようしつ)で，**溶質をとかしている液体が溶媒**(ようばい)である。求める溶質の質量は，水溶液全体の質量40gの2.5％にあたるので，

40g×2.5÷100＝1g

溶媒の質量は，水溶液全体の質量から溶質の質量をひけばよいので，

40g−1g＝39g

2
(1) 溶媒
(2) ウ
(3) 12.9g

解説

(2) 物質が水にとけると，物質をつくる粒子(りゅうし)がばらばらになって，水の中に一様に広がる。

(3) 溶解度(ようかいど)は，100gの水にとける物質の最大の質量である。60℃での塩化カリウムの溶解度は45.8gなので，60℃の水50.0gにとける塩化カリウムの質量は最大で，

45.8g÷2＝22.9g

すでに10.0gとけているので，飽和水溶液(ほうわ)にするために必要な塩化カリウムは，

22.9g−10.0g＝12.9g

3
(1) 12.4g
(2) 27.5％

解説

(1) 表より，40℃の水200gにとけるミョウバンの質量は最大で，

23.8g×2＝47.6g

よって，とけきれないミョウバンの質量は，

60.0g−47.6g＝12.4g

(2) 表より，塩化ナトリウムは80℃の水100gに最大で38.0gとけることから，80℃の塩化ナトリウムの飽和水溶液の濃度は，

$$\frac{38.0\text{g}}{38.0\text{g}+100\text{g}}\times100=27.53\cdots$$

よって，27.5％

4
(1) 20％
(2) ア
(3) 例下がっても，溶解度があまり変化しない
(4) イ
(5) ①結晶(けっしょう)　②イ

解説

(1) どちらの水溶液も溶媒が100g，溶質が25gなので，質量パーセント濃度は，

$$\frac{25\text{g}}{25\text{g}+100\text{g}}\times100=20$$

よって，20％

(2) 物質Ｘは10℃の水100gに約22gとけるので，25g−22g＝3gがとけきれなくなって出てくる。

5
(1) C
(2) ミョウバン→硝酸(しょうさん)カリウム→硫酸銅
(3) 18.0％

解説

(1) 実験1と表1より，ミョウバン80gは，50℃と60℃の水100gにはとけ残るが，70℃の水100gにはすべてとける。硫酸銅80gは，50℃の水100gにはとけ残るが，60℃と70℃の水100gにはすべてとける。硝酸カリウム80gは，50℃と60℃と70℃の水100gにすべてとける。よって，図のＡは硝酸カリウム，Ｂは硫酸銅，Ｃはミョウバンの溶解度曲線である。

(2) ３種類の水溶液は，どれも70℃の水50gに物質が40gずつとけているので，表2で10℃での溶解度が小さい物質ほど，現れた結晶の質量が大きい。

(3) 表2より，硝酸カリウム（A）は10℃の水50gに22.0g÷2＝11.0gとけているので，飽和水溶液の質量パーセント濃度は，

$$\frac{11.0g}{11.0g+50g}\times100=18.03\cdots$$

よって，18.0％

7 いろいろな気体とその性質

1

(1) **イ**
(2) はじめに出てくる気体には例**試験管Aの中にあった空気が多くふくまれているから。**
(3) **石灰水**

解説

(1) 二酸化炭素は，石灰石や貝がらにうすい塩酸を加えると発生する。
(3) 二酸化炭素には，**石灰水を白くにごらせる**性質がある。

2

(1) **エ**
(2) **ア**

解説

(2) アンモニアは**水に非常にとけやすく**，**水溶液はアルカリ性**を示す。よって，水で湿らせた赤色リトマス紙が青色に変化すれば，アンモニアがたまったことがわかる。

3

(1) 例**気体A，Bが水にとけたから。**
(2) **二酸化炭素**
(3) ①**ア**
②例**火を近づけるとポンと音がした**

解説

(1)(2) 水素，窒素，酸素は水にとけにくい。二酸化炭素は水に少しとけ，水溶液は酸性を示す。アンモニアは水に非常にとけやすく，水溶液はアルカリ性を示す。
実験1より，A，Bは二酸化炭素とアンモニアのいずれかであることがわかる。また，実験2より，**Aは水にとけて酸性を示した**ことから，**二酸化炭素**であることがわかる。

(3) ① **酸素**には**ものを燃やすはたらき**があるので，実験3より，Cは酸素であることがわかる。酸素は二酸化マンガンのほか，刻んだジャガイモやダイコンにオキシドールを加えても発生する。
② 空気中で水素に火をつけると，**水素が音を立てて燃え，水ができる**。

4

(1) **ア**
(2) 例**手であおいでにおいをかぐ。**
(3) ①色-**赤色**　記号-**ウ**
②例**アンモニアが水にとけてフラスコ内の圧力（気圧）が下がったから。**

解説

(1) **アンモニアは水に非常にとけやすく，空気より密度が小さい**ため，上方置換法で集めるのが適している。
(3) ① 水槽の水がフラスコ内に噴き出すと，フラスコ内のアンモニアが水にとけて水溶液がアルカリ性になる。フェノールフタレイン溶液は，アルカリ性で赤色になる。
② アンモニアの入ったフラスコにスポイトで水を入れると，アンモニアが水にとけるため，フラスコ内の圧力が下がり，水槽の水が吸い上げられる。

5

(1) **エ**
(2) **水上**
(3) 化学式-NH_3　記号-**ウ**

解説

(2) 水にとけにくい気体は，水上置換法で集める。
(3) 気体Cはアンモニアである。アンモニアは**水に非常にとけやすく**，**水溶液はアルカリ性**を示すため，水で湿らせた赤色リトマス紙をアンモニアに近づけると，青色に変化する。

8 さまざまな化学変化

1

(1) **イ**
(2) $Fe + S \longrightarrow FeS$
(3) **0.6g**

解説

(1) 試験管Aには**鉄**がそのまま残っているので，**磁石が引きつけられる**。また，うすい塩酸を加え

ると，塩酸と鉄が反応して**水素**が発生する。
加熱後の試験管Bに残った黒い物質は，鉄と硫黄(いおう)が結びついてできた**硫化鉄**(りゅうかてつ)である。硫化鉄は**磁石を引きつけず**，うすい塩酸を加えると，特有の腐卵臭(ふらんしゅう)のある**硫化水素**が発生する。

(2) 加熱した試験管Bでは，鉄(Fe)と硫黄(S)が結びついて硫化鉄(FeS)ができている。

(3) 鉄4.2gと反応する硫黄の質量をx〔g〕とすると，
$4.2\text{g} : x = 7 : 4 \quad x = 2.4\text{g}$
よって，反応せずに残った硫黄の質量は，
$3.0\text{g} - 2.4\text{g} = 0.6\text{g}$

2
(1) **MgO**
(2) **燃焼**

解説
(1) マグネシウムを空気中で加熱すると，激しく光や熱を出して酸素と反応し，白色の酸化マグネシウムができる。

3
(1) **例青色から赤色(桃(もも)色)に変化したから。**
(2) **ウ，エ**

解説
(2) **ア**では，酸化銀の熱分解が起こり，酸素と銀ができる。**イ**では，酸化銅の炭素による還元(かんげん)が起こり，銅と二酸化炭素ができる。**ウ**では，炭酸水素ナトリウムの熱分解が起こり，炭酸ナトリウムと水と二酸化炭素ができる。**エ**では，有機物であるエタノールが燃焼し，二酸化炭素と水ができる。

4
(1) **例空気にふれて反応する**
(2) **$2CuO + C \longrightarrow 2Cu + CO_2$**
(3) **①還元　②酸化**

解説
(1) 試験管に空気が入ると，できた銅が空気中の酸素と結びついてしまう。

(2)(3) この実験では，酸化銅が炭素によって還元され，銅と二酸化炭素ができる。

還元（2CuO → 2Cu）
$2CuO + C \longrightarrow 2Cu + CO_2$
酸化銅　炭素　銅　二酸化炭素
酸化（C → CO_2）

5
(1) **①ア　②イ　③ア**
(2) **吸熱**

解説
(1)(2) 化学かいろは，鉄が酸化するときに発生する熱を利用したものである。一方，簡易冷却(れいきゃく)パックは，まわりから熱を吸収して進む化学変化を利用したものである。

9 物質の状態とその変化

1
エ

解説
ふつう物質が液体から固体に状態変化すると体積が減るが，水は例外で体積がふえる。質量は変化しないので，密度は小さくなる。

2
(1) **沸点**(ふってん)
(2) **B点**

解説
(2) 図では，Aは氷，Bは氷がとけて水へ変化している状態，Cは水，Dは水が沸とうして水蒸気に変化している状態である。

3
(1) **例出てきた気体を冷やすはたらき。**
(2) **①イ**
②記号-A
方法-例脱脂綿につけ，火をつける。

解説
(2) ① エタノールの沸点は78℃，水の沸点は100℃なので，混合液は80℃付近で沸とうし始める。混合液なので温度は沸とう中でも一定にならずに，ゆるやかに上昇(じょうしょう)を続け，水の沸点の100℃に近づいていく。

4
(1) **融点**(ゆうてん)
(2) **ウ**
(3) **例固体のロウは，液体のロウよりも密度が大きいから。**

解説
(3) 固体を液体に入れたとき，**固体の密度＜液体の密度であれば浮(う)き，固体の密度＞液体の密度であれば沈(しず)む。**

生物分野

1 植物のつくりとはたらき

1
(1) **柱頭**
(2) 例**胚珠が子房の中にあるから。**

解説
(2) めしべのもとのふくらんだ部分を**子房**といい，**胚珠が子房の中にある植物を被子植物**という。

2 イ

解説
根から吸収した水や水にとけた養分などが通る管を道管といい，**葉でつくられた栄養分などが通る管を師管**という。道管は葉の表側に近いほうにあり，師管は葉の裏側に近いほうにある。葉の内側の細胞は，表側のほうがすきまなく並んでいる。よって，図では上側が葉の表側であることがわかる。したがって，aは道管，bは師管である。

3 例**光の当たる部分がなるべく多くなるようにするため。**

解説
成長のために必要な栄養分は，光合成によってつくられる。よって，なるべく多くの光が当たるように，葉が重なり合わないようについている。

4
(1) **①気孔**　**②イ**
(2) **6.1g**
(3) 水の減少量-**大きくなる**
理由-例**水面から水が蒸発してしまうから。**

解説
(1) A～Cのアジサイの枝を葉の表側，葉の裏側，茎に分け，各部分で蒸散が起こったかどうかをまとめると，次の表のようになる。

	表側	裏側	茎	蒸散量〔g〕
A	×	○	○	4.7
B	○	×	○	2.5
C	×	×	○	1.1

AとCより，葉の裏側からの蒸散量は，
4.7g－1.1g＝3.6g
BとCより，葉の表側からの蒸散量は，
2.5g－1.1g＝1.4g
よって，蒸散は葉の裏側でよりさかんに起こっており，**気孔は葉の裏側に多い**ことがわかる。
(2) ワセリンをぬらない場合，水の減少量は，（葉の表側＋葉の裏側＋茎）からの蒸散量になるので，(1)で求めた値より，
1.4g＋3.6g＋1.1g＝6.1g

5
(1) 例**光が必要であること**
(2) B-**ア**　C-**ア**　E-**ウ**
(3) **オ**
(4) **①水**　**②酸素**

解説
(2) **水草は，光が当たると光合成と呼吸の両方を行い，**光が当たらないと呼吸だけを行う。
(3) 光が十分に当たったBでは，水草が呼吸で出した二酸化炭素よりも光合成で吸収した二酸化炭素のほうが多いため，BTB溶液は青色になった。光が当たらなかったEでは，水草は呼吸で二酸化炭素を出しただけなので，BTB溶液は黄色になった。Bより弱い光が当たったCでBTB溶液が緑色のままであったのは，水草が光合成で吸収した二酸化炭素と呼吸で出した二酸化炭素の量がほぼ等しいからだと考えられる。

2 動物の体のつくりとはたらき

1
(1) 例**デンプンの変化がだ液のはたらきであること。**
(2) **①ベネジクト液**　**②加熱**
(3) **オ**

解説
(1) 試験管Aとだ液以外の条件を同じにした試験管Bでデンプンの変化がなければ，試験管Aのデンプンの変化はだ液のはたらきによるものであることが確かめられる。
(2) ベネジクト液を加えて加熱したとき，**赤褐色の沈殿ができれば，麦芽糖などのブドウ糖がいくつかつながった糖がある**ことを確認できる。
(3) 考えが正しければ，はたらきが弱まっていた試験管Cのだ液は，40℃にするとデンプンを分解するようになるが，はたらきを失った試験管Dのだ液は，40℃にしてもデンプンを分解しない。

2 **例養分と触れる表面積が大きくなり，より多くの養分が吸収できる点。**

解説

たくさんのひだと柔毛があることで，**小腸の内側の表面積が大きくなり，効率よく養分を吸収することができる。**

3 (1) **①例筋肉がないから。　②横隔膜**
(2) **①肺胞　②動脈血　③心臓**
(3) **例養分からエネルギーをとり出している。**

解説

(1) ② ゴム風船は肺，ゴム膜は**横隔膜**にあたる。
(2) ① **肺胞**という小さなふくろがたくさんあることで，**空気にふれる表面積が大きくなっている。**このため，**効率よく酸素と二酸化炭素の交換を行うことができる。**
② 酸素を多くふくんだ血液を**動脈血**，二酸化炭素を多くふくんだ血液を**静脈血**という。

4 **エ**

解説

血しょうの一部は毛細血管の壁をしみ出て細胞のまわりを満たす**組織液**となり，**細胞と血液の間で物質のやりとりのなかだち**をする。

5 (1) **小腸**
(2) **イ，ウ**

解説

(2) 細胞の活動でできた有害なアンモニアは，血液によって**肝臓に運ばれ**，肝臓で害の少ない**尿素に変えられる**。尿素は血液によってじん臓へ運ばれる。じん臓では，尿素などの不要な物質は血液中からこし出されて尿となる。尿は輸尿管を通って一時的にぼうこうにためられ，体外に排出される。

6 (1) **体循環**
(2) 物質ア－**酸素**　物質イ－**養分**
(3) **b**

解説

(2) **ア**は，肺を通過した後にふえ，小腸とじん臓を通過した後に減るので，肺で血液にとり入れられ，全身の細胞にわたされる酸素である。
イは，小腸を通過した後にふえ，肺とじん臓を通過した後に減るので，小腸で吸収され，全身の細胞にわたされる養分である。
(3) **a**は**大静脈**，**b**は**肺動脈**，**c**は**肺静脈**，**d**は**大動脈**で，**a**と**b**には静脈血が流れ，**c**と**d**には動脈血が流れている。

3 生物のふえ方と遺伝

1 (1) **ア**
(2) **①染色体　②a → c → d → b**
(3) **例細胞数が増加し，それぞれの細胞が大きくなる**

解説

(3) スケッチのようすから，**A**の部分では**細胞分裂**が行われているが，**B**と**C**の部分では細胞分裂は行われていない。また，**B**と**C**の部分の細胞は**A**の部分の細胞よりも大きい。これらのことから，つるの先端に近い部分で細胞分裂が行われて細胞の数がふえ，それぞれの細胞が大きくなることで，つるが成長すると考えられる。

2 (1) **ア**
(2) **①胚珠　②精細胞**
(3) 記号－**ウ**
理由－**例減数分裂により，卵細胞の染色体の数は体細胞の半分になるが，受精によりもとの数にもどるから。**

解説

(3) **生殖細胞**がつくられるときは，**減数分裂**という特別な細胞分裂が行われ，**染色体の数がもとの細胞の半分になる**。その結果，卵細胞と精細胞が受精してできる受精卵の染色体の数は，親の体細胞と同じになる。

3 **エ**

解説

植物の体の一部から新しい個体ができる無性生殖を**栄養生殖**という。

4 (1) **エ**
(2) **①3：1　②エ**

解説

(1) 子葉を黄色にする遺伝子をA，子葉を緑色にする遺伝子をaとすると，黄色の純系（AA）と緑色の純系（aa）をかけ合わせてできた子の遺伝子の組み合わせはすべてAaとなり，子はすべて子葉が黄色の種子になる。

	A	A
a	Aa	Aa
a	Aa	Aa

(2) ② 子葉を緑色にする遺伝子，すなわち遺伝子aをもつ種子の割合を問われていることに注意。子の遺伝子の組み合わせはAaなので，子を自家受粉させてつくった孫の遺伝子の組み合わせは，AA：Aa：aa＝1：2：1となり，遺伝子aをもつ種子の割合は全体の$\frac{3}{4}$になる。よって，孫にあたる種子が8000個できた場合，$8000\times\frac{3}{4}=6000$で，約6000個が子葉を緑色にする遺伝子をもつと考えられる。

	A	a
A	AA	Aa
a	Aa	aa

5 ア

解説

遺伝子は染色体の中に存在し，その本体は**DNA（デオキシリボ核酸）**という物質である。遺伝子はまれに変化することがあるので，**イ**は誤り。**ウ**は，例えば，遺伝子の組み合わせがAaの親からつくられる生殖細胞の遺伝子は，Aまたはaとなるので誤り。クローンは，各個体がもつ遺伝子がすべて同じで，形質がまったく同じ生物の集団なので，**エ**も誤り。

4 植物の分類

1

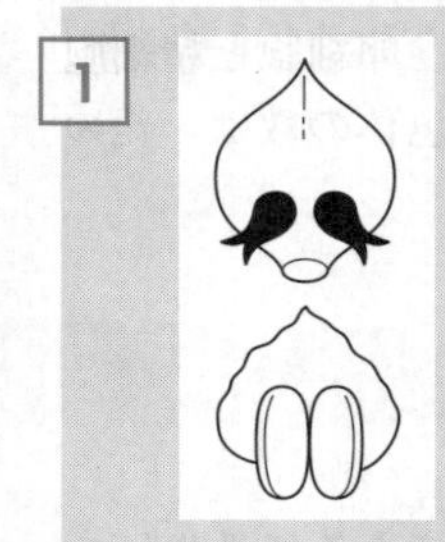

解説

マツでは枝先に雌花がさき，そのりん片の付け根の付近に左右一対の胚珠がある。

2 イ

解説

維管束は水や養分などを運ぶ通路で，根・茎・葉の区別があるシダ植物にはあり，コケ植物にはない。また，コケ植物もシダ植物も光合成を行い，種子をつくらず胞子をつくってふえる。

3 (1) エ (2) イ

解説

(1) Aは**コケ植物**，Bは**シダ植物**，Cは**裸子植物**，Dは**被子植物**，Eは**離弁花類**，Fは**合弁花類**である。胞子でふえるのはAのコケ植物とBのシダ植物なので，**ア**は誤り。また，維管束がないのはAのコケ植物だけなので，**イ**も誤り。Cの裸子植物とDの被子植物を分類するときの観点は，子房の有無で，単子葉類の葉脈は平行脈なので，**ウ**も誤り。

(2) スギナはシダ植物，ササは被子植物の単子葉類，サクラは被子植物の双子葉類の離弁花類，ツツジは被子植物の双子葉類の合弁花類である。

4
(1) 裸子植物
(2) エ
(3) 離弁花類
(4) ①例花がある　②あ
③例胚珠が子房の中にあり，葉脈が平行脈である　④B

解説

(1) 種子をつくる植物（あ）のうち，マツやイチョウなど，**胚珠がむき出しになっている植物のなかまを裸子植物という。**

(2) 維管束がないのはコケ植物だけである。

(3) 双子葉類は，アブラナのように花弁が1枚ずつ離れている**離弁花類**と，タンポポのように花弁がくっついている**合弁花類**に分けられる。

(4) 植物はまず，花をさかせて種子をつくる植物（あ）と，花をさかせず種子をつくらない植物（い）に分けられる。あは，胚珠が子房の中にある被子植物と，胚珠がむき出しの裸子植物に分けられ，被子植物はさらに，子葉が1枚の単子葉類と，子葉が2枚の双子葉類に分けられる。単子葉類は葉脈が**平行脈**，双子葉類は葉脈が**網状脈**という特徴がある。

5 **ウ**

解説

双子葉類のうち，**花弁がくっついている植物を合弁花類**といい，**花弁が１枚１枚離れている植物を離弁花類**という。サクラとアブラナは離弁花類，チューリップは単子葉類である。

6
(1) **胞子**
(2) **イ**
(3) **①ア　②エ**
(4) **イ**

解説

(2) ゼニゴケなどの**コケ植物には根，茎，葉の区別がなく**，必要な水分などは体の表面から吸収する。根のように見える部分は**仮根**（かこん）とよばれ，体を土や岩に固定している。コケ植物には葉緑体があり，光合成を行う。

(4) ユリは被子植物の単子葉類，アブラナは被子植物の双子葉類に分類される。

	単子葉類	双子葉類
子葉	１枚	２枚
根	ひげ根	主根と側根
茎の維管束	ばらばら	輪状
葉脈	平行脈	網状脈

5 動物のなかまと生物の進化

1
(1) **ウサギ**
(2) **ウ**
(3) **①変温　②恒温**（こうおん）
(4) **①A**
②例ハチュウ類の卵には殻（から）**があり，体の表面はうろこでおおわれているため，乾燥**（かんそう）**に強いから。**

解説

(1) **A**は**ハチュウ類**のトカゲ，**B**は**両生類**のイモリ，**C**は**鳥類**のハト，**D**は**ホニュウ類**のウサギ，**E**は**魚類**のメダカがあてはまる。

2
(1) **①軟体動物**（なんたい）**　②エ**
(2) **例外骨格には，体を支える（保護する）はたらきがある。**

解説

(1) ② 無セキツイ動物は，次のように分けられる。
・**節足動物**（カブトムシ，カニ，クモなど）
・**軟体動物**（イカ，ハマグリなど）
・その他（ウニ，ミミズ，クラゲなど）

3
(1) **相同器官**
(2) **イ**

解説

(2) 始祖鳥は前あしにつばさがあるが，つばさの先に３本の爪（つめ）があり，口には歯があるなど，ハチュウ類の特徴ももつ。

6 生物どうしのつながり

1
(1) **食物連鎖**（れんさ）
(2) ワシ，タカなどがふえると**例小鳥などがワシ，タカなどにたくさん食べられて減り，小鳥などが減ると昆虫**（こんちゅう）**などがあまり食べられなくなるから。**

解説

(2) ワシやタカなどがふえると，一時的に，ワシやタカに食べられる小鳥などの数が減るため，小鳥などに食べられる昆虫などの数はふえる。

2
(1) **例空気中の菌類**（きんるい）**や細菌類**（さいきんるい）**などの微生物**（びせいぶつ）**がビーカーに入り，実験に影響**（えいきょう）**が出ることを防ぐため。**
(2) **①デンプン　②呼吸**

解説

(2) 実験の手順２でビーカー**B**を沸（ふっ）とうさせたことにより，ビーカー**B**の微生物は死滅（しめつ）している。よって，結果から，ビーカー**A**では微生物の呼吸によって二酸化炭素がふえ，微生物によってデンプンが分解されたと考えられる。

3
(1) **分解者**
(2) **エ**
(3) **①イ　②ア**

解説

(2) 植物など，光合成によって無機物から有機物をつくりだす生物を**生産者**という。

(3) ⟶は，光合成によって大気中から生産者に吸収され，生物の呼吸によって大気中に放出されることから，二酸化炭素（無機物）の流れを示している。⇨は，消費者が生産者から直接，または間接的に食物としてとり入れていることから，有機物の流れを表している。

4 ウ

解説

化石燃料は有機物であるため，燃やすと二酸化炭素が発生する。近年，化石燃料が大量に消費されることで，大気中の二酸化炭素の割合が増加している。

7 感覚と運動のしくみ

1 ア

解説

うでを曲げるときは，右の図のように筋肉が縮む。筋肉は，**けん**の部分で，関節をまたいで別々の骨についている。

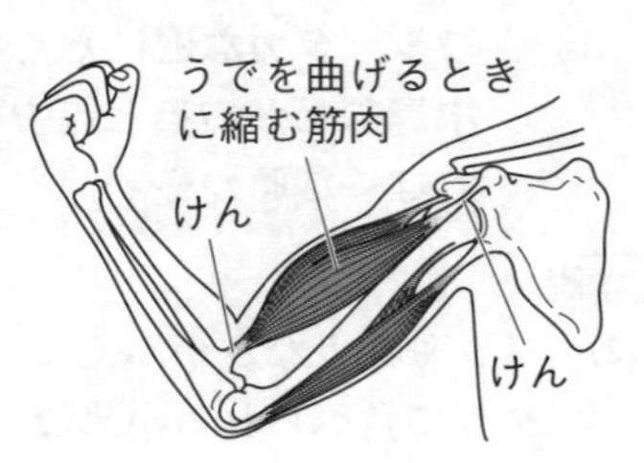

2 ウ

解説

Aは**鼓膜**，**B**は**耳小骨**，**C**は**うずまき管**，**D**は神経である。音（空気の振動）は鼓膜でとらえられ，耳小骨を通してうずまき管に伝わり，そこで振動の刺激は信号に変えられ，神経を通して脳に送られる。

3
(1) ア
(2) ①イ　②エ　③ウ　④ア
(3) 0.15秒

解説

(1) **網膜**には光の刺激を受けとる細胞がある。

(3) 表より，5回の平均値は11.0cmなので，グラフのものさしが落ちた距離が11.0cmのときの，ものさしが落ちるのに要する時間を読みとる。

4
(1) 例目に入る光の量を調節するため。
(2) 反射
(3) ア

解説

(3) **ア**は，猫を見て脳で意識して，脳が「ブレーキをかける」という命令を出して起こした反応であり，反射ではない。

8 生物の観察と器具の使い方

1 ウ

解説

スケッチをするときは，よくけずった鉛筆を使い，細い線と小さな点ではっきりとかく。線を重ねがきしたり，影をつけたり，ぬりつぶしたりはしない。

2 ウ

解説

ルーペはいつも目に近づけて持つ。観察物が動かせるときは，ルーペを目に近づけたまま，観察物を前後に動かしてピントを合わせる。観察物が動かせないときは，ルーペを目に近づけたまま，顔を前後に動かして，ピントを合わせる。

3
(1) 双眼実体顕微鏡
(2) ウ
(3) エ
(4) 300倍

解説

(2) **顕微鏡の視野は，高倍率にするほどせまくなる**ので，視野が最も広くなるようにするには，倍率を最も低くする。接眼レンズは，**A**は15倍，**B**は10倍なので，**B**を選ぶ。対物レンズは倍率が高いほど長いので，短いほうの**C**を選ぶ。

(4) **倍率＝接眼レンズの倍率×対物レンズの倍率**より，15×20＝300（倍）

4 ア

解説

プレパラートを動かす向きと，見えているものが動く向きは逆になる。図の場合，観察物を視野の右下に動かしたいので，プレパラートを左上に動かす。

9 生物と細胞

1 (1) 例空気の泡が入りにくくなるから。
(2)

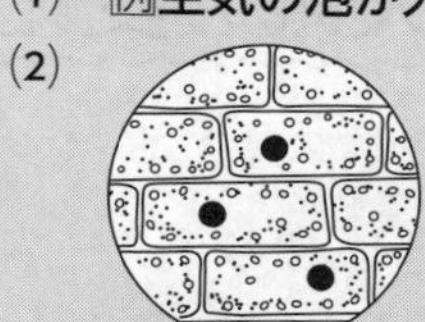
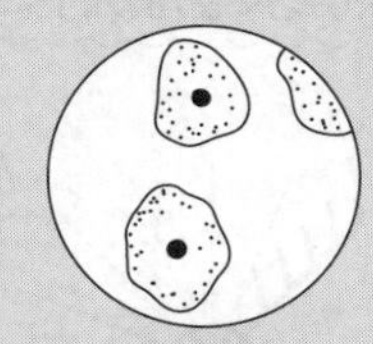

(3) 名称-**細胞壁**　はたらき-**ウ**

解説
(2) 酢酸カーミン液などの染色液によく染まるつくりは**核**で，ふつう１個の細胞に１個ある。
(3) 細胞壁には，植物の体を支えたり，細胞の形を維持したりするはたらきがある。

2 ウ

解説
核と細胞膜は，動物細胞と植物細胞に共通のつくりなので，A～Cのどの細胞にもある。**葉緑体と細胞壁は，動物細胞には見られないつくり**なので，細胞AとCは植物細胞であると判断できる。なお，葉緑体は，植物の緑色をした部分の細胞などにあり，表皮細胞などにはない。

3 オ

解説
葉緑体は光合成を行う。光合成は，光のエネルギーを利用して，デンプンなどの栄養分をつくり出すはたらきで，このとき酸素もつくられる。

4 ア

解説
ミジンコ，アブラナ，ムラサキツユクサは，体が多くの細胞からできている**多細胞生物**である。

5 ①組織　②器官

解説
多細胞生物の体は，細胞が集まって**組織**をつくり，組織が集まって**器官**をつくり，器官が集まって**個体**がつくられている。

地学分野

Ⅰ 地球の運動と天体の動き

1 (1) ∠AOZ［∠ZOA，∠POZ，∠ZOP］
(2) 6時45分

解説
(1) 天体が真南にくることを南中といい，このときの天体の高度を南中高度という。**南中高度は，観測者（図のO）から見て，真南の地平線（A）から南中した天体（Z）までの角度**で表す。
(2) 透明半球上での日の出の位置は**X**である。太陽は１時間ごとに2.8cm移動し，９時から**X**までの間隔は6.3cmなので，太陽が**X**から９時の・まで移動するのにかかった時間は，
6.3÷2.8＝2.25より，2.25時間
0.25時間は，60×0.25より15分であるから，日の出の時刻は９時の２時間15分前の６時45分である。

2 (1) イ→ウ→ア
(2) 星の日周運動
(3) 例北極星が，地軸のほぼ延長線上にあるから。

解説
(1) 北の空の星座は，**北極星を中心として１時間に約15°，反時計回りに回転**する。
(3) 北極と南極を結ぶ線を地軸といい，地球は地軸を中心に自転している。北極星は地軸のほぼ延長線上にあるので，位置がほとんど変わらないように見える。

3 (1) D
(2) 46.8°

解説
(1) **北極側が太陽の方向に傾いていれば，日本は夏である。**よって，Aが夏至，Bが秋分，Cが冬至，Dが春分の日になる。
(2) 北緯35°の地点における夏至と冬至の日それぞれの太陽の南中高度は，それぞれ次の図のようになる。

23.4°
北極
赤道
水平面
南中高度78.4°
35°
太陽の光
南極
夏至

23.4°
水平面
北極
南中高度31.6°
35°
太陽の光
赤道
南極
冬至

よって，南中高度の変化は，

$78.4° - 31.6° = 46.8°$

4 (1) ①イ ②エ ③オ
(2) エ
(3) ア

解説

(1) ③地球は自転によって1日に1回転する。つまり24時間で360°回転するので，1時間あたりでは，360°÷24＝15°回転している。

(2) 透明半球上の**夏至の日の太陽の軌跡は，春分・秋分のときよりも北寄り**になる。逆に，**冬至の日の太陽の軌跡は春分・秋分のときよりも南寄り**になる。

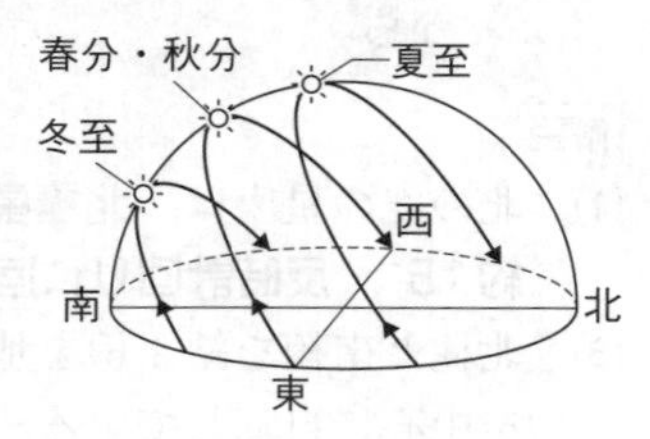

5 (1) ウ
(2) 19時

解説

(1) **北の空の星座は，北極星を中心として1時間に約15°，反時計回りに回転する。**よって，カシオペヤ座が，15°×2＝30°反時計回りに回転しているものを選ぶ。

(2) **同時刻に見える星座の位置は1か月で約30°東から西へ変化する。**よって，1月下旬の21時に南中したオリオン座は，2月下旬の21時には真南の位置から30°西へ移動した位置にある。南の空の星座は1時間に約15°東から西に移動するので，オリオン座は，21時の2時間前の19時に南中していることになる。

2 気象観測と天気の変化

1

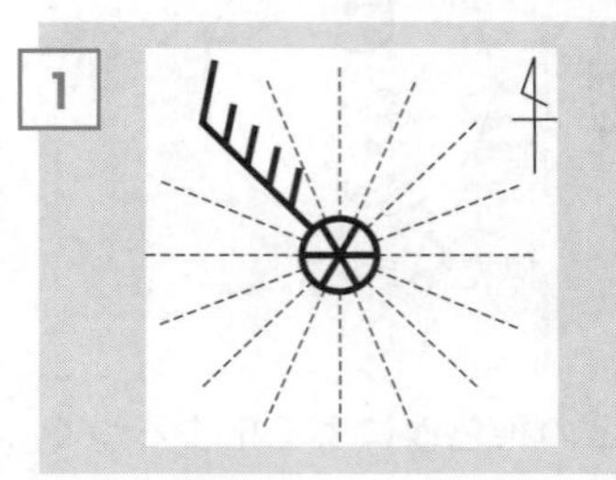

解説

風向は**風のふいてくる方向**を矢の向きで表す。また，風力は矢ばねの数，天気は天気記号で表す。

2 59％

解説

湿球の示度は，乾球の示度よりも低くなるので，左が乾球で，右が湿球だとわかる。乾球の示度は16℃，湿球の示度は12℃で，乾球と湿球の示度の差は，16℃－12℃＝4℃なので，表のようにして求める。

乾球の示度〔℃〕	乾球と湿球の示度の差〔℃〕				
	1	2	3	4	5
17	90	80	70	61	51
16	89	79	69	59	50
15	89	78	68	58	48
14	89	78	67	57	46
13	88	77	66	55	45

3 (1) B，C，D
(2) エ

解説

(1) 天気図中の曲線は，気圧が等しい地点を結んだ等圧線である。西日本にある等圧線が閉じた部分は，前線をともなっていることから低気圧であると判断できる。**低気圧付近では中心に近づくにつれて気圧が低くなる**ので，地点Aと地点Eは，青森市よりも気圧が高いことになる。

(2) 地点Cは低気圧の中心部に位置している。北半球において，**低気圧では，中心に向かって反時計回りに風がふきこみ，中心部分では上昇気流が発生**する。なお，高気圧付近の大気の動きは，低気圧とは逆で，時計回りに風がふき出し，中心部では下降気流となる。

4
(1) **1028hPa**
(2) 記号-**A**
理由-例**等圧線の間隔がせまいため。**

解説
(1) **等圧線は，4hPaごとに引かれる**（2hPaごとに引かれるときは点線になる）。**X**の等圧線は1020hPaより8hPa高いので，
1020hPa＋8hPa＝1028hPa
(2) **等圧線の間隔がせまいところほど**，気圧の差が大きく，**強い風がふいている。**

5
(1) **温暖前線**
(2) **ウ**
(3) **ア**

解説
(1) 日本付近でできる温帯低気圧は，いっぱんに，**低気圧の西側に寒冷前線，東側に温暖前線**ができる。
(2) 寒冷前線付近では，暖気が急激に上空高くにおし上げられるため，強い上昇気流が発生して積乱雲が発達しやすい。温暖前線付近では，暖気は寒気の上にはい上がるようにゆるやかに上昇するので，乱層雲や高積雲などの雲ができやすい。
(3) 日本付近の低気圧は，ふつう西から東に移動する。よって，このあと**A**点を通過するのは**寒冷前線**であることから，**気温が下がり，北寄りの風がふく**と考えられる。

6
(1) **b**
(2) 図-**A**　記号-**イ**
(3) **エ**

解説
(1) 前線は西から東へ移動する。図2を見ると，地点**P**は午前11時から間もなく温暖前線が通過することがわかる。**温暖前線の通過後は，南寄りの風になり，気温が上昇する。**これは図1の午前11時から数時間の間の**b**のグラフの動きと一致し，また，平均気温が9.5℃であることからも，気温を表しているのは**b**である。
(2) 温暖前線付近では，暖気は寒気の上にはい上がるようにゆるやかに上昇するため，乱層雲や高層雲，巻層雲などができやすい。
(3) **寒冷前線が通過すると，北寄りの風になり，気温が急に下がる。**図1でこの変化が見られるのは，午後7時～午後8時である。

3 大地の変化

1
(1) **2回**
(2) 例**Aの地層では，堆積した順に粒の大きさが小さくなっていて，小さな粒ほど陸地から遠いところに運ばれて堆積するから。**

解説
(1) **凝灰岩は，火山灰などの火山噴出物が堆積してできる岩石**である。よって，凝灰岩の層を数えれば，過去にその場所の近くで火山の噴火が少なくとも何回あったかを知ることができる。
(2) **地層はふつう下から上に堆積する**ので，**A**の層はれきの層→砂の層→泥の層の順に堆積したことがわかる。また，**粒が小さいものほど海岸から離れたところに堆積する**ので，**A**の層が堆積する間に海の深さは深くなり，海岸から遠くなっていったと考えられる。

2
ウ

解説
地層が堆積した年代を知ることができる化石を示準化石という。フズリナと三葉虫は，古生代の代表的な示準化石である。

3
(1) **柱状図**
(2) **ア**

解説
(2) 3つの柱状図を標高にそろえて並べ直すと，右の図のようになる。凝灰岩の層の標高は，**A**だけ低くなっているので，北にいくほど低くなっていることがわかる。

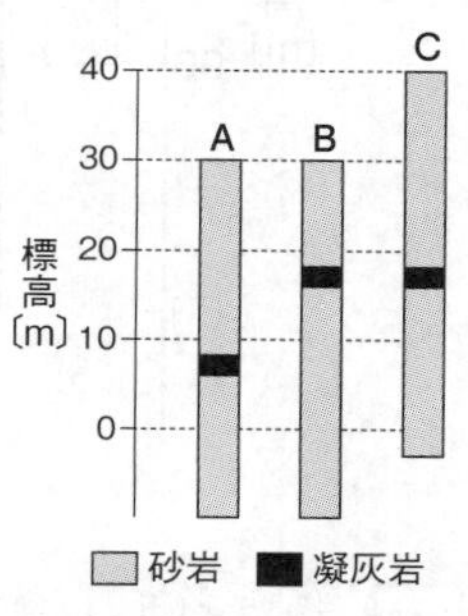

4
(1) **ア，ウ，オ**
(2) **ウ**

解説

(1) 化石には生物の死がい，生物のあし跡や巣穴のほか，死がいなどが変化してできた石油や石炭など（化石燃料）もふくまれる。

(2) **示相化石は，地層が堆積した当時の環境を知ることができる化石**であり，**示準化石は，地層が堆積した年代を知ることができる化石**である。また，隆起は，土地が大きな力を受けて上昇することであり，沈降は，土地が大きな力を受けて下降することである。

5

(1) **大きさ**

(2) 薬品名-**うすい塩酸**

岩石と反応-例**石灰岩では，気体が発生する。**

(3) **イ**

解説

(1) 粒を大きいほうから並べると，れき，砂，泥の順になる。

(2) 石灰岩とチャートは，どちらも生物の死がいなどが堆積した岩石であるが，うすい塩酸をかけたときの反応で見分けることができる。**うすい塩酸をかけたとき，気体（二酸化炭素）が発生すれば石灰岩**，発生しなければチャートである。

(3) 4つの柱状図を，標高をそろえて並べると下の図のようになる。

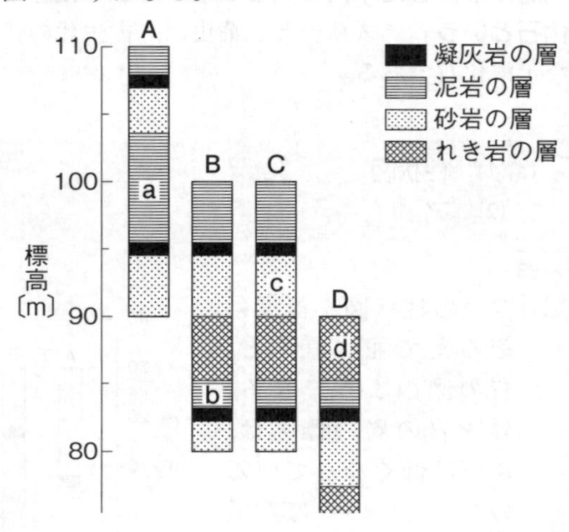

6

(1) 名称-**しゅう曲**　記号-**ウ**

(2) 例**あたたかくて浅い海だった。**

(3) ①**小さい**　②**遠い**

解説

(1) しゅう曲は，おし縮められるような力が地層にはたらくことでできる。

(2) **サンゴは，あたたかくて浅い海**でしか生息できない生物である。よって，Bの層が堆積した当時もあたたかくて浅い海であったと考えられる。

(3) 次の図のように，**粒が小さいものほど，海岸から離れた場所に堆積する。**

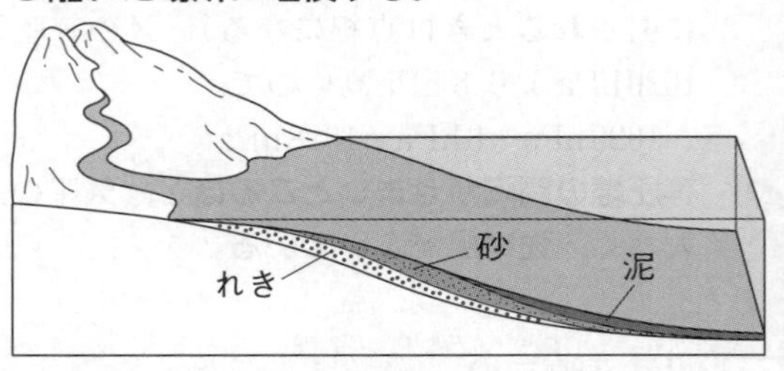

4 太陽系と銀河系

1

(1) 名称-**黒点**　特徴-**イ，ウ**

(2) a-**ア**　b-**エ**

解説

(1) **黒点が黒く見えるのは，周囲より温度が低いから**である。また，黒点の数は，太陽の活動が活発になると多くなり，弱まると少なくなる。

(2) 地球は地軸を中心に西から東へ自転しているので，太陽の像は時間とともに西へずれていく。

2

(1) **惑星**

(2) **ア，イ，エ**

解説

(2) 表面が岩石でできており，**小型で密度が大きい惑星を地球型惑星**といい，おもに水素などの軽い物質でできており，**大型で密度が小さい惑星を木星型惑星**という。

地球型惑星：水星，金星，地球，火星

木星型惑星：木星，土星，天王星，海王星

3 **ウ**

解説

金星は木星よりも公転周期が短いので，**ア**は誤り。天王星は地球よりも質量は大きいが，密度は小さいので，**イ**も誤り。土星は水素やヘリウムのような軽い物質からできているので，**エ**も誤り。

4 **ア**

解説

衛星は惑星のまわりを公転している天体，惑星は恒星のまわりを公転している天体，銀河は自ら光を出す天体の集まりのことである。

5 **エ**

解説

等級の数値が小さいほど，恒星の明るさは**明るい。**

6 (1) 黒点Xが例**円形からだ円形に変化したから。**
(2) ①**環（リング）**　②**水**
③**二酸化炭素**
(3) **ウ**

解説

(3) **地球型惑星は，**表面が岩石でできており，**小型で密度が大きい。木星型惑星は，**水素などの軽い物質からできており，**大型で密度が小さい。**

5 天体の見え方と日食・月食

1 (1) **エ**
(2) ①**ア**　②**ア**　③**公転**

解説

(1) 月や星座は，下の図のように，傾きを変えながら東から西へと動く。

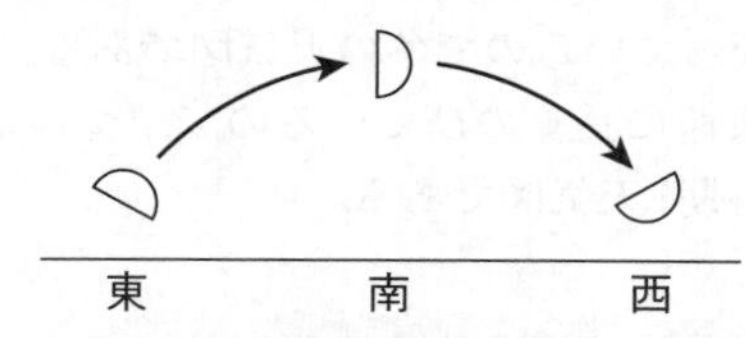

(2) ① 毎日同じ時刻に月を観察すると，**西から東へ移動する**ように見える。
② 図の月は，上弦の月とよばれる半月なので，この後は満ちて満月に近づいていく。

2 月の公転の向き－**A**　月の位置－**エ**

解説

月の公転の向きは，地球の公転の向きと同じである。また，**月食が起こるのは，太陽，地球，月が，この順に一直線に並んだとき**である。

3 **イ**

解説

地球－金星－太陽のなす角が90°のとき，金星は**ウ**のような半分が欠けた形に見える。また，**金星の欠ける範囲は，地球から遠い位置にあるほど小さくなる。**

4 (1) 月の位置－**R**
観察した時刻－**イ**
(2) **アとエ**

解説

(1) 図1の月は三日月である。三日月は，地球と太陽が図2の**R**の位置にあるときに見ることができる。また，三日月は太陽を東側から2時間ほど遅れて追いかけるように動くので，西の空に**三日月が観察できる時刻は日没前後**である。

5 (1) 金星－**A**　月－**C**
(2)

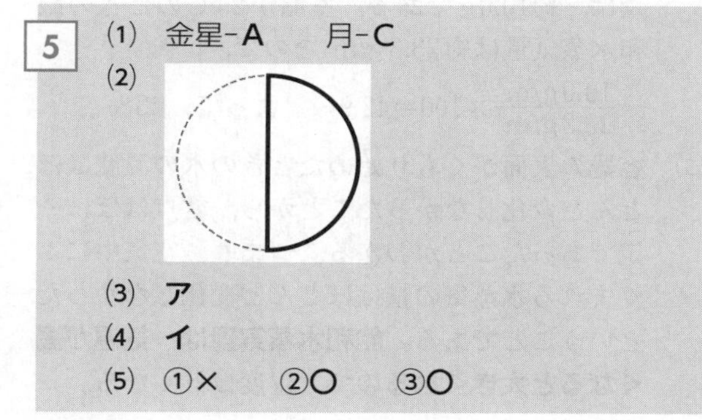

(3) **ア**
(4) **イ**
(5) ①**×**　②**〇**　③**〇**

解説

(1) 金星は，**A**の位置にあるときは夕方の西の空に見え，**B**の位置にあるときは明け方の東の空に見える。また，半月は，**C**の位置にあるときは夕方の南の空に見え，**D**の位置にあるときは明け方の南の空に見える。

(2) **月は，太陽がある方向が光って見える。**観察した月は，図1の**C**の位置にあるので，地球から見ると右（西）側が光っている。

(3) **月を毎日同じ時刻に観察すると，位置が西から東へ変化する。**

(4) 金星の大きさは，**地球に近い位置にあるほど大きく見え，欠け方も大きくなる。**これは，地球と金星は公転周期がちがうため，常に位置関係が変化しているからである。

(5) ① 金星は，地球と同じように，おもに岩石でできているので誤り。

6 空気中の水蒸気の変化

1 **13.2g**

解説

気温が17.0℃のときの飽和水蒸気量を読みとり，その値の91％を求めればよい。

$14.5\,g/m^3 \times 0.91 = 13.195\,g/m^3$

よって，13.2gとなる。

2 **(1) 飽和水蒸気量**
(2) 43％
(3) 例水蒸気量は変化せず，湿度は低くなった。

解説

(2) 容器の表面がくもり始めたときの温度が露点を示しており，その温度は11℃である。よって，実験室の空気1m^3にふくまれていた水蒸気の量は，約10.0gである。室温が25℃のときの飽和水蒸気量は約23.3g/m^3なので，

$\frac{10.0\,g/m^3}{23.3\,g/m^3} \times 100 = 42.9\cdots$　よって，43％

(3) 容器の表面がくもり始めたときの水の温度はほとんど変化しなかったことから，露点はほぼ一定であったことがわかる。つまり，空気中にふくまれる水蒸気の量はほとんど変化しなかったということである。**飽和水蒸気量は，気温が高くなると大きくなる**ので，湿度は低くなる。

3 **(1) ①イ　②ア**
(2) ア

解説

(1) ピストンを引くと，空気が膨張して温度が下がる。すると水蒸気が水滴に変化し，フラスコ内がくもる。

(2) **気圧は上空にいくほど低くなる。**よって，水蒸気をふくむ空気が上昇すると，空気が膨張して温度が下がり，水蒸気が水滴や氷の粒に変化する。**雲は水滴や氷の粒の集まり**である。

4 **あ8　い8**

解説

あ 海からの蒸発－海への降水＝86－78＝8

い 陸地への降水－陸地からの蒸発＝22－14＝8

7 大気の動きと日本の天気

1 **①ア　②イ　③季節風**

解説

陸は海よりもあたたまりやすく，冷めやすい。そのため，冬は大陸が冷やされて海洋のほうがあたたかくなる。すると，大陸上に高気圧，海洋上に低気圧が発生し，大陸から海洋へ風がふく。このような**大陸と海洋の温度差によって生じる，季節に特徴的な風を季節風という。**

2 **イ，ウ**

解説

海陸風とは，陸と海の温度差によって生じる，海岸付近にふく風のことである。**晴れた日の昼は海から陸に向かってふき**（海風），**晴れた日の夜は陸から海に向かってふく**（陸風）。

3 **ウ**

解説

夏になると，日本列島の南東にある太平洋高気圧が発達し，南東の季節風がふいて蒸し暑い日が続く。

4 **ウ→イ→エ→ア**

解説

アは太平洋上で高気圧が発達しているので夏の天気図である。**イ**は高気圧と低気圧が交互に並んでいるので春か秋の気圧配置である。**ウ**は**西高東低の気圧配置**になっているので冬の天気図である。**エ**は停滞前線が東西に長くのびているので，つゆか秋（秋雨が降る時期）天気図である。

5 **(1) 偏西風**
(2) エ

解説

(2) **シベリア気団は冬に，小笠原気団は夏に発達する気団**である。台風は，秋が近づいて小笠原気団の勢力が弱まると，日本付近に北上することが多くなる。

8 火をふく大地

1 イ

解説

マグマが固まった岩石は，もとになるマグマの**ねばりけが弱ければ黒っぽい色に，強ければ白っぽい色になる**。また，ねばりけが弱いマグマは溶岩(ようがん)が流れやすいため，**傾斜(けいしゃ)のゆるやかな火山**をつくり，ねばりけが強いマグマは溶岩が流れにくいため盛り上がったドーム状の火山をつくる。

2

(1) **ウ**
(2) **例磁石につく粒があるか調べる。**
(3) **B→A→C**

解説

(2) 磁鉄鉱には，ほかの鉱物にはない，磁石に引きよせられるという特徴がある。
(3) マグマのねばりけは，火山灰にふくまれる鉱物の色と関係がある。マグマが固まってできた岩石と同じように，**ねばりけが強ければ白っぽく，ねばりけが弱ければ黒っぽくなる**。よって，黒っぽい鉱物の割合が多い順に並べればよい。

3

(1) **ア**
(2) **エ**

解説

(1) 結晶(けっしょう)は，長い時間をかけてゆっくり冷やされることで大きく成長する。

4

(1) **エ**
(2) **①記号-X**
でき方-例マグマが，急に冷やされて固まってできた。
②記号-ア
理由-例Aのもとになったマグマのねばりけが弱いから。

解説

(1) 火成岩の色は，**無色鉱物の割合が多ければ白っぽく，有色鉱物の割合が多ければ黒っぽくなる**。無色鉱物に分類されるのはセキエイとチョウ石の2つで，ほかは有色鉱物である。
(2) ① 火成岩のうち，「肉眼ではわからないほどの小さい粒の間に比較的(ひかくてき)大きい粒が散らばって入っている」は，火山岩に見られる斑状(はんじょう)組織のことである。火山岩は，マグマが地表や地表付近で急速に冷えて固まることでできる。
② 火成岩の色や火山の形は，マグマのねばりけによって変わる。**ねばりけが弱ければ，火成岩の色は黒っぽくなり，火山は傾斜のゆるやかな形になる。**

9 ゆれる大地

1

(1) **B**
(2) **例初期微動(しょきびどう)が始まってから主要動が始まるまでの時間が短いから。**

解説

初期微動が始まってから主要動が始まるまでの時間(**初期微動継続(けいぞく)時間**)は，**震源(しんげん)からの距離(きょり)に比例して長くなる**。

2

(1) **初期微動**
(2) **25分8秒**

解説

(2) 地点Xと地点Yの震源からの距離の差は36kmで，P波によるゆれが始まった時刻の差は6秒なので，P波の速さは，
36km÷6s＝6km/s
よって，震源から発生したP波が地点Xに伝わるまでにかかった時間は，
72km÷6km/s＝12s
したがって，地震(じしん)が発生した時刻は，地点XでP波によるゆれが始まった時刻の12秒前である。

3 イ

解説

ウの震度(しんど)と混同しないよう注意する。**震度は地震による各地点でのゆれの大きさ**を表す。

4 ウ

解説

海洋プレートは，大陸プレートの下に沈(しず)みこむ。よって，その境界であるウの範囲(はんい)には大きな力がはたらき，大規模な地震が発生しやすい。

5

(1) **10段階**

(2) **①エ**

②例震央は震源の真上の地表の地点であり，この地震の震源のほうが，より浅かったから。

③X-28　Y-2

解説

(1) 0，1，2，3，4，5弱，5強，6弱，6強，7の10段階である。

(2) ① 断層は下の図のように，力のはたらき方によってずれ方が変わる。

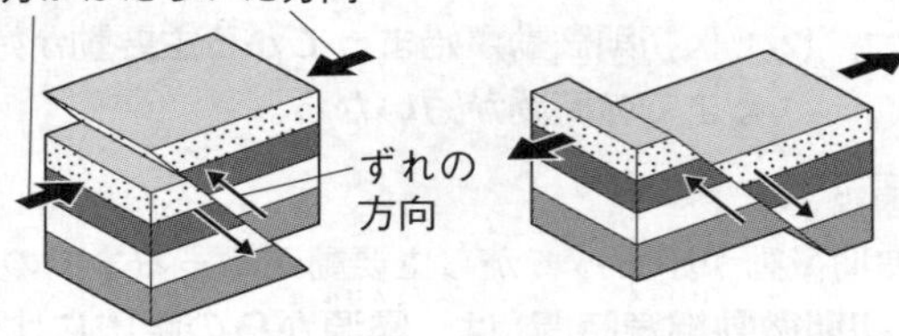

② 下の図のように，震源の深さによって震源から地点Aまでの距離が変わるからである。

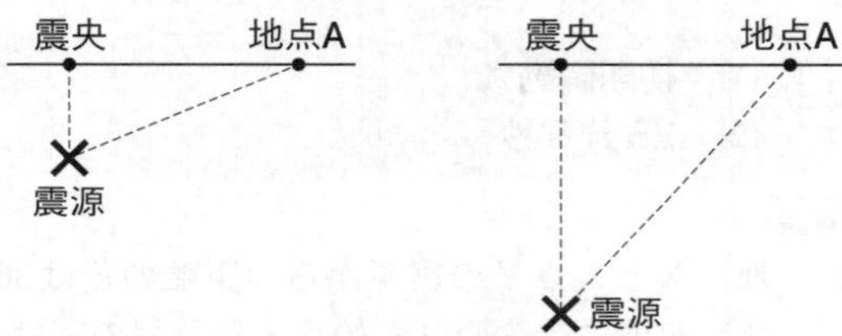

③ 大きなゆれを伝えるS波の速さは，地点Aと地点Bの震源からの距離の差が12kmで，S波によるゆれが始まった時刻の差が3秒なので，

12km÷3s＝4km/s

Xにあてはまる値は，S波が7秒間に伝わった距離なので，

4km/s×7s＝28km

また，震源から発生したS波が地点Bに伝わるまでにかかった時間は，

36km÷4km/s＝9s

よって，地震が発生した時刻は，S波によるゆれが始まった時刻の9秒前である。したがって，地震発生から7秒後に緊急地震速報が発表され，9秒後に地点Bで大きなゆれを観測したことになる。つまり，地点Bで大きなゆれを観測したのは，緊急地震速報の2秒後である。

第1回 模擬テスト

1

(1)

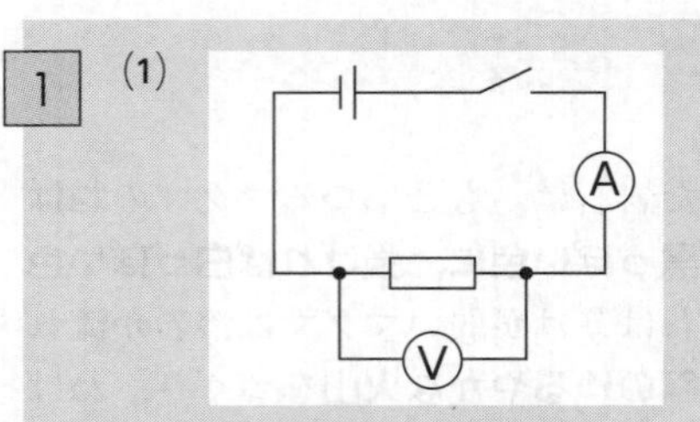

(2) **150mA**

(3) **15Ω**

(4) **オームの法則**

(5) **0.60A**

(6) **①10Ω　②エ**

解説

(1) 次の電気用図記号を使ってかく。

電源装置	スイッチ	電熱線	電流計	電圧計
─┤├─	─╱ ─	─▭─	Ⓐ	Ⓥ

(2) －端子は500mAの端子につないであるので，1目盛りは10mAである。

(3) グラフから読みとりやすい点をさがして，

3.0V÷0.20A＝15Ω

(5) 9.0V÷15Ω＝0.60A

(6) ① 回路全体の電気抵抗は，

6.0V÷0.24A＝25Ω

直列回路では，それぞれの電気抵抗の大きさの和が回路全体の電気抵抗になる。よって，電熱線Bの電気抵抗は，

25Ω－15Ω＝10Ω

② **電力〔W〕＝電圧〔V〕×電流〔A〕**である。電圧計の値を6.0Vにした場合，それぞれの電熱線が消費する電力は，次のように求められる。

・図4の電熱線A

流れる電流は0.24A，加わる電圧は

15Ω×0.24A＝3.6V

よって電力は，3.6V×0.24A＝0.864W

・図4の電熱線B

流れる電流は0.24A，加わる電圧は

6.0V－3.6V＝2.4V

よって電力は，2.4V×0.24A＝0.576W

・図5の電熱線A

加わる電圧は6.0V，流れる電流は

6.0V÷15Ω＝0.4A

よって電力は，6.0V×0.4A＝2.4W

・図5の電熱線B

加わる電圧は6.0V，流れる電流は
6.0V÷10Ω＝0.6A
よって電力は，6.0V×0.6A＝3.6W

2
(1) **Cu**
(2) **イ**
(3) **ウ**
(4) **①電離(でんり)**　**②HCl ⟶ H^+＋Cl^-**
(5) **イ，エ**
(6) **①イ**　**②ア**

解説
(1)〜(3) 塩化銅水溶液(すいようえき)の電気分解では，**陰極(いんきょく)に銅**が付着し，**陽極から塩素**が発生する。
(5) 電流がとり出せるのは，**電解質の水溶液に2種類の異なる金属板**を入れたときである。砂糖とエタノールは非電解質である。

3
(1) **アミラーゼ**
(2) デンプン－**ア**　タンパク質－**ウ**
(3) **d**
(4) **肺循環(はいじゅんかん)**
(5) **①肺胞(はいほう)**
②例表面積が大きくなるため。
(6) **水と二酸化炭素**
(7) **イ**

解説
(3) **消化された養分は小腸で吸収**され，血液によって全身の細胞(さいぼう)に運ばれる。よって，小腸を通った直後の血液には養分が多くふくまれている。
(5) **肺胞**がたくさんあることで，毛細血管が**空気とふれる面積が大きくなり**，その分効率よく酸素と二酸化炭素を交換(こうかん)することができる。

4
(1) **D**
(2) **23時**
(3) **17時30分**
(4) **イ**
(5) **例地球が，地軸を傾けたまま太陽のまわりを公転しているため。**

解説
(1) **同時刻に見える星の位置は，1か月で約30°東から西へ変化する（星の年周運動）**ので，2か月後の21時のオリオン座は，図1の**B**から60°西へ移動した位置に見える。ここで星の日周運動を考えると，**南の空の星は1時間に約15°東から西へと移動**するので，60°÷15°＝4より，21時の4時間後の**D**の位置である。
(2) **北の空の星は，北極星を中心として1時間に約15°反時計回りに回転する（星の日周運動）**ので，図2の**b**は**a**が90°反時計回りに回転した位置である。1か月後の19時のオリオン座は，図2の**a**から30°反時計回りに回転した位置にあるので，そこからさらに移動して**b**の位置に見えるのは，（90°－30°）÷15°＝4より，19時の4時間後の23時である。
(3) 透明半球上の日の入りの位置は図3の**Y**である。図4から，太陽は1時間ごとに3cm移動し，16時の点から**Y**までが4.5cmなので，太陽が16時から日の入りまでにかかった時間は，
4.5÷3＝1.5より，1.5時間＝1時間30分
よって，日の入りの時刻は，16時の1時間30分後の17時30分である。
(4) 春分の日の2か月後は，夏至の日の約1か月前である。**夏至の日には日の出の位置は最も北寄りになり，太陽の南中高度は最高**になるので，春分の日から2か月後にかけては，日の出の位置は北寄りになり，南中高度は高くなる。

第2回 模擬テスト

1
(1) **例物体がスポンジとふれ合う面積が小さいほど，圧力は大きくなるから。**
(2) **1600Pa**
(3) **フックの法則**
(4) **7cm**
(5) **エ**
(6) **0.6N**

解説
(2) 力がはたらく面積は，
$0.1\,m \times 0.05\,m = 0.005\,m^2$
800gの物体が面を垂直におす力は8Nなので，スポンジが受ける圧力は，
$8\,N \div 0.005\,m^2 = 1600\,Pa$
(4) 図4より，このばねは0.2Nの力がはたらいたときに1cmのびる。140gのおもりをつるしたときばねにはたらく力は1.4Nなので，求めるばねののびをx〔cm〕とすると，
$0.2\,N : 1.4\,N = 1\,cm : x$　　$x = 7\,cm$

(6) **浮力の大きさは，空気中での物体の重さから，水中での物体の重さをひいて求める。** 空気中での100gのおもりの重さは1Nであり，また，図5でのばねののびが2cmであることから，水中でのおもりの重さは0.4Nである。よって，図5でおもりにはたらく浮力の大きさは，
1.0N−0.4N=0.6N

2

(1) **イ**
(2) **イ**
(3) **酸化銅**
(4) **$2Cu + O_2 \longrightarrow 2CuO$**
(5)

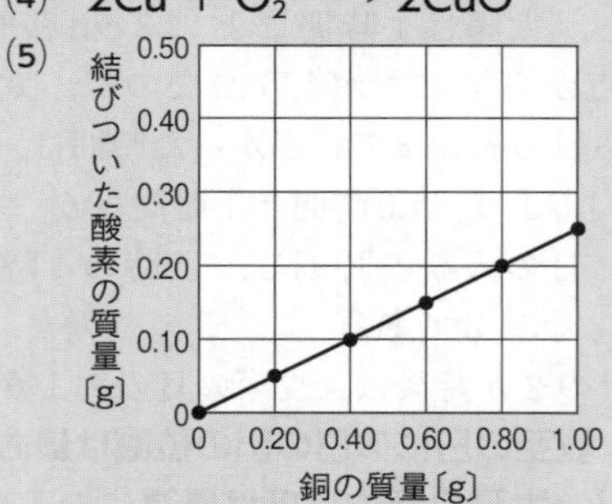

(6) **0.60g**
(7) **1.2g**

解説

(6) (5)より，銅と結びついた酸素の質量の比は，
0.40g：0.10g=4：1
求める酸素の質量をx〔g〕とすると，
2.4g：x=4：1　x=0.60g

(7) 結びついた酸素の質量は，
3.7g−3.2g=0.5g
0.5gの酸素と結びついた銅の質量をy〔g〕とすると，
y：0.5g=4：1　y=2.0g
よって，反応せずに残っている銅の質量は，
3.2g−2.0g=1.2g

3

(1) **例細胞を1つ1つ離れやすくするため。**
(2) **ウ**
(3) **①40倍**
②a→c→b→e→d→f
(4) **染色体**
(5) **イ**
(6) **顕性形質［顕性の形質］**
(7) **ウ**
(8) **ア**

解説

(3) ① **顕微鏡の倍率=接眼レンズの倍率×対物レンズの倍率** より
400÷10=40倍

(7) 丸い種子をつくる純系(AA)としわのある種子をつくる純系(aa)をかけ合わせてできた子の遺伝子の組み合わせはすべてAaとなり，子はすべて丸い種子になる。

	A	A
a	Aa	Aa
a	Aa	Aa

(8) 子の遺伝子の組み合わせはAaなので，子を自家受粉させてつくった孫の遺伝子の組み合わせは，AA：Aa：aa=1：2：1となり，しわのある種子をつくる遺伝子aだけをもつ種子の割合は全体の$\frac{1}{4}$になる。

	A	a
A	AA	Aa
a	Aa	aa

4

(1) **42%**
(2) **c**
(3) **温暖前線**
(4) **エ**
(5) **例高気圧と低気圧が次々に日本付近を通過するから。**
(6) **①イ　②ア　③イ**

解説

(1) 乾球の示度は12℃，湿球の示度は7℃なので，乾球と湿球の示度の差は，12℃−7℃=5℃
これをもとに，下の表のようにして求める。

		乾球と湿球の示度の差〔℃〕				
		1.0	2.0	3.0	4.0	5.0
乾球の示度〔℃〕	15	89	78	68	58	48
	14	89	78	67	56	46
	13	88	77	66	55	45
	12	88	76	64	53	42
	11	87	75	63	52	40
	10	87	74	62	50	38

(2) **等圧線の間隔がせまいところほど，** 気圧の差が大きく，**強い風がふいている**と考えられる。

(4) 日本付近の低気圧は，偏西風の影響で，ふつう西から東へ移動する。よって，d地点を通過するのは寒冷前線である。**寒冷前線付近では**積乱雲が発達し，**強い雨が短い間降る。通過後は北寄りの風に変わり，気温が下がる。**

(5) 大陸の南東部で発生した低気圧と移動性高気圧が日本を次々に通過する。